普通高等教育土木工程专业"十二五"规划教材

工程流体力学

贡力　杨华中　叶琰　主编

中国铁道出版社

2013年·北京

内 容 简 介

工程流体力学（水力学）是高等学校水利工程类、土木工程类专业的一门重要技术基础课，本书根据水利类和土木类专业特点编写，为普通高等教育土木工程专业"十二五"规划教材。本书内容包括绪论、流体静力学、流体动力学理论基础、液流形态和水头损失、孔口、管嘴出流和有压管流、量纲分析与相似理论、明渠流动、堰流、渗流、可压缩气体的一元流动等 10 章。

本书为水利水电工程、土木工程、给水排水工程、环境工程、市政工程、建筑与设备工程等专业的通用教材，供各专业开设工程流体力学（水力学）课程使用。

图书在版编目(CIP)数据

工程流体力学/贡力，杨华中，叶琰主编. —北京：
中国铁道出版社，2013.2
普通高等教育土木工程专业"十二五"规划教材
ISBN 978-7-113-15781-4

Ⅰ.①工⋯ Ⅱ.①贡⋯ ②杨⋯ ③叶⋯ Ⅲ.①工
程力学—流体力学—高等学校—教材 Ⅳ.①TB126

中国版本图书馆 CIP 数据核字(2012)第 318708 号

书　　名：工程流体力学
作　　者：贡力　杨华中　叶琰　主编

策　　划：刘红梅　电　　话：010-51873133　邮　　箱：mm2005td@126.com　读者热线：400-668-0820
责任编辑：刘红梅
封面设计：冯龙彬
责任校对：龚长江
责任印制：李　佳

出版发行：中国铁道出版社(100054，北京市西城区右安门西街 8 号)
网　　址：http://www.51eds.com
印　　刷：北京华正印刷有限公司
版　　次：2013 年 2 月第 1 版　　2013 年 2 月第 1 次印刷
开　　本：787 mm×1 092 mm　1/16　印张：12.5　字数：310 千
印　　数：1～3 000 册
书　　号：ISBN 978-7-113-15781-4
定　　价：26.00 元

前　言

　　工程流体力学(水力学)是高等学校水利工程类、土木工程类专业的一门重要技术基础课。为水利水电工程、土木工程、给水排水工程、环境工程、市政工程、建筑与设备工程等专业的通用教材,供各专业开设工程流体力学(水力学)课程使用。

　　作者根据水利类和土木类专业特点编写了《工程流体力学》(水力学)教材。

　　本书内容包括绪论、流体静力学、流体动力学理论基础、液流形态和水头损失、孔口、管嘴出流和有压管流、量纲分析与相似理论、明渠流动、堰流、渗流、可压缩气体的一元流动等10篇。

　　本教材具有以下特点。

　　1. 以土木工程、水利工程专业方向为主编写,并增加了气体的部分内容。

　　2. 本教材为少学时(32~40学时)教材。对流体力学的基本概念和基本理论进行阐述时,注意到系统、简洁和深入浅出,这一方面反映出少学时课程的特点,另一方面也有利于学生打好基础,以便今后有能力深入发展。

　　3. 教材中加入了许多工程实例和土木类工程案例,每章后面都附有适量的习题。

　　4. 给出大量工程信息,配以一定量的工程照片,加强形象教学。

　　本书由兰州交通大学贡力、杨华中和西南大学叶琰老师主编。其中第1、2、3、4章由贡力编写,第5章由兰州交通大学靳春玲编写,第6、7、8章由杨华中编写,第9章由兰州交通大学王利霞编写,第10章由叶琰编写;全书由贡力统稿。

　　本书除可作为水利类、土木类本科和专科有关专业的必修课和选修课教材外,也可供环境类专业参考选用,同时亦可作为管理、设计、施工、投资等单位及工程技术人员的参考书。

　　编著者深知内容如此广泛的教材不易写好,加之编者水平所限,错误和不足之处在所难免,敬请读者批评指正,多提宝贵意见。

编　者

2013年1月

目　录

1 绪 论

1.1 工程流体力学的任务、发展状况及研究方法

人类的文明几乎都是与河流相伴而生,社会的发展又都是与江河湖海戚戚相关,所以水总是人类密切关注的对象,而空气是人类赖以生存的重要物质。工程流体力学是专门研究流体平衡与机械运动的规律及其工程应用的一门科学,研究对象就是以水和空气为代表的流体。

自然界物质存在的主要形式是固体、液体和气体。液体和气体统称为流体。从力学分析的角度看。流体与固体的主要差别在于它们对外力抵抗的能力不同。固体可以抵抗一定的拉力、压力和剪力。而流体则几乎不能承受拉力,处于静止状态下的流体还不能抵抗剪力。即流体在很小剪力作用下将发生连续不断的变形。流体的这种宏观力学特性称为易流动性。易流动性既是流体命名的由来、也是流体区别于固体的根本标志。至于气体与液体的差别则主要在于气体易于压缩,而液体难于压缩。本书主要探讨液体的运动规律.

流体力学的研究和其他自然科学研究一样,是随着生产的发展需要而发展起来的。在古代,如我国的春秋战国和秦朝时代(公元前256~210年),为了满足农业灌溉需要,修建了都江堰、郑国渠和灵渠,对水流运动规律已有了一些认识;同样地,在古埃及、古希腊和古印度等地,为了发展农业和航运事业,修建了大量的渠系;古罗马人为了发展城市修建了大规模的供水管道系统,也对水流运动的规律有了一些认识。当然,应当特别提到的是古希腊的阿基米德(Archimedes),在公元前250年左右,提出了浮体定律,一般认为是他真正奠定了流体力学静力学的基础。

到了17世纪前后,由于资本主义制度兴起,生产迅速发展,对流体力学的发展需要也就更为迫切。这个时期的流体力学研究出现了两条途径,在当时这两条发展途径互不联系,各有各的特色。一条是古典流体力学途径,它运用严密的数学分析,建立流体运动的基本方程,并力图求其解答,此途径的奠基人是伯努利(Bernoulli)和欧拉(Euler)。其他对古典流体力学的形成和发展有重大贡献的还有拉格朗日(Lagrange)、斯托克斯(Stokes)和雷诺(Reynolds)等人,他们多为数学家和物理学家。由于古典流体力学中某些理论的假设与实际有出入,或者由于对基本方程的求解遇到了数学上的困难,所以古典流体力学无法用以解决实际问题。为了适应当时工程技术迅速发展的需要,另一条水力学途径应运而生,该途径采用实验手段用以解决实际工程问题,如管流、堰流、明渠流、渗流等问题。在水力学上有卓越成就的都是工程师,其中包括毕托(Pitot)、谢才(Checy)、文丘里(Venturi)、达西(Darcy)、巴赞(Bazin)、曼宁(Manning)、佛汝德(Froude)等人,但是这一时期的水力学由于理论指导不足,仅依靠实验,故在应用上有一定的局限性,难以解决复杂的工程问题。

20世纪以来,现代工业发展突飞猛进,新技术不断涌现。推动着古典流体力学和水力学也进入了新的发展时期,并走上融合为一体的道路。1904年,德国工程师普朗特(Prandtl)提出了边界层理论,使纯理论的古典流体力学开始与工程实际相结合,逐渐形成了理论与实际并重的现代流体力学。

近几十年来,流体力学学科随着现代生产建设的迅速发展和科学技术的进步而不断发展,研

究范围和服务领域越来越广,新的学科分支亦不断涌现,并渗透到现代工农业生产的各个领域,例如在航空航天工业、造船工业、电力工业、水资源利用、水利工程、核能工业、机械工业、冶金工业、化学工业、采矿工业、石油工业、环境保护、交通运输、生物医学等广泛领域,都应用到现代流体力学的有关知识。如现已派生出计算流体力学、随机流体力学、环境流体力学、能源流体力学、工业流体力学等新的学科分支。所以,流体力学既是一门古老的学科,又是一门富有生机的学科。

本书根据水利工程专业和土木工程专业的需要,主要介绍一些工程流体力学(水力学)的内容。

工程流体力学在土木工程中也有着广泛的应用。如城市的生活和工业用水,一般都是从水厂集中供应,水厂利用水泵把河、湖或井中的水抽上来,经过净化和消毒处理后,再通过管路系统把水输送到各用户,有时,为了均衡负荷,还需要修建水塔。这样,就需要解决一系列工程流体力学问题,在工程中经常遇到的流体力学问题主要有以下几个方面。

(1)确定水力荷载

确定各种构筑物承受的静水压力或动水总作用力,以及透水地基上的渗透压力筑物的结构设计和稳定分析提供依据。

(2)确定水力输送能力

研究河流、渠道、管路的输水(泄水)能力以及水利、交通工程中过水建筑物所能通过的流量及其影响因素,为合理确定这些建筑物(水闸、桥梁、涵洞)的型式和尺寸提供依据。

(3)分析水流运动形态

分析水流通过构筑物及其影响区域的流动形态,采取必要的措施,改善不利的水流形态,保证工程的安全正常运行;如取水口与河道建筑物(桥梁、堤坝等)防护工程的布置,如泄洪间、码头栈桥的布置等。

(4)确定水流能量的利用和消耗

分析水流在运动过程小能量的转化及损耗规律,减少在引水、输水过程中的能量损失。涉及输水管路的布置,管径及水泵功率的选择,包括输水系统的管理调度及安全运行;涉及水利枢纽采取的泄洪措施能否有效消除水能,确保建筑物和下游河道的安全。

(5)其他水力学问题

解决土木工程、水利工程基础和围堰的渗流问题、隧道、路基排水问题;在修建铁路及公路、开凿航道、设计港口等工程时,也必须解决如桥涵孔径的设计。挟沙水流、波浪运动对构筑物的影响问题,还要涉及污染物质在水流中的扩散、降解和自净的环境水力学问题。

随着生产的发展,还将会不断地提出新的课题。相信在今后的建设中,工程流体力学将会发挥更大的作用,学科本身也将会得到更大的发展。

1.2 流体的主要物理性质

物质通常有三种存在状态:固体(也即固态)、液体和气体。流体是液体和气体的总称。在物理性质上,流体与固体的最大区别在于流体具有流动性,没有一定的形状,不能承受拉力,静止时也不能承受剪切力,而固体则能维持它固有的形状,并能承受一定的拉力、剪切力和压力。此外,流体中的液体具有自由表面并且有一定的体积,压缩性极小,而气体则具有高度的压缩性和膨胀性,因而没有固定的体积,可以充满任何大小的容器。

流体运动的规律,除与外部因素(如边界的几何条件及动力条件等)有关外,更重要的是取决于流体本身的物理性质。因此,在研究流体平衡与运动之前,首先讨论流体的主要物理性质。

1.2.1 密度和重度

流体和固体一样,也具有质量和重量。

流体的密度是指单位体积流体所具有的质量。对于均质流体,设体积为 V 的流体具有的质量为 m,则密度 ρ 为

$$\rho = \frac{m}{V}$$

密度的量纲为 ML^{-3},其国际单位为千克/米³(kg/m³)。密度也称体积质量。

均质流体的重度 γ 是指单位体积流体所具有的重量,即

$$\gamma = \frac{mg}{V} = \rho g$$

重度(或称容重、体积重量)的量纲为 $ML^{-2}T^{-2}$,其国际单位为牛/米³(N/m³)。由于重度与重力加速度 g 有关,所以随着地球上的位置而变化。在工程流体力学计算中一般采用 $g = 9.80 \text{ m/s}^2$。

纯净水在 1 个标准大气压条件下,其密度和重度随温度的变化见表 1.1。几种常见流体的重度见表 1.2。在工程计算中,为简便起见,通常取淡水的密度 $\rho = 1\,000$ kg/m³,重度 $\gamma = 9.80$ kN/m³。

表 1.1 水的物理性质

温度(℃)	重度 γ (kN/m³)	密度 ρ (kg/m³)	黏度 $\mu \times 10^3$ (N·s/m²)	运动黏度 $\nu \times 10^{-6}$ (m²/s)	弹性系数 $E_1 \times 10^{-6}$ (kN/m²)	表面张力 σ (N/m)
0	9.805	999.8	1.781	1.785	2.02	0.075 6
5	9.807	1 000.0	1.518	1.519	2.06	0.074 9
10	9.804	999.7	1.300	1.306	2.10	0.074 2
15	9.798	999.1	1.139	1.139	2.15	0.073 5
20	9.789	998.2	1.002	1.003	2.18	0.072 8
25	9.777	997.0	0.890	0.893	2.22	0.072 0
30	9.764	995.7	0.798	0.800	2.25	0.071 2
40	9.730	992.2	0.653	0.658	2.28	0.069 6
50	9.689	988.0	0.547	0.553	2.29	0.067 9
60	9.642	983.2	0.466	0.474	2.28	0.066 2
70	9.589	977.8	0.404	0.413	2.25	0.064 4
80	9.530	971.8	0.354	0.364	2.20	0.062 6
90	9.466	965.3	0.315	0.326	2.14	0.060 8
100	9.399	958.4	0.282	0.294	2.07	0.058 9

表 1.2 几种常见流体的重度

流体名称	空气	水银	汽油	酒精	四氯化碳	海水
重度(N/m³)	11.82	133 280	6 664~7 350	7 778.3	15 600	9 996~10 084
温度(℃)	20	0	15	15	20	15

1.2.2　黏　性

著名的英国科学家牛顿在 17 世纪论述了流体的黏滞性。他指出,流体的内部存在由黏性引起的剪切应力,其大小与垂直于流体运动方向的速度梯度成正比,其实验的示意图如图 1.1 所示。

相距为 h 的上下两平行平板之间充满均质黏性流体。两平板的面积均为 A 且其值足够大,以致可以略去平板四周的边界影响。将下板固定不动。而用 F 拖动上板使其作平行于下板的匀速直线运动。实验表明:

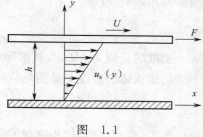

图　1.1

1)由于流体的黏滞性,与平板直接接触的流体质点将与平板一起移动而无滑移,与上板接触的流体质点,其速度为 U,与下板接触的流体质点则速度为 0,由于两板之间距离 h 很小,测量表明两板之间的速度分布为直线分布,即:

$$u_x(y) = \frac{U}{h} y$$

2)比值 F/A 与 U/h 成正比,即:

$$\tau = \frac{F}{A} = \mu \frac{U}{h}$$

式中,μ 为比例系数,称为动力黏性系数,简称黏度;比值 $\tau = F/A$ 为流体内部的剪切应力,进一步的测量表明,当两板间具有非直线速度分布时,有

$$\tau = \mu \frac{\mathrm{d}u}{\mathrm{d}y}$$

上式称为牛顿内摩擦定律。黏度是流体黏滞性大小的一种度量,它与流体的物理性质有关中直接导出,在国际单位制中,μ 的单位为牛·秒/米^2(N·s/m^2)或帕·秒(Pa·s)。

在研究流体运动时,还常采用运动黏性系数(简称运动黏度),其定义为

$$\nu = \frac{\mu}{\rho}$$

式中,ρ 为流体的密度,在国际单位制中,ν 的单位为米^2/秒(m^2/s)。把 ν 称为运动黏度的原因是,它的单位中只包含运动学的量,即长度量和时间量。

实验表明,流体的黏度 μ 主要与温度有关,而与压力的关系不大。另需指出,一般液体的 μ 和 ν 随温度的升高而减少,而气体的 μ 和 ν 则随温度的升高而增大,两者变化的趋势相反。

不同温度下水的黏度 μ 和运动黏度 ν 如表 1.1 所列。水的运动黏度可以用以下经验公式计算

$$\nu = \frac{0.017\,75}{1 + 0.033\,7t + 0.000\,221t^2}$$

本节最后需要提到的是,对于气体和绝大多数纯净液体,如水、汽油、煤油、酒精等,都遵循牛顿内摩擦定律,因此称之为牛顿流体,但也有不遵循牛顿内摩擦定律的流体,如泥浆、有机胶体、油漆等,称之为非牛顿流体。非牛顿流体中分宾汉型(Bingham)塑性流体等,可参见图 1.2。另外,还有一种流体,称为理想流体,理想流体是指黏度为零,也即流体流动时不存在剪切应力的流体。其实,理想流体并不存在,实际流体都存在黏性,应该称为黏性流体,但是在某些问题中,当黏性不起作用或不起主要作用时,可以提出理想流体的假设,从而使问题简化,得

出流体运动的一些基本规律,所以,提出理想流体的假设还是很有用的。

1.2.3 压缩性

当作用在流体上的压强增大时,流体的宏观体积将会减小,这种性质称为流体的压缩性。压缩性的大小可以用体积压缩率 κ 或体积量(亦称体积弹性系数,也记为 $Ev)\kappa$ 来量度。设压缩前的体积为 V,压强增加 $\mathrm{d}p$ 后,体积减小 $\mathrm{d}V$,则体积压缩率定义

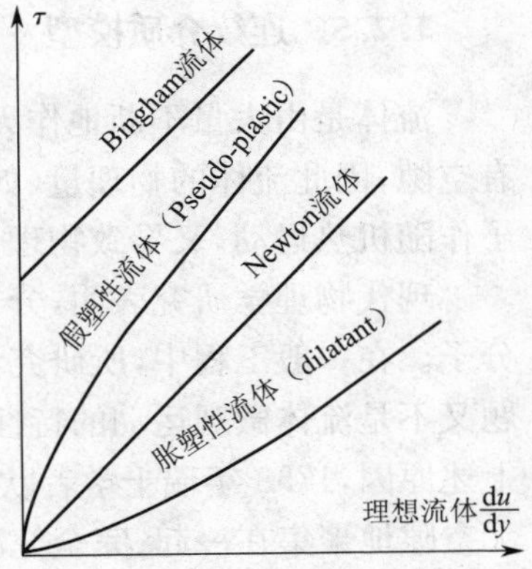

图 1.2

$$\kappa = -\frac{\mathrm{d}V/V}{\mathrm{d}p}$$

由于 $\mathrm{d}p$ 与 $\mathrm{d}V$ 符号始终相反,故上式等号右端加一负号,以保持 κ 为正值。κ 值越大,则流体的压缩性越大。κ 的单位为米²/牛(m^2/N)。因为体积 V 与质量 m 和密度 ρ 有 $V=m/\rho$ 则小的关系,且 m 为常量,故体积压缩率 κ 又可写成

$$\kappa = \frac{\mathrm{d}\rho/\rho}{\mathrm{d}p}$$

体积模量 K 定义为体积压缩率 κ 的倒数,即

$$K = \frac{1}{\kappa} = -\frac{\mathrm{d}p}{\mathrm{d}V/V} = \frac{\mathrm{d}p}{\mathrm{d}\rho/\rho}$$

其单位为帕(Pa)。

流体的 κ 或 K 值一般与流体的种类、压强和湿度等有关。但液体的 κ 或 K 值随压强和温度的变化不大。因此,液体并不完全符合弹性体的胡克定律。

液体的压缩性很小,例如在 100 ℃时水的体积模量 $K \approx 2 \times 10^9$ Pa。所以,在一般工程设计中,认为水的压缩性可以忽略,相应水的密度和重度可视为常数。但在讨论管道中水流的水击问题时,水的压缩性则必须考虑。

至于气体,其压缩性要比液体大。气体的压缩性一般还与压缩过程有关。但需指出,在一定条件下,如在距离不太长的输气系统中,当气流速度远小于音速时,气体压缩性对气流流动的影响也可以忽略。也就是说,此时的气体也可视为不可压缩的。否则,必须考虑气体的压缩性。

实际流体都是可压缩的,但在可以忽略流体压缩性时,引出不可压缩流体模型,可使流动分析简化。

1.2.4 表面张力

表面张力是液体自由表面在分子作用半径范围内,由于分子引力大于斥力而在表层沿表面方向产生的拉力。表面张力 σ 定义为自由表面内单位长度上所受的横向拉力,其量纲为 MT^{-2},国际单位为牛/米(N/m)。σ 值随流体的种类和温度而变化。如对 20 ℃的水,$\sigma =$ 0.074 N/m,对水银 $\sigma = 0.54$ N/m。σ 也叫表面张力系数。

表面张力的数值并不大,在工程流体力学中一般不考虑它的影响。但在某些情况下,如当内径较小的管子插在液体中时,由于表面张力会使管中的液体自动上升或下降一个高度,这种所谓的毛细管现象,是工程流体力学实验中使用测压管时所必须注意的。另外,在研究水深很

浅的明渠水流和堰流时,其影响也是不可忽略的。

1.2.5　连续介质模型

流体是由大量不断地作无规则热运动的分子所组成。从微观的角度看,由于分子之间存有空隙,因此流体的物理量(如密度、压强、流速等)在空间上的分布是不连续的;同时,由于分子作随机热运动,又导致物理量在时间上的变化也不连续。

现代物理学研究表明,分子间的距离是相当微小的,在很小的体积中已包含了难以计数的分子。在一般工程中,所研究流体的空间尺度远比分子尺寸大得多,而且要解决的实际工程问题又不是流体微观运动的特性,而是流体的宏观特性,即大量分子运动的统计平均特性。基于上述原因,1753 年瑞士学者欧拉(Euler)提出了一个基本假说,即认为流体是由其本身质点毫无空隙地聚集在一起、完全充满所占空间的一种连续介质。把流体视为连续介质后,流体运动中的物理量均可视为空间和时间的连续函数,这样,就可利用数学中的连续函数分所方法来研究流体运动。实践证明,采用流体的连续介质模型,解决一般工程中的流体力学问题是可以满足要求的。

1.3　作用在流体上的力

作用于流体上的力,就其物理性质而言可分为惯性力、重力、弹性力、黏滞力和表面张力等。为了便于分析流体平衡和运动的规律,又可将力的作用方式分为质量力(或称为体积力)和表面力两种。

1.3.1　质量力

质量力作用于流体的每个质点上,与受作用的流体质量成正比。在均质流体中,质量与体积成正比,因此质量力也必然与流体的体积成正比,所以质量力又称为体积力。流体力学中常遇到的质量力有两种:重力和惯性力。重力是地球对流体质点的引力,惯性力则是流体作加速运动时,由于惯性而使流体质点受到的作用力。单位质量的流体所受的质量力叫做单位质量力,其量纲为 LT^{-2},L 为基本量纲长度,T 为时间,因此其量纲与加速度的量纲相同。

设流体的质量为 m,所受的质量力为 F,则单位质量力为

$$f = \frac{F}{m}$$

若 F 在各坐标轴上的分力为 F_x、F_y、F_z,则相应的单位质量力 f 在三个坐标轴上的分量应为

$$X = \frac{F_x}{m}, \quad Y = \frac{F_y}{m}, \quad Z = \frac{F_z}{m}$$

若考虑坐标轴 z 与铅垂方向一致,并规定向上为正,则在重力场中作用于单位质量的流体上的重力在各坐标上的分力为

$$X = Y = 0, Z = -g$$

1.3.2　表面力

表面力作用于所取流体的表面上,与受作用的表面积成比例。表面力又可分为垂直于作

用面的压力(法向力)与平行于作用面的切力。一般流体中拉力微不足道,可忽略不计,此外,静止流体中不存在切力。如图 1.3 所示,设在所取流体的表面积
ΔA 上作用的压力为 ΔP,切力为 ΔT,则作用在单位面积上的平均压应力(又叫平均压强)为 $\bar{p} = \Delta P/\Delta A$,平均切应力为 $\bar{\tau} = \Delta T/\Delta A$。和材料力学的处理方法类似,这里引进流体连续介质概念,则所取流体表面积上某一点的点压强(压应力)和点切应力分别为:

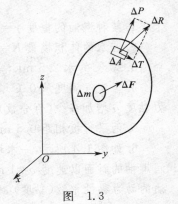

图　1.3

$$p = \lim_{\Delta A \to 0} \frac{\Delta P}{\Delta A} = \frac{dP}{dA}$$

$$\tau = \lim_{\Delta A \to 0} \frac{\Delta T}{\Delta A} = \frac{dT}{dA}$$

在国际单位制中,ΔP 和 ΔT 的单位是牛顿(N),ΔA 的单位为平方米(m^2),p 及 τ 的单位都为 N/m^2,或称为帕(Pa)。

1.4　工程流体力学的研究方法

工程流体力学与其他科学一样,其研究方法一般有实验研究、理论分析和数值模拟三种。

工程流体力学理论的发展,在相当程度上取决于实验观测的水平。古代流体力学的知识多半是直接从生产实践中积累起来的。在以系统研究自然规律为直接目的的科学实验出现后,便扩大和加深了实践的范围,并在此基础上形成了近代流体力学的系统理论。在工程流体力学中实验观测的方法主要有三个方面:一是原型观测,对工程实践中的流体流动直接进行观测;二是系统实验,在实验室内对人工流动现象进行系统研究;三是模型实验,在实验室内,以流动相似理论为指导,将实际工程缩小为模型,通过在模型上预演或重演相应的流动现象来进行研究。这三个方面有计划地进行,可以取得相互配合、补充和验证的效果。

当掌握了相当数量的试验资料后. 就可以根据机械运动的普通原理,运用数理分析的方法来建立流体运动的系统理论,并在指导生产实践的过程中加以检验、补充和发展。由于流体运动的复杂性,实际解决工程问题时,单纯依靠数理分析有时往往还很难得到所需要的具体结果,因此必须采用数理分析与试验观测相结合的方法。在工程流体力学中,有时先推导理论公式再用经验系数修正;有时是应用半经验半理论的公式;有时是先定性分析然后直接采用经验公式进行计算。

从 20 世纪 60 年代以后,随着现代电子计算机技术及其应用的飞速发展,在工程流体力学的研究中已形成了一门重要的分支学科——计算流体力学或计算水力学。它广泛地采用有限差分法、有限单元法、边界元法以及其他数学方法将工程流体力学中一些难以用解析法求解的线性或非线性偏微分方程离散为数值模型,进行数值计算。虽然数值计算结果是近似的,但一般都能达到工程上要求的精度。

数值计算一般比物理模型实验在人力物力上较为节省,还具有不像物理模型受相似律限制的优点。但数值模型必须建立在物理概念正确和力学规律明确的基础上,而且需要天然或实验资料的检验。所以对于一些重要的工程流体力学问题的研究,通常采用理论分析、数值模拟和实验研究相结合的途径。本书主要介绍理论分析和实验研究方法。至于数值计算,本书不作介绍,读者可参阅有关计算流体力学或计算水力学书籍。

思　考　题

1. 某种汽油的重度 $\gamma = 7.20\ \text{kN/m}^3$，求其密度 ρ。

2. 若水的体积模量 $K = 2.2 \times 10^9\ \text{Pa}$，欲减小其体积的 0.5%，问需增加多大的压强？

3. $20\ ℃$ 的水 $2.5\ \text{mL}$，当温度升至 $80\ ℃$ 时，其体积增加多少？

4. 当空气温度从 $0\ ℃$ 增加至 $20\ ℃$ 时，运动黏度 ν 增加 15%，重度 γ 减少 10%，问此时动力黏度 μ 增加多少（百分数）？

5. 两平行板相距 $0.5\ \text{mm}$，其间充满流体 $0.25\ \text{m/s}$ 匀速移动，求该流体的动力黏度。

6. 如图 1.4 所示，一木块的底面积为 $40\ \text{cm} \times 45\ \text{cm}$，厚度为 $1\ \text{cm}$，质量为 $5\ \text{kg}$，沿着涂有润滑袖的斜面以速度 $v = 1\ \text{m/s}$ 等速下滑，油层厚度 $\delta = 1\ \text{mm}$，坡度关系为 $5 : 12 : 13$，求润滑油的动力黏性系数（黏度）μ。

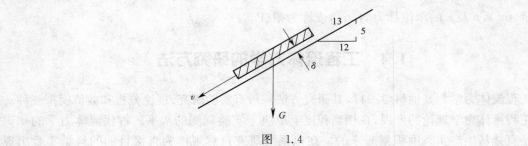

图　1.4

7. 一封闭容器盛有水或油，在地球上静止时中自由下落时，其单位质量力又为多少？

2 流体静力学

水静力学是研究液体在静止或相对静止状态下的力学规律及其工程实际中的应用。所谓静止是指液体质点之间没有相对运动,液体整体对于地球也没有相对运动。相对静止是指液体质点之间没有相对运动,但液体整体相对于地球有相对运动,例如沿直线等加速运动容器内的液体。

在工程实际中会遇到许多水静力学问题。例如设计水闸、挡水坝、码头和船闸、桥台时,必须先计算静水对它们的作用力;设计浮码头、船舶等时,不仅要计算它们的浮力,还要计算其稳定性,这些计算都要应用水静力学知识;另外水轮机和量测液体压强仪表的工作原理等,都涉及水静力学方面的知识。

由液体的物理性质可知,在静止或相对静止液体中不存在切力,同时液体又不能承受拉力,因此静止液体中两部分之间以及液体与相邻的液体壁面之间的作用力只有静水压力。为了计算作用于某一面积上的静水压力,首先要知道该面积上的静水压强分布规律,所以水力学的关键问题是根据平衡条件来求解静止液体中的压强分布。

本章讨论静水压强的特性、液体平衡微分方程、平面和曲面上的静水压力及浮体稳定性。

2.1 静水压强及其特性

2.1.1 静水压强

如图 2.1(a)所示,在静止液体中任取一点 m,围绕 m 点取一微小面积 ΔA,作用在该面积上的静压力为 ΔP,面积 ΔA 上的平均压强为

$$p = \frac{\Delta P}{\Delta A} \tag{2.1}$$

如果面积 ΔA 围绕 m 点无限缩小,当 ΔA 趋近于零时,比值 $p = \frac{\Delta P}{\Delta A}$ 的极限称为 K 点的静水压强,即

$$p = \lim_{\Delta A \to 0} \frac{\Delta P}{\Delta A} \tag{2.2}$$

压强的国际制单位是帕〔斯卡〕,即 Pa,1 Pa=1 N/m²。

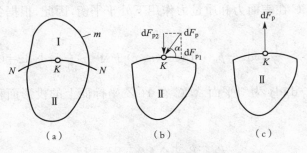

图 2.1 平衡液体中取出一水体

2.1.2　静水压强的特性

静水压强有两个重要的特性:

(1)流体静压强的方向沿作用面的内法线方向,静止液体压强垂直指向作用面。

在平衡液体中取出一水体,如图 2.1,用 $N\text{-}N$ 面将 M 分为两部分,若取下部分为研究对象,设某点 K 所受的静水压强为 p 围绕 K 点所取的微分面 dA 上所受的静水压力为 dP。若 dP 不垂直于作用面而与通过 K 点的切线相交成 α 角,如图 2.1(b)所示,则 dP 可分为垂直于 dA 的作用力 dP_n 及平行于通过 K 点切线作用力 dP_τ。然而,在前面指出过静止液体不能承受剪切变形,显然,dP_τ 的存在必然破坏液体的平衡状态。所以静水压力 dP 及相应的静水压强 p 必须与其作用面相垂直,即 $\alpha=90°$。

以上讨论表明,在平衡液体中静水压强只能是垂直并指向作用面,即静水压力只能是垂直的压力。

(2)静止液体中任一点处各个方向的静水压强都相等。

设在静止液体中任选一点 O,以 O 点为顶点。取一微小四面体 $OABC$,如图 2.2 所示。p_x、p_y、p_z 分别表示坐标面和斜面 ABC 上的平均压强。如果能够证明,当四面体 $OABC$ 无限地缩小到 O 时,$p_x=p_y=p_z=p_n$(n 为任意方向),则静水压强的第二特性得到了证明。为此目的,分别用 p_x、p_y、p_z、p_n 表示垂直于 dA_x、dA_y、dA_z 和 dA_n 的平面及斜面上的总压力,则有

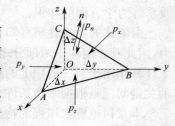

图 2.2

$$\left.\begin{array}{l} P_x=1/2\,p_x\mathrm{d}y\mathrm{d}z \\ P_y=1/2\,p_y\mathrm{d}z\mathrm{d}x \\ P_z=1/2\,p_z\mathrm{d}x\mathrm{d}y \\ P_n=p_n\mathrm{d}A \end{array}\right\} \tag{2.3}$$

四面体 $OABC$ 除了受到表面力的作用外,还有质量力的作用。四面体的体积为 $\frac{1}{6}\mathrm{d}x\mathrm{d}y\mathrm{d}z$,液体密度以 ρ 表示,令 X、Y、Z 分别为液体单位质量的质量力在相应的坐标轴方向的分量,则质量力 F 在坐标轴方向的分量分别为

$$\left.\begin{array}{l} F_x=X\,\dfrac{1}{6}\mathrm{d}x\mathrm{d}y\mathrm{d}z \\[2mm] F_y=Y\,\dfrac{1}{6}\mathrm{d}x\mathrm{d}y\mathrm{d}z \\[2mm] F_z=Z\,\dfrac{1}{6}\mathrm{d}x\mathrm{d}y\mathrm{d}z \end{array}\right\} \tag{2.4}$$

由于四面体 $OABC$ 在表面力和质量力作用下处于平衡,因此,根据各力在 x 方向的平衡条件有

$$p_x\cdot\frac{1}{2}\mathrm{d}y\mathrm{d}z-p_n\cdot\mathrm{d}A\cos(n,x)+X\cdot\rho\,\frac{1}{6}\mathrm{d}x\mathrm{d}y\mathrm{d}z=0 \tag{2.5}$$

式中,$\mathrm{d}A\cos(n,x)=\dfrac{1}{2}\mathrm{d}x\mathrm{d}y$ 为斜平面 ABC 在 YOZ 坐标面上的投影面积,将其代入上式,化简后得

$$p_x-p_n+X\cdot\rho\,\frac{1}{3}\mathrm{d}x=0 \tag{2.6}$$

同理,根据各力在 y 方向和 z 方向的平衡条件,可分别得

$$p_y - p_n + Y \cdot \rho \frac{1}{3} dy = 0$$

$$p_z - p_n + Z \cdot \rho \frac{1}{3} dz = 0$$

当四面体无限缩小到 O 点时,p_x、p_y、p_z 和 p_n 变为作用于同一点 O 而方向不同的流体静压强,且上面三式的最后一项便趋近于零,于是得到

$$p_x = p_y = p_z = p_n \tag{2.7}$$

由于 n 的方向是任意的,所以式(2.7)就证明了静止液体上任一点处各个方向的静水压强都相等,但液体中各点的静水压强未必相等。所以说静水压强 p 是空间点坐标的标量函数,即

$$p = p(x, y, z) \tag{2.8}$$

2.2 液体平衡微分方程及其积分

2.2.1 液体平衡微分方程及其积分

在静止或相对静止液体中取一微小六面体的液体,其中心点为 $O'(x, y, z)$,各边分别与坐标轴平行,边长分别为 dx, dy, dz,见图 2.3。下面分别分析作用在六面体上的力。

(1)面积力

因静止或相对静止液体中不存在摩擦力,所以作用于六面体各面上的面积力只有周围液体对它的压力,先分析 x 方向的作用力,设六面体中心点 $O'(x, y, z)$ 处的压强为 p,因压强是坐标的连续函数 $p = p(x, y, z)$,当坐标位置有变化时,压强也发生变化,用泰勒(Taylor)级数展开,在略去二阶微量以上

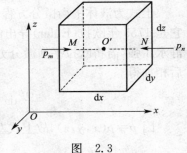

图   2.3

各项,则作用于形心点 $M\left(x - \frac{1}{2} dx, y, z\right)$ 和 $N\left(x + \frac{1}{2} dx, y, z\right)$ 的压强分别为

$$p_M = p - \frac{1}{2} \frac{\partial p}{\partial x}$$

$$p_N = p + \frac{1}{2} \frac{\partial p}{\partial x} \tag{2.9}$$

微小液体的面积很微小,其压强分布可以认为是均匀的,则作用于左右两端的压力分别为

$$P_M = \left(p - \frac{1}{2} \frac{\partial p}{\partial x} dx\right) dy dz$$

$$P_N = \left(p + \frac{1}{2} \frac{\partial p}{\partial x} dx\right) dy dz \tag{2.10}$$

(2)质量力

因单位质量力在各坐标轴上的投影分别为 X、Y、Z,则作用于微小液体的质量力在 x 方向的投影为 $X dx dy dz$ 根据平衡条件,各力在 x 向的投影之和应等于零,即

$$\left(p - \frac{1}{2} \frac{\partial p}{\partial x} dx\right) dy dz - \left(p + \frac{1}{2} \frac{\partial p}{\partial x} dx\right) dy dz + \rho X dx dy dz = 0$$

化简上式,可得单位质量液体在 x 方向的平衡方程为

$$pX\mathrm{d}x\mathrm{d}y\mathrm{d}z - \frac{\partial p}{\partial x}\mathrm{d}x\mathrm{d}y\mathrm{d}z = 0 \tag{2.11}$$

除以 $\mathrm{d}x\mathrm{d}y\mathrm{d}z$,得

$$X - \frac{1}{\rho}\frac{\partial p}{\partial x} = 0$$

同理可得单位质量液体在 y 向和 z 方向的平衡方程,与 x 方向的平衡方程一并列出为

$$\left.\begin{array}{l} \rho X - \dfrac{\partial p}{\partial x} = 0 \\[2mm] \rho Y - \dfrac{\partial p}{\partial y} = 0 \\[2mm] \rho Z - \dfrac{\partial p}{\partial z} = 0 \end{array}\right\} \tag{2.12}$$

同除 ρ 得式

$$\left.\begin{array}{l} X - \dfrac{1}{\rho}\dfrac{\partial p}{\partial x} = 0 \\[2mm] Y - \dfrac{1}{\rho}\dfrac{\partial p}{\partial y} = 0 \\[2mm] Z - \dfrac{1}{\rho}\dfrac{\partial p}{\partial z} = 0 \end{array}\right\} \tag{2.13}$$

上式为液体平衡微分方程,它表示作用于单位质量液体上的体积力和质量力的平衡关系。它是 1755 年欧拉(Euler)导出的,又称为欧拉平衡微分方程。为了求得平衡液体中任一点的静水压强,需将欧拉平衡微分方程进行积分。将方程组(2.13)各式分别乘以 $\mathrm{d}x$、$\mathrm{d}y$ 和 $\mathrm{d}z$,然后相加得

$$\frac{\partial p}{\partial x}\mathrm{d}x + \frac{\partial p}{\partial y}\mathrm{d}y + \frac{\partial p}{\partial z}\mathrm{d}z = \rho(X\mathrm{d}x + Y\mathrm{d}y + Z\mathrm{d}z) \tag{2.14}$$

因 $p = p(x,y,z)$,故上式左端为 p 的全微分 $\mathrm{d}p$,于是上式成为

$$\mathrm{d}p = \frac{\partial p}{\partial x}\mathrm{d}x + \frac{\partial p}{\partial y}\mathrm{d}y + \frac{\partial p}{\partial z}\mathrm{d}z$$

所以

$$\mathrm{d}p = \rho(X\mathrm{d}x + Y\mathrm{d}y + Z\mathrm{d}z) \tag{2.15}$$

式(2.15)称为流体平衡微分方程的综合式。

由于液体的密度 ρ 可视为常数,根据数学分析理论可知式(2.15)右边的括号内三项总和也应该是某一个力函数 $W(x,y,z)$ 的全微分,即

$$\mathrm{d}W = X\mathrm{d}x + Y\mathrm{d}y + Z\mathrm{d}z \tag{2.16}$$

而

$$\mathrm{d}W = \frac{\partial W}{\partial x}\mathrm{d}x + \frac{\partial W}{\partial y}\mathrm{d}y + \frac{\partial W}{\partial z}\mathrm{d}z \tag{2.17}$$

故有

$$\begin{aligned} X &= \frac{\partial W}{\partial x} \\[2mm] Y &= \frac{\partial W}{\partial y} \\[2mm] Z &= \frac{\partial W}{\partial z} \end{aligned} \tag{2.18}$$

由理论力学知道,若某一坐标函数对各坐标的偏导数分别等于力场的力在对坐标轴上投影,则称该坐标函数为力的势函数,而相应的力称为有势力。由此可见,流体只有在有势的质量力作用下才能保持平衡。

将式(2.16)代入式(2.15),得

$$\mathrm{d}p = \rho \mathrm{d}W \tag{2.19}$$

积分上式,得

$$p = \rho W + C$$

式中,C 为积分常数,可由流体中某一已知边界条件决定。若已知某边界的力势函数 W_0 和静压强 p_0,则由上式可得

$$p = p_0 + \rho(W - W_0) \tag{2.20}$$

这就是不可压缩流体平衡微分方程积分后的普遍关系式。通常在实际问题中,力的势函数 W 的一般表达式并非直接给出,因此实际计算流体静压强分布时,采用综合式(2.15)进行计算较式(2.20)更为方便。

2.2.2　帕斯卡定律

在式(2.20)中,因 $\rho(W - W_0)$ 项是由流体密度和质量力的势函数所决定的,而与其的大小无关,倘若值有所改变,则平衡流体中各点的压强也将随之有相同大小的变化,这就是著名的压强传递的帕斯卡(B. Pasal)定律。该定律在水压机、水力起重机等水力机械的工作原理中有广泛的应用。

2.2.3　等 压 面

平衡流体中压强相等的点所组成的平面或曲面称为等压面。例如两种不相混合的流体的交界面就是等压面。在等压面上,$p = c$ 或 $\mathrm{d}p = 0$,将其代入式(2.15)可得等压面微分方程

$$X\mathrm{d}x + Y\mathrm{d}y + Z\mathrm{d}z = 0 \tag{2.21}$$

或写成矢量形式

$$\boldsymbol{f} \cdot \mathrm{d}\boldsymbol{s} = 0 \tag{2.22}$$

式中,$\mathrm{d}\boldsymbol{s} = \mathrm{d}x\,\boldsymbol{i} + \mathrm{d}y\,\boldsymbol{j} + \mathrm{d}z\,\boldsymbol{k}$ 为等压面上任一线矢。

等压面具有如下两个重要的性质:

(1)等压面与等势面重合,在平衡液体中等压面即是等势面。

因在等压面上 $\mathrm{d}p = 0$,由式(2.19)知。$\rho \mathrm{d}W = 0$,而 $\rho \neq 0$,故有 $\mathrm{d}W = 0$ 或 $W = C$。由此可见,在平衡流体中等压面就是等势面。

(2)等压面恒与质量力正交。

这一性质可用等压面微分方程(2.22)证明。因为单位质量力矢量 $\boldsymbol{f}$ 与等压面上任一线矢 $\mathrm{d}\boldsymbol{s}$ 的标量积等于零。说明两矢量相互垂直。根据这一性质,可以由已知的质量力矢量确定等压面的形状。例如在惯性坐标系下的平衡流体,质量力只有重力,其等压面近似是一个与地球同心的球面,但在实践中,这个球面的有限部分可以看成是水平面。

2.3　重力作用下流体静压强的分布规律

2.3.1　流体静力学基本方程

在工程实际中,经常遇到作用在流体上的质量力只有重力的情况,此时的平衡流体即所谓静止流体。在这种情况下,作用在流体上的单位质量力在各坐标轴方向的分量分别为

$$X=0 \qquad Y=0 \qquad Z=-g$$

代入式(2.15)得

$$\mathrm{d}p=-\rho g\mathrm{d}z=-\gamma\mathrm{d}z$$

对于不可压缩均质流体,重度 γ 为一常数、积分上式得

$$p=-\gamma z+c'$$

或

$$z+\frac{p}{\gamma}=c \tag{2.23}$$

式中,c、c' 为积分常数,可根据边界条件确定。式(2.23)即为重力作用下的流体静力学基本方程。

对于静止流体中任意两点,式(2.23)可写成

$$z_1+\frac{p_1}{\gamma}=z_2+\frac{p_2}{\gamma} \tag{2.24}$$

或

$$p_2=p_1+\gamma(z_1-z_2) \tag{2.25}$$

式中,z_1、z_2 分别为静止流体中任意两点在铅垂方向的坐标值;p_1、p_2 分别为相应于 z_1、z_2 的静压强。式(2.25)就是静水压强的基本方程式。

对于液体,如图 2.4 所示。

若液面压强为 p_0,则由式(2.25)可知液体内任一点的静压强为

$$p=p_0+\gamma(z_1-z_2)=p_0+\gamma h \tag{2.26}$$

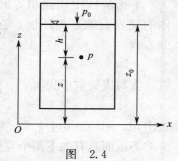

图　2.4

上式为静水压强基本方程式的另一种形式,是水静力学的基本公式。它说明

(1)静止液体中任一点的压强由两部分组成:一为表面压强 p_0,一为液重压强 γh,因 γh 就是该点到液体自由表面的单位面积上的液柱重量。应用上式便可计算静止液体中任一点的静水压强。

(2)静水压强分布规律:在静止液体中,压强随淹没深度按线性规律增加,且任一点的压强 p 恒等于液面压强 p_0 和该点的淹没深度 h 与液体重度 γ 的乘积之和。

(3)当表面压强 p_0 为一定值时,如 h 为常数,则压强 p 也为常数,故等高面或水平面既是等压面。

因此,可得出这样一个结论:在连通的静止、均匀液体中,水平面是等压面,等压面也是水平面。但应强调的是:这一结论须具备下列两个前提,即:

(1)液体是静止的,质量力只限于重力。

(2)液体区域必须是由同一种均质液体连通起来的。如果虽然是连通的液体但非均质,或液体虽系均质,但中间加有气体或另一种液体,或者是不相连通的液体,则其中的同一水平面

并不是同一等压面。

等压面概念在静止连通液体的压强计算方面起着重要作用,必须理解清楚。图2.5中所画的水平面,读者试区分哪些是等压面?哪些不是?其中图(a)为同一种液体连通;图(b)为不连通;图(c)为不同的均质液体相连通;图(d)为分层均质液体相连通。

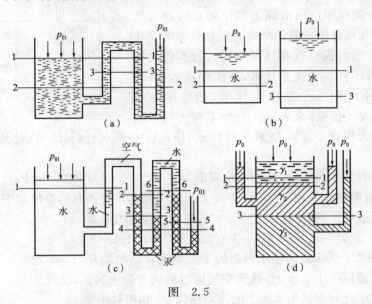

图 2.5

2.3.2 绝对压强、相对压强、真空值、真空度

量度压强的大小,首先要明确起算的基准,其次要了解计量的单位。压强的大小根据计量基准的不同有两种表示方法。

以设想没有大气分子存在的绝对真空为基准计量的压强,称为绝对压强,用 p' 表示。以当地大气压强 p_a 为基准计量的压强,称为相对压强,用 p 表示。在实际工程中,建筑物表面和自由液面多为大气压强 p_a 作用,所以,对建筑物起作用的压强仅为相对压强。绝对压强和相对压强是按两种不同基准计量的压强,它们之间相差一个当地大气压强 p_a 值,即

$$p = p' - p_a \tag{2.27}$$

绝对压强 p' 总是正值,而相对压强 p 则可正可负。如果流体内某点的绝对压强小于当地大气压强 p_a,即其相对压强为负值,则称该点存在真空。当流体存在真空时,习惯上用真空值 p_v 来表示。真空值 p_v 是指该点绝对压强 p' 小于当地大气压强 p_a 的数值,即

$$p_v = p_a - p' \tag{2.28}$$

用液柱高度 $h_v = \dfrac{p_v}{\gamma}$ 表示,h_v 称为真空度,即

$$h_v = \frac{p_v}{\gamma} = \frac{p_a - p'}{\gamma}$$

由上式可知,当绝对压强等于0时(此时称为绝对真空),其真空度

$$h_v = \frac{p_a - 0}{\gamma} = \frac{98\ 000}{9\ 800} = 98\ \text{kPa}$$

这是理论上的最大真空度。绝对真空在理论上是可以分析的,但在实际上把容器抽成绝

对真空是难以做到的,尤其是当容器盛有液体时,只要容器内液体的压强低到其饱和压强时,液体便开始汽化,压强就不会再往下降了。

关于绝对压强、相对压强及真空值三者的关系如图2.6所示。

通常建筑物表面和自由液面上都作用着当地大气压强 p_a,当地大气压强值一般随海拔高程和气温的变化而变化。由于各地海拔高程和气温不同,因此,各地的大气压强也稍有不同。为便于计算,在工程技术中,当地大气压的大小常用一个工程大气压(相当于海拔200 m处的正常大气压强)来表示。一个工程大气压强

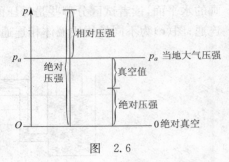

图 2.6

(at)的大小规定为相当于 735 毫米汞柱(mmHg)或 10 米水柱(mH_2O)对其柱底所产生的压强。

在我国法定计量单位中,压强的单位规定为牛/米^2(N/m^2)即帕斯卡(Pa)。在工程流体力学中,为了方便有时也用米水柱(mH_2O)高来表示压强。在过去旧的单位制中,压强单位还有千克力/厘米^2(kgf/cm^2)和工程大气压。它们之间的换算关系为

$$1 \text{ at}=98 \text{ kN/m}^2=98 \text{ kPa}=1.0 \text{ kgf/cm}^2=10 \text{ mH}_2\text{O}$$

【例 2.1】 图 2.7 所示封闭盛水容器的中央玻璃管是两端开口的。已知玻璃管伸入水面以下 1.5 m 时,既无空气通过玻璃管进入容器,又无水进入玻璃管。试求此时容器内水面上的绝对压强 p_0' 和相对压强 p_0。

解：将式(2.26)用于玻璃管底部一点,有

$$p_a=p_0'+\gamma h$$

故水面上的绝对压强为

$$p_0'=p_a-\gamma h=98\ 000-9\ 800\times1.5=83\ 300 \text{ N/m}^2=83.3 \text{ kN/m}^2$$

容器内水面上的相对压强可由式(2.27)求得,即

$$p_0=p_0'-p_a=-\gamma h=-9\ 800\times1.5=-14.7 \text{ kN/m}^2$$

由于 $p_0<0$,说明容器内水面存在真空,其真空值为

$$p_v=p_a-p_0'=\gamma h=+14.7 \text{ kN/m}^2$$

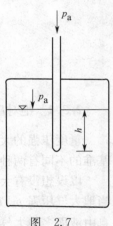

图 2.7

2.3.3 流体静压强分布图

在实际工程中,常用流体静压强分布图来分析问题和进行计算。流体静压强分布图就是根据流体静力学基本方程和流体静压强的两个特性绘出作用在受压面上各点的静压强大小及方向的图示。下面仅对液体静压强分布图绘制方法进行介绍。水利工程中,一般只要计算相对压强,所以只需绘制相对压强分布图。

为简单起见,在静止液体中任取一铅直壁面 AB,以静压强 p 横坐标,如图 2.8 所示。

对于液体,因重度 γ 为常量,p 与 h 呈线性关系,所以只要任取两对 p 与 h 的值,连成一直线,就可以绘出相对压强 $p=\gamma h$ 的图示。例如,在自由液面上 $h=0$,

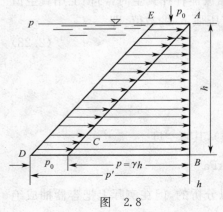

图 2.8

$p=0$，在任意深度 h 处，$p=\gamma h$，这两对 p 和 h 的值，便决定了三角形 ABC 的图形。其中矢线的长短表示压强的大小，箭头的方向即为压强的方向，垂直于受压面。至于表面压强 p_0，则按帕斯卡定律等值传递，故压强图形为 $ACDE$。对实际工程计算有用的一般是相对压强 $p=\gamma h$ 的图示。同理，可以给出斜面、折面以及曲面上的静压强（相对压强）分布图，如图 2.9 所示。

液体静压强分布图的规则如下：

（1）按一定比例，用线段长度代表该点静水压强的大小。

（2）用箭头表示静水压强的方向，并与作用面垂直。

（3）画出压强分布的外包络线。

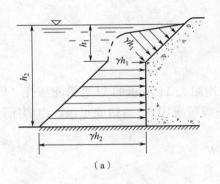　　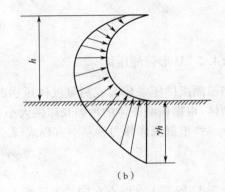

图　2.9

2.4　流体压强的测量

测量流体压强的仪器类型很多，主要是在压强的量程大小和测量精度上有差别，并且趋现代化。常见的仪器有液柱式测压计、金属测压表和电测式仪表等。液柱式测压计的测压原理是以流体静力学基本方程为依据的，这些测压计构造简单，方便可靠，至今仍在实验室内广泛使用。下面介绍几种常用的液柱式测压计。

2.4.1　测压管

测压管是一根等径透明玻璃管，直接连在需要测量压强的容器上，如图 2.10 所示。测压管一般部是开口的，测出的是绝对压强与当地大气压强的差即相对压强，在图 2.10(a) 中读出测压管中液往高度 h_A 后，就可算出 A 点的相对压强 γh_A。

测压管的优点是结构简单，测量精度较高，缺点是只能测量较小的液体压强。当相对压强大于 0.2 个工程大气压时，就需要两米以上高度的测压管，使用很不方便。为了提高精度，可以用油代替水；也可以把测压管倾斜放置如图 2.10(b) 所示，此时用于计算压强的测压管高度 $h=L\sin\alpha$，A 点的相对压强则为 $p_A=\rho g L\sin\alpha$。同时，为了防止毛细现象影响测量精度，测压管直径一般不小于 10 mm。

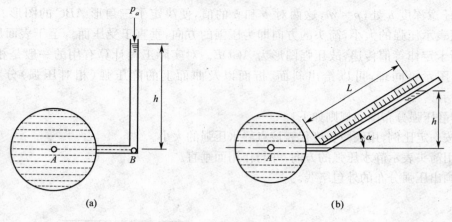

图　2.10

2.4.2　U 形管测压计

当被测流体压强较大或测量气体压强时,常采用图 2.11 所示的 U 形管测压计。U 形管中的液体,根据被测流体的种类及压强大小不同,一般可采用水、酒精或水银。由测压计上读出 h、h_p 后,根据流体静力学基本方程式(2.25)有

$$p_1 = p_A + \gamma h$$
$$p_2 = \gamma_p h_p$$

由于 U 形管 1、2 两点在同一等压面上,$p_1 = p_2$,由此可得 A 点的相对压强:

$$p_A = \gamma_p h_p - \gamma h \qquad (2.29)$$

当被测流体为气体时,由于气体重度较小,上式最后一项 γh 可以忽略不计。

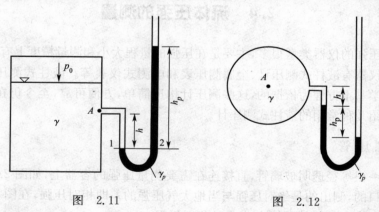

图　2.11　　　　　　　　　　图　2.12

2.4.3　U 形管真空计

当被测流体的绝对压强小于当地大气压强时,可采用图 2.12 所示的 U 形管真空计测量其真空压强(即真空值)。计算方法与 U 形管测压计类似,图中 A 点的真空值为

$$p_V = \gamma_p h_p + \gamma h \qquad (2.30)$$

同样,若被测流体为气体时。上式最后一项可忽略不计。

2.4.4　U 形管差压计

在需测定流体内两点的压强差或测定测压管水头差时,采用图 2.13 所示的 U 形管差压计极为方便。由图知

$$p_M = p_A + \gamma(h + h_p)$$

$$p_N = p_B + \gamma(\Delta z + h) + \gamma_p h_p$$

因为水平面 MN 为等压面,故 $p_M = p_N$,所以

$$p_A + \gamma(h + h_p) = p_N + \gamma(\Delta z + h) + \gamma_p h_p$$

$$p_A - p_B = \gamma \Delta z + (\gamma_p - \gamma)h_p$$

$$= \gamma \Delta z + 12.6\gamma h_p$$

$$\Delta z = z_B - z_A$$

若将 $\Delta z = z_B - z_A$ 代入上式,化简整理可得 A、B 两压源的测压管水头差:

$$\left(z_A + \frac{p_A}{\gamma}\right) - (z_B) + \frac{p_B}{\gamma} = \left(\frac{\gamma_p}{\gamma} - 1\right)h_p \tag{2.31}$$

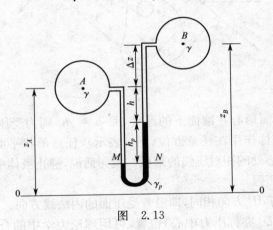

图　2.13

2.5　静止液体作用在平面上的总压力

确定静止液体作用在平面上的总压力的大小、方向和压力作用点是许多工程技术上(如设计水池、水闸、水坝及路基等)必须解决的工程流体力学问题。确定的方法有解析法和图算法两种。

2.5.1　解析法

首先讨论静水总压力的大小和方向。

设有一平面 ab 在与水平面交角为 α 的坐标平面 xOy 内,如图 2.14 所示,其面积为 A,左侧承受水的作用。水面作用着大气压强。由于 ab 右侧也有大气压强作用、所以在讨论水的作用力时只要计算相对压强所引起的静水总压力。图中 xOy 平面与水面的交线为 Ox。

在平面 ab 上任取一微元面积 dA,其中心点在液面以下的深度为 h,到 Ox 轴的距离为 y。由于平面 ab 两侧均受大气压强的作用。故可以不必考虑大气压强对结构物的影响。于是,液体作用在 dA 上的压力为

$$dP = p\,dA = \gamma h\,dA = \gamma y \sin\alpha\,dA$$

因作用在平面 ab 各微元面积上的 dP 方向相同,根据平行力系求和原理,沿受压面 A 积分上式,可得作用在平面 ab 上的总压力为

$$P = \int_A dP = \gamma \sin\alpha \int_A y\,dA$$

式中,积分 $\int_A y\,dA$ 是面积对 OX 轴的静面矩,其值等于受压面面积 A 与其形心坐标 y_c 的乘积。因此

$$P = \gamma \sin\alpha \cdot y_c A = \gamma h_c A = p_c A \qquad (2.32)$$

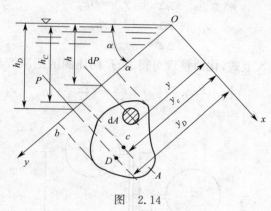

图　2.14

式中,$h_c = y_c \sin\alpha$ 为受压面形心在液面下的深度,而 $p_c = \gamma h_c$ 则为受压面形心处的相对压强。从式(2.32)可知,静止液体作用在任意方位(用 α 表示),任意形状平面上的总压力 P 的大小等于受压面面积与其形心处的相对压强的乘积。换句话说,静止液体中,任意受压平面上的平均压强等于其形心处的压强。

总压力 P 的方向,与 dP 方向相同,即沿着受压面的内法线方向。

总压力 P 的作用点 D(亦称压力中心)位置,可用理论力学中的合力矩定理(即合力对某轴的力矩等于各分力对同一轴的力矩之代数和)求得,即对 Ox 轴有

$$P y_D = \int_A y\,dP = \int_A y\gamma h\,dA = \int_A y\gamma y \sin\alpha\,dA = \gamma \sin\alpha \int_A y^2\,dA = \gamma \sin\alpha I_{Ox}$$

$I_{Ox} = \int_A y^2\,dA$ 为受压面 A 对 Ox 轴的惯性矩。

即
$$\gamma \sin\alpha I_{Ox} = P y_D = y_c A \gamma \sin\alpha y_D$$

$$y_D = \frac{I_{Ox}}{A y_c} \qquad (2.33)$$

为了使用上的方便,可根据惯性矩平行移轴公式 $I_{Ox} = I_c + y_c^2 A$,将受压面 A 对 Ox 轴的惯性矩 I_x 换算成对通过受压面形心 c 且平行于 Ox 轴的轴线的惯性矩 I_c,于是,式(2.33)又可写成

$$y_D = y_c + \frac{I_c}{A y_c}$$

因 $\dfrac{I_c}{A y_c} > 0$,故 $y_D > y_c$,说明,压力中心 D 是位于受压面形心 c 的下方。

以上求出了压力中心 D 的 y 坐标 y_D,一般情况下,还需求出它的 x 坐标 x_D 才能完全确

定它的位置。求 x_D 的方法与求 y_D 的方法一样。在实际工程中,常见的受压平面多具有轴对称性(对称轴与 Oy 轴平行),总压力 P 的作用点必位于对称轴上,此时 y_D 值算出后,压力中心 D 的位置便完全确定。

【例 2.2】 如图 2.15 所示圆形平板闸门,已知直径 $d=1$ m,倾角 $\alpha=60°$,形心处水深 $h_c=4.0$ m,闸门自重 $G=1$ kN。欲使闸门绕 a 轴旋开,在 b 点需施加多大的垂直拉力 T(不计转轴 a 的摩擦阻力)?

解: 致使闸门绕 a 轴旋开,必须有

$$T \cdot e \geqslant P \cdot f + G \cdot \frac{e}{2}$$

式中,$P = \gamma h_c A = 9\,800 \times 4.0 \times \dfrac{3.14}{4} \times 1^2 = 30\,772$ N $= 30.77$ kN

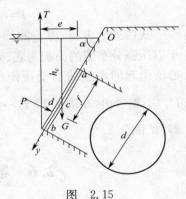

图 2.15

$$
\begin{aligned}
f &= y_D - oa = y_c - oa + \frac{J_c}{y_c A} \\
&= \left(oa + \frac{d}{2}\right) - oa + \frac{J_c}{y_c A} = \frac{d}{2} + \frac{J_c}{y_c A} \\
&= \frac{d}{2} + \frac{\frac{\pi}{64} d^4}{\left(\frac{h_c}{\sin\alpha}\right) \cdot \left(\frac{\pi}{4} d^2\right)} \\
&= \frac{1}{2} + \frac{\frac{1}{64} \times 3.14 \times 1^2}{\left(\frac{4.0}{\sin 60°}\right)\left(\frac{3.14}{4} \times 1^2\right)} = 0.514 \text{ m}
\end{aligned}
$$

$$e = d\cos\alpha = 1 \times \cos 60° = 0.5 \text{ m}$$

所以 $T \geqslant \dfrac{P \cdot f + G \cdot \frac{e}{2}}{e} = \dfrac{30.77 \times 0.514 + 1.0 \times \frac{0.5}{2}}{0.5} = 32.13$ kN

【例 2.3】 图 2.16 所示为一铅直矩形闸门,已知 $h_1 = 1.5$ m,$h_2 = 2$ m,闸门宽 $b = 1.5$ m,试求作用在闸门上的静水总压力及其作用点。

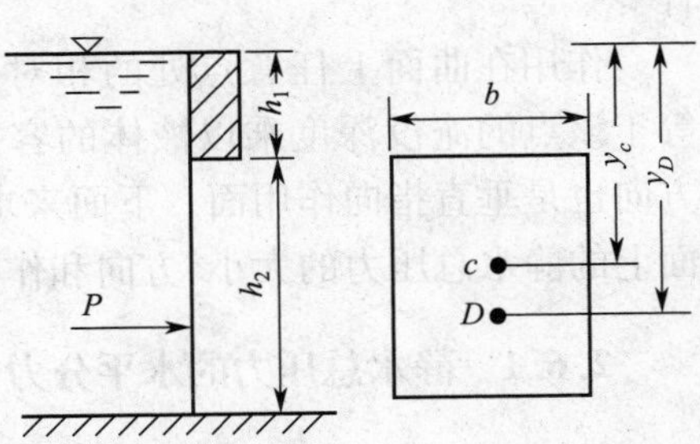

解:(1)解析法
$$P = P_c A = \gamma h_c A$$
$$= 9\,800 \times \left(1 + \frac{2}{2}\right) \times 2 \times 1.5 = 58.8 \text{ kN}$$

$$y_D = y_c + \frac{I_c}{y_c A} = 2 + \frac{\frac{1}{12} \times 1.5 \times 2^3}{2 \times 1.5 \times 2} = 2.17 \text{ m}$$

(2)图解法

$$P = \frac{1}{2}\left[\gamma h_1 + \gamma(h_1 + h_2)\right] h_2 b$$

$$\frac{1}{2}\gamma h_2 b (2h_1 + h_2) = 58.8 \text{ kN}$$

图 2.16

$$y_c = \frac{h}{3}\left(\frac{a + 2b}{a + b}\right) = \frac{h}{3}\left[\frac{\gamma h_1 + 2\gamma(h_1 + h_2)}{\gamma h_1 + \gamma(h_1 + h_2)}\right] = \frac{7}{8}$$

所以 $h_1 = h_1 + y_1 = 2.17$ m

2.5.2　图解法

求静止液体作用在矩形平面上的总压力及其作用点问题,采用图算法较为方便。要使用图算法须先绘出流体静压强分布图,然后根据压强分布图计算总压力。

如图 2.17 所示,取高为 h、宽为 b 的铅直矩形平面,其顶面恰与自由液面齐平。引用静止液体作用在平面上的总压力公式(2.32),有

$$P = p_c A = \gamma h_c A = \gamma \frac{h}{2} \cdot bh = \frac{1}{2}\gamma h^2 b$$

式中,$\frac{1}{2}\gamma h^2$ 恰为静压强分布图示的面积(用 A_P 表示)。因此,上式可写成

$$P = A_P b \qquad\qquad (2.34)$$

式(2.34)表明,静止液体作用在平面上的总压力恰等于以压强分布图的面积为底、高度为 b 的体积,而通过其重心所引起的水平线与受压面的交点便是总压力的作用点

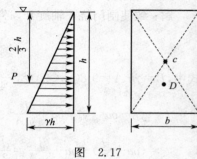

图　2.17

D。不难看出,在图 2.17 这一具体情况下,D 点位于自由液面下 $\frac{2}{3}h$ 处。例 2.3 按图解法求解,见例 2.3。

2.6　静止液体作用在曲面上的总压力

在水利、桥梁等实际工程中承受静水压力的面除平面外,还有曲面。例如弧形闸门,它的挡水面是具有水平母线的二向曲面。其侧投影是一段曲线,如图 2.18 所示的曲线 ab,曲面左侧承受水压力,这些曲面多数为二向曲面(或称柱面),所以这里着重分析二向曲面的静水总压力计算。

作用在曲面上任意点处的相对压强,其大小仍等于该点的淹没深度乘以液体的容重,即 $p = \gamma h$;其方向也是垂直指向作用面。下面来求作用于二向曲面上的静水总压力的大小、方向和作用点。

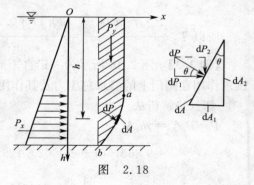

图　2.18

2.6.1　静水总压力的水平分力

今在曲面 EF 上取一微分柱面 KL,其面积为 $\mathrm{d}A$,对微分柱面 KL,可视为倾斜平面,设它与铅垂面的夹角为 α,作用与 KL 面上的静水压力为 $\mathrm{d}P$,由图 2.19 可见,$\mathrm{d}P$ 在水平方向的分力为

$$\mathrm{d}P_x = \mathrm{d}P\cos\alpha$$

总压力的水平分力可看作是无限多个 $\mathrm{d}P_x$ 的合力,故

$$P_x = \int \mathrm{d}P_x = \int \mathrm{d}P \cdot \cos\alpha$$

根据平面水压力计算公式

$$dP = p \cdot dA = \gamma h \cdot dA$$

h 为 dA 面形心点在液面下的淹没深度。

于是

$$dP\cos\alpha = \gamma h dA\cos\alpha$$

令 $dA\cos\alpha = (dA)_x$，$(dA)_x$ 为 dA 在 yOz 坐标平面的投影面积。

则

$$P_x = \int \gamma h dA\cos\alpha = \gamma \int_{A_x} h\,(dA)_x \tag{2.35}$$

由理论力学可知

$$\int_{A_x} h(dA)_x = h_c A_x \tag{2.36}$$

式中，A_x 为曲面 EF 在 yOz 坐标面上的投影面积，h_c 为 A_x 面形心点 C 在液面下的淹没深度。

将(2.36)式代入(2.35)式得

$$P_x = \gamma h_c A_x \tag{2.37}$$

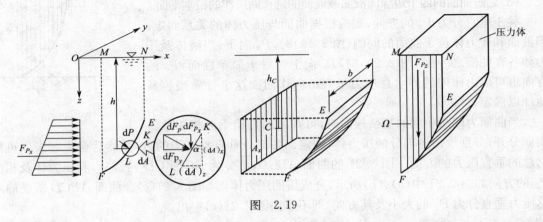

图　2.19

(2.37)式表明：作用在曲面上静水总压力 P 的水平分力 P_x，等于曲面在 yOz 平面上的投影面 A_x 上的静水总压力。这样，把求曲面上静水总压力的水平分力，转化为求另一铅垂平面 A_x 的静水总压力问题。很明显，水平分力 P_x 的作用线应通过 A_x 平面的压力中心。

2.6.2　静水总压力的垂直分力

如图 2.19 所示，在微分柱面 KL 上，静水压力 dP 沿铅垂力方向的分力为

$$dP_x = dP\sin\alpha$$

整个 EF 曲面上总压力的垂直分力 P_z，可看作许多个 dP_z 的合力，故

$$P_z = \int dP_z = \int dP\sin\alpha = \int_A \gamma h dA\sin\alpha \tag{2.38}$$

令 $(dA)_z = dA\sin\alpha$，$(dA)_z$ 在 xOy 平面上的投影，代入(2.38)式

$$P_z = \gamma \int_{A_z} h\,(dA)_z \tag{2.39}$$

从图 2.19 看来，$h(dA)_z$ 为 KL 面所托的水体积，而 $\int_{A_z} h\,(dA)_z$ 为 EF 曲面所托的水体积。

令

$$V = \int_{A_z} h\,(dA)_z \tag{2.40}$$

则(2.39)式可改写为

$$P_z = \gamma V \qquad\qquad (2.41)$$

式中，V 是代表以面积 $EFMN$ 为底，长为 b 的柱体体积，该柱体称为压力体。(2.41)式表明：作用于曲面上静水总压力 P 的垂直分力 P_z，等于压力体的水体重。

令压力体底面积(即 $EFMN$ 的面积)为 A，则

$$V = b \cdot A \qquad\qquad (2.42)$$

压力体只是作为计算曲面上垂直压力的一个数值当量，它不一定是由实际水体所构成。如图 2.19 所示的曲面，压力体为水体所充实；但在另外一些情况下，式(2.40)所表达的压力体内，不一定存在水体，如图 2.20 所示的曲面，其相应的压力体(图中阴影分)内并无水体。

压力体应由下列周界面所围成。

(1)受压曲面本身；

(2)液面(图 2.19)或液面的延长面(图 2.20)；

(3)通过曲面的四个边缘向液面或液面的延长面所作的铅垂平面。

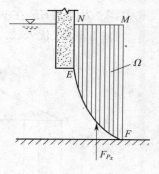

关于垂直分力 P_z 的方向，则应根据曲面与压力体的关系而定：当液面和压力体位于曲面的同侧(图 2.19)时，P_z 向下；当液体及压力体各在曲面之一侧(图 2.20)时，P_z 向上。对于简单柱面，P_z 的方向也可以由作用的静水总压力垂直指向作用面这个性质很容易地加以确定。

图　2.20

当曲面为凹凸相间的复杂柱面时，可在曲面与铅垂面相切处将曲面分开，分别绘出各部分的压力体，并定出各部分垂直水压力的方向，然后合成起来即可得出总的垂直压力的方向。图 2.21 的曲面 $ABCD$，可分为 AC 及 CD 两部分，其压力体及相应 P_z 的方向如图 2.21 中(a)、(b)所示，合成后的压力体则如图 2.21(c)。曲面 $ABCD$ 所受静水总压力垂直分力 P_z 的大小及其方向，即不难由图 2.21(c)定出。

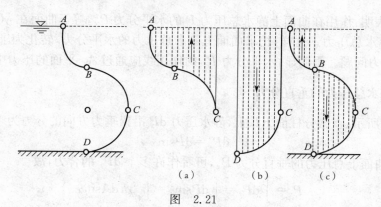

（a）　　　　　（b）　　　　　（c）

图　2.21

垂直分力 P_z 的作用线，应通过压力体的体积形心。

2.6.3　静水总压力

由二力合成定理，曲面所受静水总压力的大小为

$$P = \sqrt{P_x^2 + P_z^2} \qquad\qquad (2.43)$$

为了确定总压力 P 的方向，可以求出 P 与水平面的夹角 α，如图 2.22 所示。

$$\tan\alpha = \frac{P_z}{P_x}$$

或
$$\alpha = \arctan \frac{P_z}{P_x} \tag{2.44}$$

由于总压力的水平分力 P_x 的作用线通过 A_x 的压力中心,铅垂分力 P_z 的作用线通过压力体 V_P 的重心,且均指向受压面,故总压力的作用线必通过上值述两条作用线的交点,其方向由式(2.44)确定。这条总压力作用线与曲面的交点即为总压力在曲面上的作用点。

【例2.4】 一圆弧形闸门,如图2.23所示。已知闸门宽度 $b=4$ m,半径 $r=2$ m,圆心角 $\varphi=45°$,闸门旋转轴恰与水面齐平,试求作用在闸门上的静水总压力。

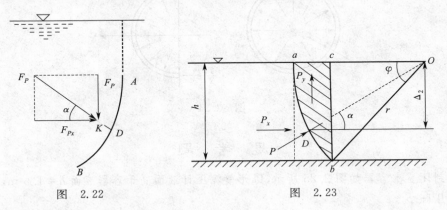

图 2.22　　　　　　　图 2.23

解: 闸门前水深为
$$h = r\sin\varphi = 2\sin45° = 1.414 \text{ m}$$

作用在闸门上的静水总压力的水平分力为
$$P_x = \gamma h_c A_x = \frac{1}{2}\gamma h^2 b$$
$$= \frac{1}{2} \times 9\,800 \times 1.414^2 \times 4 = 39\,188 \text{ N} = 39.19 \text{ kN}(\rightarrow)$$

铅垂分力为
$$P_z = \gamma V_P = \gamma b A_{acb} = \gamma b (A_{aob} - A_{cob}) = \gamma b \left(\frac{1}{8}\pi r^2 - \frac{1}{2}h^2\right)$$
$$= 9\,800 \times 4 \times \left(\frac{1}{8} \times 3.14 \times 2^2 - \frac{1}{2} \times 1.414^2\right) = 22\,356 \text{ N} = 22.36 \text{ kN}(\uparrow)$$

故静水总压力的大小和方向分别为
$$P = \sqrt{P_x^2 + P_z^2} = \sqrt{39.19^2 + 22.36^2} = 45.12 \text{ kN}$$
$$\alpha = \text{arctg}\frac{P_z}{P_x} = \arctan\frac{22.36}{39.19} = 29.70° \approx 30°$$

由于力 P 必然通过闸门的旋转轴 O,因此,其作用点的垂直位置(距水面)为
$$Z_D = r\sin\alpha = 2\sin30° = 1 \text{ m}$$

【例2.5】 一内径为 d 的供水钢管,壁厚为 δ,若管壁的允许抗拉强度为 $[\sigma]$,试求管中最大允许压强 p 为多少(假定管壁各点压强相同,且忽略管路自重和水重)?

解: 为分析钢管的拉力和水压力之间的关系,沿管轴方向取单位长度管段并沿直径将管段切开,取半管如图2.24所示,极限状态钢管的拉力 $T = 2[\sigma]\delta$。

水压力按曲面压力分析。考虑 x 方向力的平衡,因 $A_x = 1 \times d$,故
$$P_x = pA_x = pd$$

据平衡方程 $T = P_x$

即　　　　　　　　　　　　　$2[\sigma] = pd$

得　　　　　　　　　　　　　$p = \dfrac{2[\sigma]\delta}{d}$

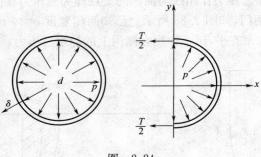

图　2.24

思　考　题

1. 一封闭盛水容器如图 2.25 所示，U 形管测压计液面高于容器液面 $h = 1.5$ m，求容器液面的相对压强 p_0。

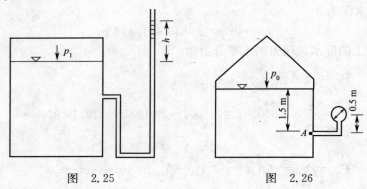

图　2.25　　　　　　　　　　　图　2.26

2. 一封闭水箱如图 2.26 所示，金属测压计测得的压强值为 4 900 Pa（相对压强），测压计中心比 A 点高 0.5 m，而 A 点在液面下 1.5 m。求液面的绝对压强及相对压强。

3. 图 2.27 所示为一圆柱形油桶，内装轻油及重油。轻油密度 ρ_1 为 6 632.6 kg/m³，重油密度 ρ_2 为 87.75 kg/m³，当两种油重量相等时，求：

(1) 两种油的深度 h_1 和 h_2 为多少？

(2) 两测压管内油面将上升至什么高度？

4. 如图 2.28 所示，封闭容器水面绝对压强 $p_0 = 85$ kPa，中央玻璃管两端开口（见图示），求玻璃管应伸入水面以下若干深度时，则既无空气通过玻璃管进入容器，又无进入玻璃管。

5. 根据复式水银测压计（图 2.29）所示读数：$z_1 = 1.8$ m，$z_2 = 0.8$ m，$z_3 = 2.0$ m，$z_4 = 0.9$ m，$z_A = 1.5$ m，$z_0 = 2.5$ m，求压力水箱液面的相对压强 p_0。（水银的重度 $\gamma_p = 133.28$ kN/m³）

6. 图 2.30 所示为给水管路出口阀门关闭时状态，试确定管路中 A、B 两点的测压管高度和测压管水头。

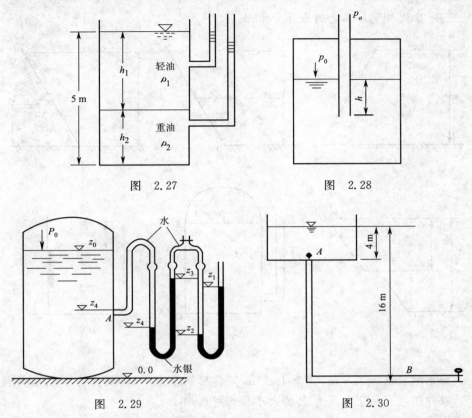

图 2.27   图 2.28

图 2.29   图 2.30

7. 一圆柱形容器静止时盛水深度 $H=0.225$ m,筒深为 0.3 m,内径 $D=0.1$ m,若把圆筒绕中心轴作等角速度旋转;试问:(1)不使水溢出容器,最大角速度为多少? (2)为不使容器底部中心露出,最大角速度为多少?

8. 画出图 2.31 中各标有字母的受压面上的静水压强分布图。

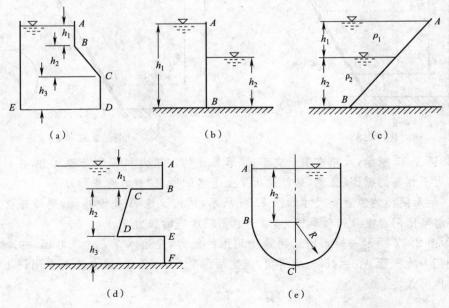

（a）   （b）   （c）

（d）   （e）

图 2.31

9. 绘出图 2.32 中 AB 面上的压强分布图。

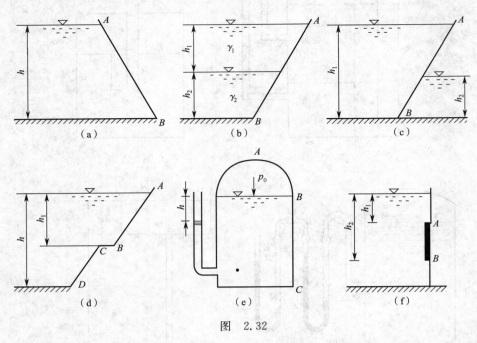

图　2.32

10. 一矩形平板高为 1.5 m，宽为 1.2 m，倾斜放置在水中，其倾角为 60°，有关尺寸如图 2.33 所示，求作用在平板上总压力 P 的大小和作用点 h_D。

11. 如图 2.34 所示，泄水池底部放水孔上放一圆形平面闸门，直径 d＝1 m，门的倾角 θ＝80°，求作用在门上的总压力 P 的大小及其作用点 h_D。已知平面闸门顶上水深 h＝1 m。

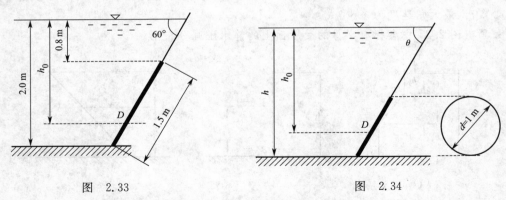

图　2.33　　　　　　　　　　　图　2.34

12. 如图 2.35 所示，水箱有四个支座，求容器底的总压力和四个支座反力，并讨论总压力与支座反力不相等的原因（注意，这就是历史上著名的所谓"静力奇象"）。

13. 一矩形闸门的位置和尺寸如图 2.36 所示，同门上缘 A 处设转轴，下缘连接铰链以备开闭。若忽略闸门自重及转轴摩擦力，求开启闸门所需的拉力 T。

14. 如图 2.37 所示一矩形闸门两边受到水的压力，左边水深 h_1＝3.0 m，右边水深 h_2＝2.0 m，闸门与水平面成 α＝45°。倾斜角，假定闸门宽度 b＝1 m. 试求作用在闸门上的静水总压力及其作用点。

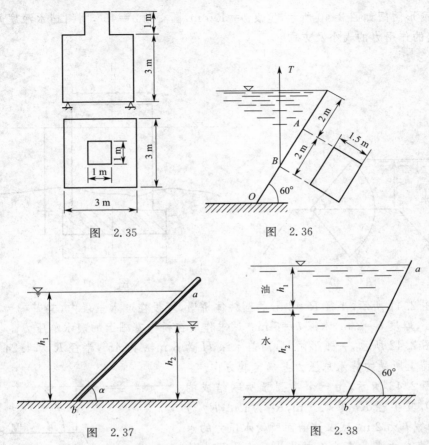

图　2.35　　　　　　　　　　　　图　2.36

图　2.37　　　　　　　　　　　　图　2.38

15.设一受两种液压的平板 ab 如图 2.38 所示,其倾角 α＝60°,上部油深 h_1＝1.0 m,下部水深 h_2＝2.0 m,油的重度 γ_p＝8.0 kN/m³,试求作用在平板 ab 单位宽度上的流体总压力及共作用点位置。

16.试绘出图 2.39 中 AB 曲面上的压力体。

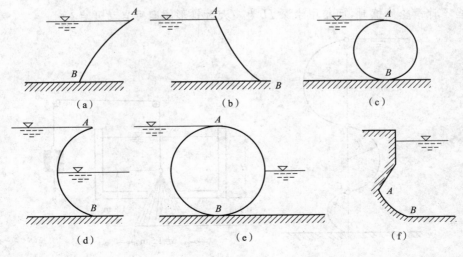

（a）　　　　　　　　（b）　　　　　　　　（c）

（d）　　　　　　　　（e）　　　　　　　　（f）

图　2.39

17. 一扇形闸门如图 2.40 所示,宽度 $b=1.0$ m,圆心角 $\alpha=45°$,闸门挡水深度 $h=3$ m,试求水对闸门的作用力的大小及方向。

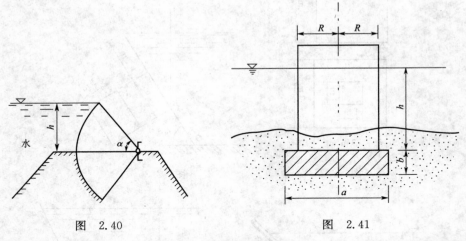

图　2.40　　　　　　　　　　　图　2.41

18. 如图 2.41 所示,半径 $R=2$ m 的圆柱体桥墩,埋设在透水土层内,其基础为正方形,边长 $a=4.3$ m,厚度 $b=2$ m,水深 $h=6$ m。试求作用在桥墩基础上的静水总压力。

19. 如图 2.42 所示,一弧形闸门,门前水深 H 为 3 m,α 为 45°,半径 R 为 4.24 m,试计算 1 m 宽的门面上所受的静水总压力并确定其方向。

20. 如图 2.43 所示,由三个半圆弧所联结成的曲面 $ABCD$,其半径 R_1 为 0.5 m,R_2 为 1 m,R_3 为 1.5 m,曲面宽 b 为 2 m,试求该曲面所受水压力的水平分力及垂直分力各为多少?并指出垂直水压力的方向。

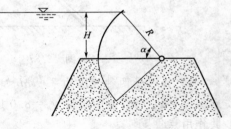

图　2.42

21. 如图 2.44 所示,水箱圆形底孔采用锥形自动控制阀,锥形阀以钢丝悬吊于滑轮上,钢丝的另一端系有重量 W 为 12 000 N 的金属块,锥阀自重 G 为 310 N,当不计滑轮摩擦时,问箱中水深 H 为多大时锥形阀即可自动开启?

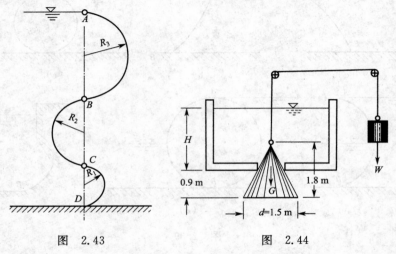

图　2.43　　　　　　　　　　　图　2.44

3 流体动力学理论基础

本章研究液体机械运动的基本规律及其在工程中的初步应用。根据物理和理论力学中的质量守恒原理、牛顿运动定律及动量定理等,建立水动力学的基本方程,为以后各章的学习奠定必要的理论基础。

液体的机械运动规律也适用于通常条件下远小于音速(约 340 m/s)的低速运动的气体。例如当气体的运动速度不大于约 50 m/s 时其密度变化不超过 1%,这种情况下的气体也可认为是不可压缩流体,其运动规律与液体相同。

研究液体的运动规律,也就是要确定表征液体运动状态的物理量,像流速、加速度、压强、切应力等运动要素随空间与时间的变化规律及相互间的关系。

由于实际液体存在黏性,使得对水流运动的分析十分复杂,所以工程上通常先以忽略黏性的理想液体为研究对象,然后在此基础上进一步研究实际液体。在某些工程问题上也可将实际液体近似地按理想液体估算。

3.1 描述流体运动的两种方法

描述液体运动的方法有拉格朗日(Lagrange)法和欧拉(Euler)法两种。

3.1.1 拉格朗日法

拉格朗日法是以个别的液体运动质点为研究对象,研究这些给定的质点在整个运动过程中的轨迹(称为迹线)以及运动要素随时间的变化规律。各个质点运动状况的总和就构成了整个液体的运动。所以,这种方法与一般力学中研究质点与质点系运动的方法是一样的。

以拉格朗日法描述液体的运动时,运动坐标不是独立变量,设某质点在初始时刻 $t=t_0$ 时的的空间坐标为 a、b、c(称为起始坐标),则它在任意时刻 t 的运动坐标 x、y、z 可表示为确定这个质点的起始坐标与时间变量的函数,即

$$\left.\begin{array}{l} x=x(a,b,c,t) \\ y=y(a,b,c,t) \\ z=z(a,b,c,t) \end{array}\right\} \tag{3.1}$$

变量 a、b、c、t 统称为拉格朗日变量。显然,对于不同的质点,起始坐标 a、b、c 是不同的。根据式(3.1),将某质点运动坐标的时间历程描绘出来就得到该质点的迹线。

在直角坐标中,给定质点在 x、y、z 方向的流速分量 u_x、u_y、u_z 可通过求相应的运动坐标对时间的一次偏导得到,即

$$\left.\begin{array}{l} u_x=\dfrac{\partial x}{\partial t} \\[2mm] u_y=\dfrac{\partial y}{\partial t} \\[2mm] u_z=\dfrac{\partial z}{\partial t} \end{array}\right\} \tag{3.2}$$

给定质点在 x、y、z 方向的加速度分量 a_x、a_y、a_z,可通过求相应的流速分量对时间的一次

偏导,或求相应的运动坐标对时间的二次偏导得到,即

$$
\left.\begin{array}{l}
a_x = \dfrac{\partial u_x}{\partial t} = \dfrac{\partial^2 x}{\partial t^2} \\[2mm]
a_y = \dfrac{\partial u_y}{\partial t} = \dfrac{\partial^2 y}{\partial t^2} \\[2mm]
a_z = \dfrac{\partial u_z}{\partial t} = \dfrac{\partial^2 z}{\partial t^2}
\end{array}\right\}
\tag{3.3}
$$

由于液体质点的运动轨迹非常复杂,用拉格朗日法去分析流动在数学上会遇到很多的困难,同时实用上一般也不需要知道给定质点的运动规律。所以除少数情况外(如研究波浪运动),在水力学中通常不采用这种方法,而采用较简便的欧拉法。

3.1.2　欧拉法

欧拉法是把液体当作连续介质以充满运动液体质点的空间——流场为对象,研究各时刻流场中诸空间点上不向质点的运动要素的分布与变化规律而不直接追究给定质点在某时刻的位置及其运动状况。

用欧拉法描述液体运动时运动要素是空间坐标 x、y、z 与时间变量 t 的连续可微函数。变量 x、y、z、t 统称为欧拉变量。因此,各空间点的流速所组成的流速场可表示为

$$
\left.\begin{array}{l}
u_x = u_x(x,y,z,t) \\
u_y = u_y(x,y,z,t) \\
u_z = u_z(x,y,z,t)
\end{array}\right\}
\tag{3.4}
$$

各空间点的压强所组成的压强场可表示为

$$
p = p(x,y,z,t)
\tag{3.5}
$$

加速度应是速度对时间的全导数。注意到式(3.4)中 x、y、z 是液体质点在 t 时刻的运动坐标,对同一质点来说它们不是独立变量,而是时间变量 t 的函数。根据复合函数求导规则,得

$$
a_x = \frac{\mathrm{d}u_x}{\mathrm{d}t} = \frac{\partial u_x}{\partial t} + \frac{\partial u_x}{\partial x} \cdot \frac{\mathrm{d}x}{\mathrm{d}t} + \frac{\partial u_x}{\partial y} \cdot \frac{\mathrm{d}y}{\mathrm{d}t} + \frac{\partial u_x}{\partial z} \cdot \frac{\mathrm{d}z}{\mathrm{d}t}
$$

因　　$\dfrac{\mathrm{d}x}{\mathrm{d}t} = u_x \qquad \dfrac{\mathrm{d}y}{\mathrm{d}t} = u_y \qquad \dfrac{\mathrm{d}z}{\mathrm{d}t} = u_z$

故

$$
\left.\begin{array}{l}
a_x = \dfrac{\mathrm{d}u_x}{\mathrm{d}t} = \dfrac{\partial u_x}{\partial t} + u_x \dfrac{\partial u_x}{\partial x} + u_y \dfrac{\partial u_x}{\partial y} + u_z \dfrac{\partial u_x}{\partial z} \\[2mm]
a_y = \dfrac{\mathrm{d}u_y}{\mathrm{d}t} = \dfrac{\partial u_y}{\partial t} + u_x \dfrac{\partial u_y}{\partial x} + u_y \dfrac{\partial u_y}{\partial y} + u_z \dfrac{\partial u_y}{\partial z} \\[2mm]
a_z = \dfrac{\mathrm{d}u_z}{\mathrm{d}t} = \dfrac{\partial u_z}{\partial t} + u_x \dfrac{\partial u_z}{\partial x} + u_y \dfrac{\partial u_z}{\partial y} + u_z \dfrac{\partial u_z}{\partial z}
\end{array}\right\}
\tag{3.6}
$$

同理

式右边第一项 $\dfrac{\partial u_x}{\partial t}$, $\dfrac{\partial u_y}{\partial t}$, $\dfrac{\partial u_z}{\partial t}$,表示通过固定点的液体质点速度随时间的变化率,称为当地加速度;上等号右边后三项反映了在同一时刻因地点变更而形成的加速度,称为迁移加速度。所以,用欧拉法描述液体运动时,液体质点的加速度应是当地加速度与迁移加速度之和。例如,由水箱侧壁开口接出一根收缩管(图 3.1),水经该管流出。由于水箱中的水位逐渐下降,收缩管内同一点的流速随时间不断减小;另一方面,由于管段收缩,

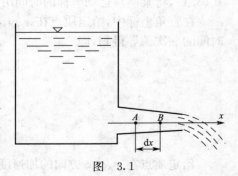

图　3.1

同一时刻收缩管内各点的流速又沿程增加。前者引起的加速度就是当地加速度（在本例为负值），后者引起的加速度就是迁移加速度（在本例为正值）。

3.2　流体运动的基本概念

3.2.1　恒定流与非恒定流

液体运动可分为恒定流与非恒定流两类。若流场中所有空间点上一切运动要素都不随时间改变，这种流动称为恒定流。否则，就叫做非恒定流。例如，图 3.1 中水箱里的水位不恒定时，水流中各点的流速与压强等运动要素随时间而变化，这样的流动就是非恒定流。若设法使箱内水位保持恒定，则液体的运动就成为恒定流。

恒定流中一切运动要素只是坐标 x、y、z 的函数，而与时间 t 无关，因而恒定流中

$$\frac{\partial u_x}{\partial t}=\frac{\partial u_y}{\partial t}=\frac{\partial u_z}{\partial t}=\frac{\partial p}{\partial t}=0 \tag{3.7}$$

恒定流中当地加速度等于零，但迁移加速度可以不等于零。

恒定流与非恒定流相比较，欧拉变量中少了一个时间变量 t，因而问题要简单得多。在实际工程中不少非恒定流问题的运动要素非常缓慢地随时间变化，或者是在一段时间内运动要素的平均值几乎不变，此时可近似地把这种流动作为恒定流来处理。另外，有些非恒定流当改变坐标系后可变成恒定流。例如，船在静止的河水中等速直线行驶时，船两侧的水流对于岸上的人看来（即对于固定于岸上的坐标系来说）是非恒定流，但对于站在船上的人看来（即对于固定于船上的坐标系来讲）则是恒定流，它相当于船不动，而远处水流以与船相反的同样大小的速度流过来。

3.2.2　一元流动、二元流动与三元流动

恒定流与非恒定流是根据欧拉变量中的时间变量对运动要素有无影响来分类的；若考察运动要素与欧拉变量中的坐标变量的关系，液体的流动可分为一元流动、二元流动与三元流动。

若运动要素是三个空间坐标的函数，这种流动就称为三元流动；若是二个坐标（不限于直角坐标）的函数，就叫做二元流动；若是一个坐标（如沿流动方向的坐标）的函数，就叫做一元流动。

液体一般在三元空间中流动。例如，水在断面形状与大小沿程变化的天然河道中的流动，水对船体的绕流等，这种流动属于三元流动。

若液体在一系列平行平面上流动，而且在与这些平面垂直的方向上各点的流动状态相同，则称为平面流动。平面流动就属于二元流动。例如，水在非常宽阔的矩形渠道中流动时远离侧边的与 xy 平面平行的诸铅垂面上（图 3.2 中 a-a，b-b，c-c 断面）的流动就是直角坐标系中的二元流动。在这些平面上运动要素与直角坐标中的 y 无关，而只是 x、z 的函数。又如，实际液体在圆截面（轴对称）管道中的流动（图 3.3），运动要素只是柱坐标中 r、x 的函数而与 θ 角无关，这也是二元流动。其断面流速分布如图所示，由于液体的粘性及对管壁的附着作用，紧靠管壁的液体质点的流速等于零，而管道轴上的液体质点因受管壁的影响最小，故流速最大，中间是过渡状态。

若考虑流道（管道或渠道）中实际液体运动要素的断面平均值（图 3.4），则运动要素只是曲线坐标 s 的函数，这种流动属于一元流动。

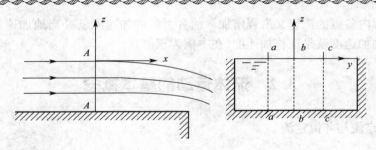

图 3.2

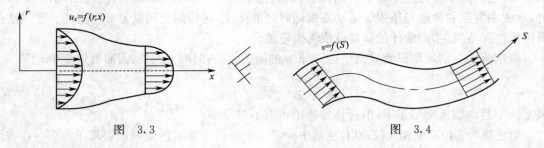

图 3.3　　　　　　　　　　　　　　　　　图 3.4

显然,坐标变量越少,则问题的处理越简单。因此在工程问题中,在保证一定精度的条件下,尽可能将分析复杂的三元流动简化为二元流动乃至一元流动,求得它的近似解。在水力学中经常运用一元分析法(又称为流束理论)方便地解决管道与渠道中的许多流动问题。

3.2.3　流线与迹线、均匀流与非均匀流

(1)流线与迹线

为了用欧拉法形象地描绘流速矢量场,引进流线的概念。若在流速场中画出某时刻的这样一条空间曲线,它上面所有液体质点在该时刻的流速矢量都与这一曲线相切,这条曲线就称为该时刻的一条流线。因此,流线表明了某时刻流场中各点的流速方向。流线的作法如下:在流速场中任取一点 1(图 3.5),绘出在某时刻通过该点的液体质点的流速矢量 u_1,再在该矢量上取距点 1 很近的点 2 处,标出同一时刻通过该处的液体质点的流速矢量 u_2······如此继续下去,得一折线 1-2-

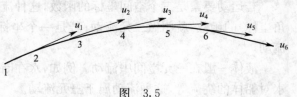

图 3.5

3-4-5-6···,若折线上相邻各点的间距无限接近,其极限就是某时刻流速场中经过点 1 的流线。

在运动液体的整个空间可绘出一系列的流线,称为流线簇,流线簇构成的流线图称为流谱(图 3.6)。不可压缩的液体中,流线簇的疏密程度反映了该时刻流场中各点的速度大小。流线密集的地方流速大,而疏展的地方速度小。

流线和迹线是两个完全不同的概念。非恒定流时流线与迹线不相重合,但恒定流时流线与迹线相重合。可利用图(3.5)作如下说明:设某时刻经过点 1 的液体质点的流速为 u_1,经 dt_1 时间该质点运动到无限接近的点 2 时,在恒定流条件下,仍以原来的流速 u_2 运动,于是经过 dt_2 时间,它必然到达点 3,······如此继续下去,则曲线 1—2—3···即为迹线。而前面已说明此曲线为流线。因此,液体质点的运动迹线在恒定流时与流线相重合。

根据流线的定义可得到流线的微分方程:设 ds 为流线的微元长度,u 为液体质点在该点

的流速,因两者重合故流线方程应满足

$$ds \times u = 0$$

在直角坐标系中即

$$\begin{vmatrix} i & j & k \\ dx & dy & dz \\ u_x & u_y & u_z \end{vmatrix} = 0$$

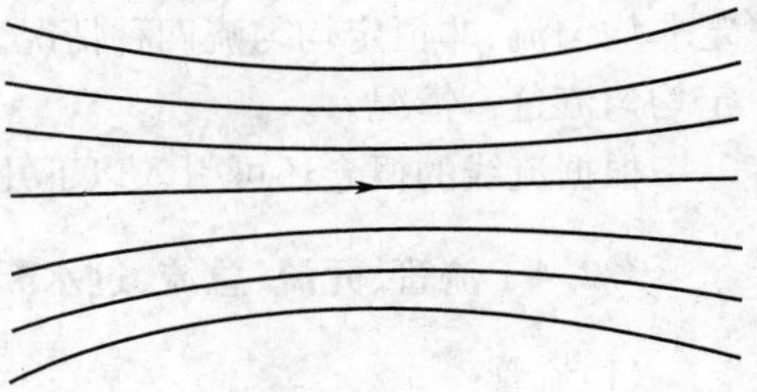

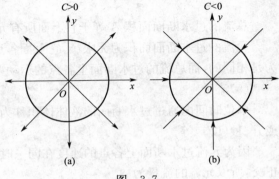

图 3.6

式中,i、j、k 分别是 x、y、z 方向的单位矢量。展开后得到流线的微分方程为

$$\frac{dx}{u_x} = \frac{dy}{u_y} = \frac{dz}{u_z} \tag{3.8}$$

流速分量 u_x、u_y、u_z 是坐标 x、y、z 与时间 t 的函数,这里 t 是以参数形式出现的。非恒定流时,因流场中各点的流速矢量随时间变化,因此,经过某空间点的流线在不同时刻有不同的形状;反之,恒定流时流线的形状与位置不随时间改变。

【**例 3.1**】已知流速场为 $u_x = \dfrac{Cx}{x^2+y^2}$、$u_y = \dfrac{Cy}{x^2+y^2}$、$u_z = 0$,其中 C 为常数,求流线方程。

解: 由式(3.8)

$$\frac{dx}{\dfrac{Cx}{x^2+y^2}} = \frac{dy}{\dfrac{Cy}{x^2+y^2}}$$

化简为

$$\frac{dx}{x} = \frac{dy}{y}$$

积分得

$$\ln x + \ln C_q = \ln y$$

则

$$y = C_1 x$$

此外,由 $u_z = 0$ 得

$$dz = 0$$

则

$$z = C_z$$

因此,流线为 xOy 平面上的一簇通过原点的直线(图 3.7)。这种流动称为平面点源流动($C>0$ 时)或平面点汇流动($C<0$ 时)。后面学习的渗流就属于这种流动。

(2)均匀流与非均匀流

根据流线形状的不同可将液体流动分为均匀流与非均匀流两种。若诸流线是平行的直线,这种流动就称为均匀流;否则,称为非均匀流。例如,液体在等截面直管中的流动,或液体在断面形式与大小沿程不变的直长渠道中的流动都是均匀流。若液体在收缩管或扩散管或弯管中的流动,以及液体在断面形式或大小变化的渠道中的流动都形成非均匀流。在均匀流中,位于同一流线上各质点的流速的大小和方向均相同,而在非均匀流中情况与上述相反。

图 3.7

均匀流与恒定流,非均匀流与非恒定流是两种不同的概念。在恒定流时当地加速度等于零,而在均匀流中迁移加速度等于零。所以,液体的流动分为恒定均匀流,恒定非均匀流,非恒定非均匀流、非恒定均匀流四种情况。在明渠流中,由于存在自由液面,所以一般不存在非恒定均匀流这一情况。

根据流线的概念还可引入以下几个重要的概念。

3.2.4　流管、元流、总流、过水断面、流量与断面平均流速

(1)流管

在流场中画出任一封闭曲线 l(不是流线),它所围的面积为无限小,经该曲线上各点作流线,这些流线所构成的管状面称为流管[图 3.8(a)]。根据流线的定义,在各个时刻,液体质点只能在流管内部或沿流管表面流动,而不能穿过流管。

(2)元流

充满在流管中的液流称为元流或微小流束(图 3.8b)。因恒定流时流线的形状与位置不随时间改变,故恒定流时流管及元流的形状与位置也不随时间改变。

(3)总流

可把封闭曲线 l 取在运动液体的周界上,则边界内整股液流的流束就称为总流。总流可视为无数个元流的总和。

(4)过水断面

与元流或总流正交的横断面称为过水断面。过水断面不一定是平面,流线互不平行的非均匀流过水断面是曲面;流线相互平行的均匀流过水断面才是平面(图 3.9)。

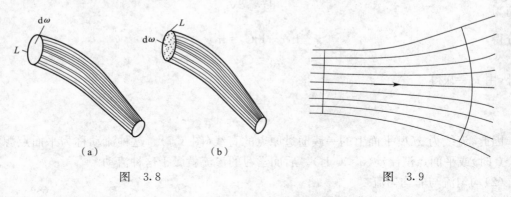

图　3.8   图　3.9

总流的过水断面面积 A 等于它上面所有元流的过水断面面积 dA 之总和。

元流的过水断面面积为无限小,它上面各点的运动要素,如流速、压强等,在同一时刻可认为是相同的,而总流的过水断面上各点的运动要素一般是不同的。

(5)流量

单位时间内通过过水断面的液体体积称为流量,以 Q 表示。流量的单位是米³/秒(m³/s)或升/秒(L/s)等。

因为元流过水断面上各点的速度在同一时刻可认为是相向的,而过水断面又与流速矢量正交,所以元流的流量为

$$dQ = udA \tag{3.9}$$

而总流的流量等于所有元流的流量之总和,即

$$Q = \int_A dQ = \int_A udA \tag{3.10}$$

若流速 u 在过水断面上的分布已知,则可通过积分求得通过该过水断面的流量。

一般流量指的是体积流量,但有时也引用重量流量与质量流量,它们分别表示单位时间内通过过水断面的液体重量与质量。重量流量的单位为牛/秒(N/s)或牛/小时(N/h)等。质量流量的单位为公斤/秒(kg/s)或公斤/小时(kg/h)等。

(6)断面平均流速

一般断面流速分布不易确定,此时可根据积分中值定理引进断面平均流速。确定积分式(3.10)

$$\int_A u\,\mathrm{d}A = vA = Q \tag{3.11}$$

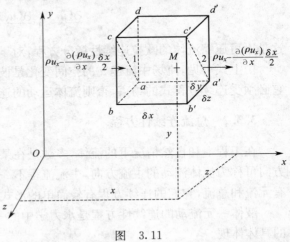

图 3.10

这就是说,假定总流过水断面上流速按 v 值均匀分布,由此算得的流量 vA 应等于实际流量 Q。其几何解释是:以底为 A、高为 v 的柱形体积等于流速分布曲线与过水断面所围的体积 $\int_A v\,\mathrm{d}A =$ 常数(图 3.10)。显然

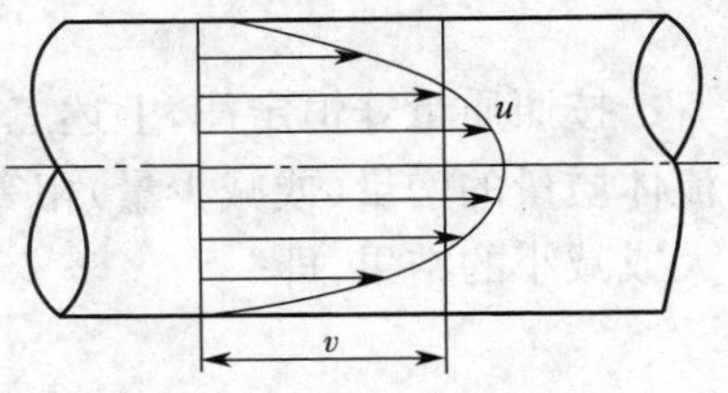

$$v = \frac{\int_A v\,\mathrm{d}A}{A} = \frac{Q}{A} \tag{3.12}$$

从上述知道,引进断面平均流速后可将实际三元或二元问题简化为一元问题这就是一元分析法,参见图 3.4。

3.3　流体运动的连续性方程

流体运动是一种连续介质的连续运动,它和其他物质运动一样也要遵循质量守恒定律。

3.3.1　连续性微分方程

在流场中任取一个以 M 点为中心的微小正交六面体,如图 3.11 所示。六面体的各边分别与直角坐标系各轴平行,其边长分别为 δx、δy、δz。M 点的坐标假定为 x、y、z,在某一时刻 t,M 点的流速为 u,密度为 ρ。由于六面体取的非常微小,六面体六面上各点的 t 时刻的流速和密度可用泰勒级数展开,并略去高阶微量来表达。例如 2 点(图 3.11)的流速为 $u_x + \dfrac{\partial u_x}{\partial x} \cdot \dfrac{\delta x}{2}$,如此类推。

图 3.11

现在考虑在微小时段 δt 常数中流过平行表面 $abcd$ 与 a'、b'、c'、d'(如图)的流体质量。由于时段微小,可以认为流速没有变化,由于六面体微小,各个面上流速分布可以认为是均匀的,所以,在 δt 时间内,由 $abcd$ 面流入的流体质量为

$$\left[\rho u_x - \frac{\partial(\rho u_x)}{\partial x}\frac{\delta x}{2}\right]\delta y\delta z\delta t$$

由 a'、b'、c'、d' 面流出的流体质量为

$$\left[\rho u_x + \frac{\partial(\rho u_x)}{\partial x}\frac{\delta x}{2} \right]\delta y \delta z \delta t$$

两者之差,即净流入量为

$$-\frac{\partial(\rho u_x)}{\partial x}\delta x \delta y \delta z \delta t$$

用同样的方法,可得在 y 方向和 z 方向上净流入量分别为

$$-\frac{\partial(\rho u_y)}{\partial y}\delta x \delta y \delta z \delta t$$

$$-\frac{\partial(\rho u_z)}{\partial z}\delta x \delta y \delta z \delta t$$

按照质量守恒定律,上述三个方向上净流入量之代数和必定与 δt 时段内,微小六面体内流体质量的增量(或减少量)相等,这个增量(或减少量)显然是由于六面体内连续介质密度加大或减小的结果,即

$$\left(\frac{\partial \rho}{\partial t}\delta t\right)\delta x \delta y \delta z$$

由此可得

$$-\left[\frac{\partial(\rho u_x)}{\partial x}+\frac{\partial(\rho u_y)}{\partial y}+\frac{\partial(\rho u_z)}{\partial z}\right]\delta x \delta y \delta z \delta t = \left(\frac{\partial \rho}{\partial t}\delta t\right)\delta x \delta y \delta z$$

两边除以 $\delta x \delta y \delta z$ 并移项,得

$$\frac{\partial \rho}{\partial t}+\frac{\partial(\rho u_x)}{\partial x}+\frac{\partial(\rho u_y)}{\partial y}+\frac{\partial(\rho u_z)}{\partial z}=0$$

这就是可压缩流体的欧拉连续性微分方程。

对于不可压缩流体,$\rho=$ 常数,上式可简化为

$$\frac{\partial(u_x)}{\partial x}+\frac{\partial(u_y)}{\partial y}+\frac{\partial(u_z)}{\partial z}=0$$

这是不可压缩流体的欧拉连续性微分方程,对于恒定流和非恒定流均适用。

由上式可见,流场中流速 u 的空间变化是彼此关联的,相互制约的,不可独立地任意进行,它必须受连续方程式的约束,否则流体运动的连续性将受到破坏,而不能维持正常运动。

3.3.2　总流连续性方程

在工程上和自然情况下的流体,多数是在某些周界面所限定空间内沿某一方向流动,这一方向可称为流体流动的主流方向,主流流程不一定是直线,多数是曲线。属于这种单向流动的有元流和总流,它们的连续方程有较简单的形式。

液体一元流动的连续性方程是水力学中的一个基本方程,它是质量守恒原理在水力学中的具体体现。

从总流中任取一段[图 3.12(a)],其进口过水断面 1-1 面积为 A_1,出口过水断面 2-2 面积为 A_2;再从中任取一束元流,其进口过水断面积为 dA_1,流速为 u_1,出口过水断面积为 dA_2,流速为 u_2。考虑到:

(1)在恒定流条件下,元流的形状与位置不随时间改变;

(2)不可能有液体经元流侧面流进或流出;

(3)是连续介质元流内部不存在空隙;

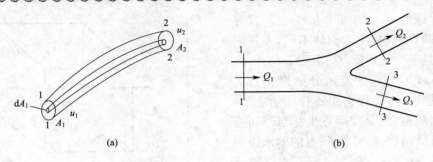

图 3.12

根据质量守恒原理，单位时间内流进 dA_1 的质量等于流出 dA_2 的质量，即

$$\rho_1 v_1 dA_1 = \rho_2 v_2 dA_2 = 常数 \tag{3.13}$$

对于不可压缩的液体，密度 $\rho_1 = \rho_2 = 常数$，则有

$$v_1 dA_1 = v_2 dA_2 = dQ = 常数 \tag{3.14}$$

这就是元流的连续性方程。它表明：对于不可压缩流体，元流的流速与其过水断面积成反比，因而流线密集的地方流速大，而流线疏展的地方流速小。

总流是无数个元流之和，将元流的连续性方程在总流过水断面上积分可得总流得连续性方程：

$$\int dQ = \int_{A_1} v_1 dA_1 = \int_{A_2} v_2 dA_2$$

引入断面平均流速后成为

$$v_1 A_1 = v_2 A_2 = Q = 常数 \tag{3.15}$$

这就是液体总流的连续性方程，它在形式上与液体元流的连续性方程相类似，应注意的是：以断面平均流速 v 替代点流速 u。上式表明，不可压缩液体的恒定总流中，任意两过水断面，其平均流速与过水断面面积成反比。

连续性方程是个不涉及任何作用力的运动方程，所以，它无论对于理想液体或实际液体都适用。

连续性方程不仅适用于恒定流条件下，而且在边界固定的管流中，即使是非恒定流，对于同一时刻的两过水断面仍然适用。当然，非恒定管流中的流速与流量要随时间改变。

上述总流的连续性方程是在流量沿程不变的条件下导得的。若沿程有流量流进或流出，则总流的连续性方程在形式上需作相应的修正。如图 3.12(b)所示的情况。

$$Q_1 = Q_2 + Q_3$$

3.4　理想流体的运动方程

运用牛顿第二运动定律可导出理想流体三元流动的运动微分方程。

3.4.1　理想流体的运动微分方程

理想流体是没有黏性的流体，作用在流体上的表面力与平衡流体一样，只有法向压力。但流体运动时，一般情况下表面力不能平衡质量力，根据牛顿第二运动定律可知，流体将产生加速度。因此，采用推导流体平衡微分方程类似的处理方法，考虑运动流体的惯性力，即可得到理想流体的运动微分方程。

从流动的理想液体中任取一个以 $O'(x,y,z)$ 点为中心的微小六面体，边长 dx、dy、dz 分

别平行于坐标轴 x、y、z（图 3.13），它与推导连续性方程时所取微小六面体不同，不是固定空间，而是一个运动质点（微团）。

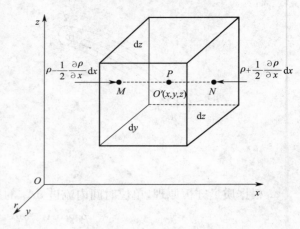

设 $O'(x,y,z)$ 点的流速分量为 u_x、u_y、u_z，对于理想流体，表面力中不存在切应力，而只有动水压强，它是空间点坐标与时间变量的单值可微函数，故可设 O' 点的动水压强为 $p(x,y,z,t)$。

作用于理想液体微小六面体的外力有表面力与质量力，根据牛顿第二运动定律，作用于六面体的外力在某轴方向投影之代数和，等于该液体质量乘以其在同轴方向的加速度。在 x 轴方向有

$$\left(p-\frac{1}{2}\frac{\partial p}{\partial x}\mathrm{d}x\right)\mathrm{d}y\mathrm{d}z-\left(p+\frac{1}{2}\frac{\partial p}{\partial x}\mathrm{d}x\right)\mathrm{d}y\mathrm{d}z+X\rho\mathrm{d}x\mathrm{d}y\mathrm{d}z=\rho\mathrm{d}x\mathrm{d}y\mathrm{d}z\frac{\mathrm{d}u_x}{\mathrm{d}t}$$

图　3.13

两边除以 $\rho\mathrm{d}x\mathrm{d}y\mathrm{d}z$（即对单位质量而言），整理得

$$\left.\begin{aligned}X-\frac{1}{\rho}\frac{\partial p}{\partial x}&=\frac{\mathrm{d}u_x}{\mathrm{d}t}\\[1mm]\text{同理}\quad Y-\frac{1}{\rho}\frac{\partial p}{\partial y}&=\frac{\mathrm{d}u_y}{\mathrm{d}t}\\[1mm]Z-\frac{1}{\rho}\frac{\partial p}{\partial z}&=\frac{\mathrm{d}u_z}{\mathrm{d}t}\end{aligned}\right\}\tag{3.16}$$

若将上式右侧展开，得

$$\left.\begin{aligned}X-\frac{1}{\rho}\frac{\partial p}{\partial x}&=\frac{\partial u_x}{\partial t}+u_x\frac{\partial u_x}{\partial x}+u_y\frac{\partial u_x}{\partial y}+u_z\frac{\partial u_x}{\partial z}\\[1mm]Y-\frac{1}{\rho}\frac{\partial p}{\partial y}&=\frac{\partial u_y}{\partial t}+u_x\frac{\partial u_y}{\partial x}+u_y\frac{\partial u_y}{\partial y}+u_z\frac{\partial u_y}{\partial z}\\[1mm]Z-\frac{1}{\rho}\frac{\partial p}{\partial z}&=\frac{\partial u_z}{\partial t}+u_x\frac{\partial u_z}{\partial x}+u_y\frac{\partial u_z}{\partial y}+u_z\frac{\partial u_z}{\partial z}\end{aligned}\right\}\tag{3.17}$$

方程（3.16）或（3.17）称为理想液体的运动微分方程，又称为欧拉运动微分方程。该方程对于恒定流或非恒定流，对于不可压缩流体或可压缩流体都适用。当液体平衡时 $\dfrac{\mathrm{d}u_x}{\mathrm{d}t}=\dfrac{\mathrm{d}u_y}{\mathrm{d}t}=\dfrac{\mathrm{d}u_z}{\mathrm{d}t}=0$，则得欧拉平衡微分方程。

欧拉运动微分方程只适用于理想液体。对于实际液体，需进一步考虑切应力的作用。实际液体的运动微分方程一般称为纳维—斯托克斯（Navier-Stokes）方程。因其推导繁复，故在此仅介绍所得结果（推导过程可见一般流体力学参考书）：

$$\left.\begin{aligned}X-\frac{1}{\rho}\frac{\partial p}{\partial x}+\nu\nabla^2u_x&=\frac{\mathrm{d}u_x}{\mathrm{d}t}\\[1mm]Y-\frac{1}{\rho}\frac{\partial p}{\partial y}+\nu\nabla^2u_y&=\frac{\mathrm{d}u_y}{\mathrm{d}t}\\[1mm]Z-\frac{1}{\rho}\frac{\partial p}{\partial z}+\nu\nabla^2u_z&=\frac{\mathrm{d}u_z}{\mathrm{d}t}\end{aligned}\right\}\tag{3.18}$$

式中 $\nabla^2 = \dfrac{\partial^2}{\partial x^2} + \dfrac{\partial^2}{\partial y^2} + \dfrac{\partial^2}{\partial z^2}$ 称为拉普拉斯(Laplace)算子符,ν 为液体的运动黏性系数,它们的相应项是考虑到切应力作用的黏性项。

3.4.2 理想液体运动微分方程的伯诺利积分

对于不可压缩的液体,理想液体运动微分方程中有四个未知数:u_x、u_y、u_z 与 p 它与连续性微分方程一起共四个方程,因而从原则上讲,理想液体运动微分方程是可解的。但是,由于它是一个一阶非线性的偏微分方程组(迁移加速度的三项中包含了未知函数与其偏导数的乘积),所以至今仍未能找到它的通解,只是在几种特殊情况下得到了它的待解。水力学中最常见的伯诺利(D. Bernoulli)积分,它是在以下具体条件下的积分:

(1)恒定流,此时

$$\frac{\partial u_x}{\partial t} = \frac{\partial u_y}{\partial t} = \frac{\partial u_z}{\partial t} = \frac{\partial p}{\partial t} = 0$$

因而

$$\frac{\partial p}{\partial x}dx + \frac{\partial p}{\partial y}dy + \frac{\partial p}{\partial z}dz = dp$$

(2)流体为不可压缩的,即 $\rho =$ 常数。

(3)质量力有势。设 $W(x,y,z)$ 为质量力势函数,

则

$$X = \frac{\partial W}{\partial x}, Y = \frac{\partial W}{\partial y}, Z = \frac{\partial W}{\partial z}$$

对于恒定的有势质量力

$$Xdx + Ydy + Zdz = \frac{\partial W}{\partial x}dx + \frac{\partial W}{\partial y}dy + \frac{\partial W}{\partial z}dz = dW$$

(4)沿流线积分(在恒定流条件下也是沿迹线积分)。此时

$$\frac{dx}{dt} = u_x \quad \frac{dy}{dt} = u_y \quad \frac{dz}{dt} = u_z$$

现将欧拉运动微分方程式三式分别乘以 dx、dy、dz 然后相加,得

$$(Xdx + Ydy + Zdz) - \frac{1}{\rho}\left(\frac{\partial p}{\partial x}dx + \frac{\partial p}{\partial y}dy + \frac{\partial p}{\partial z}dz\right) = \frac{du_x}{dt}dx + \frac{du_y}{dt}dy + \frac{du_z}{dt}dz$$

利用上述四个条件得

$$dW - \frac{1}{\rho}dp = u_x du_x + u_y du_y + u_z du_z$$

$$\frac{1}{2}d(u_x^2 + u_y^2 + u_z^2) = d\left(\frac{u^2}{2}\right)$$

因 $\rho =$ 常数,故上式可写成

$$d\left(W - \frac{p}{\rho} - \frac{u^2}{2}\right) = 0$$

积分得

$$W - \frac{p}{\rho} - \frac{u^2}{2} = 常数 \tag{3.19}$$

这就是伯努利积分式。它表明对于不可压缩的理想流体,在有势的质量力作用下作恒定流动时在同一流线上 $W - \dfrac{p}{\rho} - \dfrac{u^2}{2}$ 值保持不变。但对于不同的流线,伯努利积分常数一般是不同的。

3.4.3 理想流体恒定元流的伯努利方程

对于质量力仅为重力的恒定不可压缩流体,其质量力势函数 $W = -gz$ 将其代入伯努利积

分式(3.19)得

$$gz + \frac{p}{\rho} + \frac{u^2}{2} = 常数$$

或

$$z + \frac{p}{\gamma} + \frac{u^2}{2g} = 常数 \tag{3.20}$$

对于同一流线上的任意两点 1 与 2 来说,式(3.20)可改写成

$$z_1 + \frac{p_1}{\gamma} + \frac{u_1^2}{2g} = z_2 + \frac{p_2}{\gamma} + \frac{u_2^2}{2g} \tag{3.21}$$

这就是理想流体恒定元流的伯努利方程(由于元流的过流断面积无限小,流线是元流的极限,所以沿流线的伯努利方程也就是元流的伯努利方程)。该方程是由瑞士物理学家伯努利于 1738 年首先提出的,是工程流体力学中十分重要的基本方程之一。为了加深对该方程的理解,下面对其物理意义和几何意义进行讨论。

3.4.4　理想流体元流伯诺利方程的物理意义与几何意义

伯努利方程是能量守恒与转换定律在工程流体力学中的具体体现,它形式简单,意义明确,在实际工程中有着广泛的应用。

从物理角度看,z 表示单位重量流体相对于某基准面所具有的位能(重力势能);p/γ 表示单位重量流体所具有的压能(压强势能);$u^2/2g$ 表示单位重量流体具有的动能。因一般重力势能与压强势能之和称为势能,势能与动能之和称为机械能,故式(3.21)的物理意义是:对于重力作用下的恒定不可压缩理想流体,单位重量流体所具有的机械能沿流线为一常数,即机械能是守恒的。由此可见,伯努利方程实质上就是物理学中能量守恒定律在流体力学中的一种表现形式,故又称其为能量方程。

从几何角度看,z 表示元流过流断面上某点相对于某基准面的位置高度,称为位置水头;p/γ 称为压强水头,当 p 为相对压强时,p/γ 称为测压管高度;$u^2/2g$ 称为流速水头,亦即流体以速度 u 垂直向上喷射到空气中时所达到的高度(不计射流自重及空气对它的阻力)。通常 p 为相对压强,此时称 $z + p/\gamma$ 为测压管水头,而 $z + \frac{p}{\gamma} + \frac{u^2}{2g}$ 则叫做总水头。故式(3.21)的几何意义是:对于重力作用下的恒定不可压缩理想流体,总水头沿流线为一常数。

3.5　实际流体恒定总流的能量方程

3.5.1　实际流体恒定元流的伯努利方程

由于实际流体具有黏性,在流动过程中流层间内摩擦阻力作功,将消耗一部分机械能,使其不可逆地转变为热能等能量形式而耗散掉,因此实际流体的机械能将沿程减少。设 h_w 为元流中单位重量流体从 1-1 过流断面至 2-2 过流断面的机械能损失(亦称为元流的水头损失),则根据能量守恒原理。可得实际流体恒定元流的伯努利方程为

$$z_1 + \frac{p_1}{\gamma} + \frac{u_1^2}{2g} = z_2 + \frac{p_2}{\gamma} + \frac{u_2^2}{2g} + h_w' \tag{3.22}$$

实际流体恒定元流的伯努利方程各项及总水头、测压管水头的沿程变化可用几何曲线表示(图 3.14)。元流各过流断面的测压管水头连线称为测压管水头线,而总水头的连线则称为

总水头线。这两条线清晰地表示了流体三种能量(位能、压能和动能)及其组合沿程的变化。

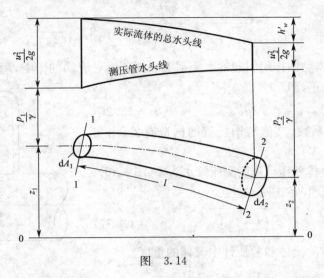

图 3.14

实际流体沿元流单位流程上的水头损失称为总水头线坡度(或称为水力坡度),用 J 表示。按定义:

$$J = \frac{\mathrm{d}h'_w}{\mathrm{d}l} = \frac{\mathrm{d}\left(z + \dfrac{p}{\gamma} + \dfrac{u^2}{2g}\right)}{\mathrm{d}l} \tag{3.23}$$

从上式可知,对于理想流体,$J = 0$(因 $\mathrm{d}h'_w = 0$),故理想流体恒定元流的总水头线为一条水平直线;对于实际流体,$J > 0$($\mathrm{d}h'_w > 0$),因此,实际流体恒定元流的总水头线总是沿程下降的。

沿元流单位流程上的势能(即测压管水头)减少量称为测压管坡度,用 J_p 表示。按定义:

$$J_p = \frac{\mathrm{d}\left(z + \dfrac{p}{\gamma}\right)}{\mathrm{d}l} \tag{3.24}$$

测压管水头线沿程可升($J_p < 0$),可降($J_p > 0$),也可不变($J_p = 0$),主要取决于水头损失及动能与势能之间相互转换的情况。

值得注意,当为均匀流时,流速 u 沿程不变,$\mathrm{d}\left(z + \dfrac{p}{\gamma} + \dfrac{u^2}{2g}\right) = \mathrm{d}\left(z + \dfrac{p}{\gamma}\right)$,由式(3.22)和(3.23)知 $J = J_p$,即均匀流的水力坡度与测压管坡度恒相等。

【例 3.2】图 3.15 为毕托(H. Pitor)管的原理图。毕托管是一种测量流体点流速的装置,它是由测压管和一根与它装在一起且两端开口的直角弯管(称为测速管)组成。测速时,将弯端管口对着来流方向置于 A 点下游同一流线上相距很近的 B 点,流体流入测速管,B 点流速等于零(B 点称为滞止点或驻点),动能全部转换为势能,测速管内液柱保持一定高度。试根据 B、A 两点的测压管水头差 $h_u = \left(z_B + \dfrac{p_B}{\gamma}\right) - \left(z_A + \dfrac{p_A}{\gamma}\right)$ 计算 A 点的流速 u。

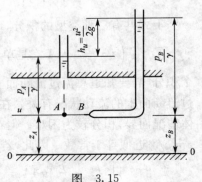

图 3.15

解:先按理想流体研究,应用恒定元流的伯努利方程于 A、B 两点,有

$$z_A + \frac{p_A}{\gamma} + \frac{u^2}{2g} = z_B + \frac{p_B}{\gamma} + 0$$

故
$$u = \sqrt{2g\left[\left(z_B + \frac{p_B}{\gamma}\right) - \left(z_A + \frac{p_A}{\gamma}\right)\right]} = \sqrt{2gh_u} \qquad (3.25)$$

考虑到实际流体黏性作用引起的水头损失和测速管对流动的影响,用式(3.25)计算 A 点流速时,尚需进行修正,即

$$u = \zeta \sqrt{2gh_u} \qquad (3.26)$$

式中,ζ 称为毕托管系数,其值与毕托管的构造有关,由实验确定,通常接近于 1.0。

若毕托管采用液体差压计量测测压管水头差(图 3.16),则根据液体差压计原理,可得来流速度:

$$u = \zeta \sqrt{2g\left(\frac{\gamma_p}{\gamma} - 1\right)h_p} \qquad (3.27)$$

式中,γ、γ_p 分别为被测流体和差压计中流体的重度。

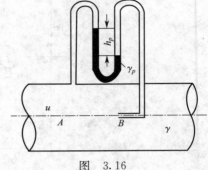

图 3.16

3.5.2 实际流体恒定总流的伯努利方程

前面已经得到了实际流体恒定元流的伯努利方程。

但是,在工程实际中要求我们解决的往往是总流流动问题,如流体在管道、渠道中的流动问题,因此还需要通过在过流断面上积分把它推广到总流上去。

(1)恒定总流伯努利方程的推导

将式(3.22)各项同乘以 γdQ,得单位时间内通过元流两过流断面的全部流体的能量关系

$$\left(z_1 + \frac{p_1}{\gamma} + \frac{u_1^2}{2g}\right)\gamma dQ = \left(z_2 + \frac{p_2}{\gamma} + \frac{u_2^2}{2g}\right)\gamma dQ + h'_w \gamma dQ$$

注意到 $dQ = u_1 dA_1 = u_2 dA_2$,代入上式,在总流过流断面上积分,可得通过总流两过流断面的总能量之间的关系:

$$\int_{A_1}\left(z_1 + \frac{p_1}{\gamma} + \frac{u_1^2}{2g}\right)\gamma u_1 dA_1 = \int_{A_2}\left(z_2 + \frac{p_2}{\gamma} + \frac{u_2^2}{2g}\right)\gamma u_2 dA_2 + \int_Q h'_w \gamma dQ$$

或

$$\gamma\int_{A_1}\left(z_1 + \frac{p_1}{\gamma}\right)u_1 dA_1 + \gamma\int_{A_1}\frac{u_1^3}{2g}dA_1$$
$$= \gamma\int_{A_2}\left(z_2 + \frac{p_2}{\gamma}\right)u_2 dA_2 + \gamma\int_{A_2}\frac{u_2^3}{2g}dA_2 + \gamma\int_Q h'_w dQ \qquad (3.28)$$

上式共有三种类型的积分,现分别确定如下:

① $\gamma\int_A\left(z + \frac{p}{\gamma}\right)u dA$ 它是单位时间内通过总流过流断面的流体势能的总和。为了确定这个积分,需要知道总流过流断面上各点 $z + p/\gamma$ 的分布规律。一般来讲,$z + p/\gamma$ 的分布规律与过流断面上的流动状况有关。在急变流断面上,各点的 $z + p/\gamma$ 不为常数,其变化规律因各具体情况而异,积分较为困难。但在渐变流断面上,流体动压强近似地按静压强分布,即各点的 $z + p/\gamma$ 近似等于常数。因此,若将过流断面取在渐变流断面上,则积分

$$\gamma\int_A\left(z + \frac{p}{\gamma}\right)u dA = \gamma\left(z + \frac{p}{\gamma}\right)\int_A u dA = \gamma\left(z + \frac{p}{\gamma}\right)vA = \left(z + \frac{p}{\gamma}\right)\gamma Q \qquad (3.29)$$

② $\gamma\int_A \dfrac{u^3}{2g}\mathrm{d}A$ 是单位时间内通过总流过流断面的流体动能的总和。由于过流断面上的流速分布一般难以确定,工程实际中为了计算方便,常用断面平均流速 v 来表示实际动能,即

$$\gamma\int_A \frac{u^3}{2g}\mathrm{d}A = \gamma \cdot \frac{\alpha v^3}{2g}A = \frac{\alpha v^2}{2g}\gamma Q \tag{3.30}$$

因用 $\dfrac{v^2}{2g}\gamma Q$ 代替 $\gamma\int_A \dfrac{u^3}{2g}\mathrm{d}A$ 存在差异,故在式中引入了动能修正系数 α,实际动能与按断面平均流速计算的动能之比值,即

$$\alpha = \frac{\gamma\int_A \dfrac{u^3}{2g}\mathrm{d}A}{\dfrac{v^2}{2g}\gamma Q} = \frac{1}{A}\int_A \left(\frac{u}{v}\right)^3 \mathrm{d}A \tag{3.31}$$

α 值取决于总流过流断面上的流速分布,一般流动的 $\alpha = 1.05 \sim 1.10$,但有时可达到 2.0 或更大,在工程计算中常取 $\alpha = 1.0$。

③ $\gamma\int_Q h'_w \mathrm{d}Q$ 它是单位时间内总流 1-1 过流断面与 2-2 过流断面之间的机械能损失。根据积分中值定理,可得

$$\gamma\int_Q h'_w \mathrm{d}Q = h_w \gamma Q \tag{3.32}$$

式中,h_w 为单位重量流体在两过流断面间的平均机械能损失,通常称为总流的水头损失。

将式(3.29)、(3.30)与(3.32)代入式(3.28),注意到恒定流时,$Q_1 = Q_2 = Q$,化简后得

$$z_1 + \frac{p_1}{\gamma} + \frac{\alpha_1 v_1^2}{2g} = z_2 + \frac{p_2}{\gamma} + \frac{\alpha_2 v_2^2}{2g} + h_w \tag{3.33}$$

这就是实际流体恒定总流的伯努利方程。它在形式上类似于实际流体恒定元流的伯努利方程,但是以断面平均流速 v 代替点流速 u(相应地考虑动能修正系数 α),以平均水头损失 h_w 代替元流的水头损失 h'_w。总流的伯努利方程的物理意义和几何意义与元流的伯努利方程相类似。

(2)恒定总流的伯努利方程的应用条件

由于在推导恒定总流的伯努利方程式(3.33)时采用一些限制条件,因此应用时也必须符合这些条件,否则将不能得到符合实际的结果。这些限制条件可归纳如下:

①流体是不可压缩的,流动是恒定的。

②质量力只有重力。

③过流断面取在渐变流区段上,但两过流断面之间可以是急变流。

④两过流断面间除了水头损失以外,总流没有能量的输入或输出。当总流在两过流断面向通过水泵、风机或水轮机等流体机械时,流体额外地获得或失去了能量,则总流的伯努利方程应作如下修正:

$$z_1 + \frac{p_1}{\gamma} + \frac{\alpha_1 v_1^2}{2g} \pm H = z_2 + \frac{p_2}{\gamma} + \frac{\alpha_2 v_2^2}{2g} + h_w$$

式中,$+H$ 表示单位重量流体流过水泵、风机所获得的能量;$-H$ 表示单位重量流体流经水轮机所失去的能量。

(3)应用恒定总流的伯努利方程解题的几点补充说明

①基准面可以任选,但必须是水平面,且对于两不同过流断面,必须选取同一基准面,通常使 $z \geqslant 0$。

②选取渐变流过流断面是运用伯努利方程解题的关键。应将渐变流过流断面取在已知数较多的断面上,并使伯努利方程含有待求未知量。

③过流断面上的计算点原则上可以任取,这是因为渐变流过流断面上各点的 $z+p/\gamma$ 近似等于常数,而断面上的平均动能 $\alpha v^2/2g$ 又相同之故。为方便起见,通常对于管流取在断面形心(管轴中心)点,对于明渠取在自由液面上。

上述三点可归结为:选取基准面,选取过流断面和选取计算点。这三个"选取"应综合考虑,以计算方便为原则。

④方程中的流体动压强 p_1 和 p_2,可取绝对压强,也可取相对压强,根据计算方便而定。

3.5.3　文丘里流量计

文丘里(Venturi)流量计是一种测量有压管道中液体流量的仪器。它由光滑的收缩段、喉道与扩散段三部分组成(图 3.17)。在收缩段进口断面与喉道断面分别安装一根测压管(或连接两处的水银差压计)。若欲测量某管子中通过流量,则把文丘里流量计连接在管段当中,在管道和喉管上分别设置测压管(也可直接设置测压计),用以测得该两断面上测压管高度 h。可求得通过管道的流量,试导出流量量计的流量公式。

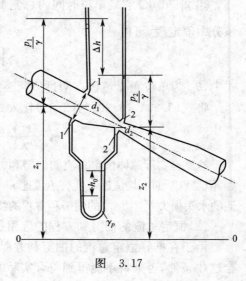

图　3.17

在收缩段前后取渐变流断面 1-1 和断面 2-2(即装设测压管的两个断面),以任一水平面为基准面,对两断面中心点列出总流能量方程为

$$z_1+\frac{p_1}{\gamma}+\frac{\alpha_1 v_1^2}{2g}=z_2+\frac{p_2}{\gamma}+\frac{\alpha_2 v_2^2}{2g}+h_w$$

由连续性方程　$v_1 A_1 = v_2 A_2$

可得:　$$\frac{v_2}{v_1}=\frac{A_1}{A_2}=\frac{d_1}{d_2}$$

将其代入前式,得

$$v_1=\frac{1}{\sqrt{(d_1/d_2)^4-1}}\sqrt{2g\left[\left(z_1+\frac{p_1}{\gamma}\right)-\left(z_2+\frac{p_2}{\gamma}\right)\right]}$$

故理想流体的流量(即理论流量)

$$Q'=v_1 A_1=\frac{\pi d_1^2/4}{\sqrt{(d_1/d_2)^4-1}}\sqrt{2g\left[\left(z_1+\frac{p_1}{\gamma}\right)-\left(z_2+\frac{p_2}{\gamma}\right)\right]}$$

$$=K\sqrt{\left[\left(z_1+\frac{p_1}{\gamma}\right)-\left(z_2+\frac{p_2}{\gamma}\right)\right]}$$

式中,$K=\dfrac{\pi d_1^2/4}{\sqrt{(d_1/d_2)^4-1}}\sqrt{2g}$ 取决于文丘里管的结构尺寸,称为文丘里管系数。

考虑到实际流体存在水头损失,实际流量比理论流量略小,因此需要乘以一个流量系数 μ(一般 $\mu=0.95\sim0.99$),故实际流量为

$$Q=\mu Q'=\mu K\sqrt{\left[\left(z_1+\frac{p_1}{\gamma}\right)-\left(z_2+\frac{p_2}{\gamma}\right)\right]}$$

3. 6　恒定总流的动量方程

　　动量方程是理论力学中的动量定律在工程流体力学中的具体体现,它反映了流体运动的动量变化与作用力之间的关系,其特殊优点在于不必知道流动范围内部的流动过程,而只需要知道其边界面上的流动情况即可,因此它可用来方便地解决急变流动中流体与边界面之间的相互作用力问题。

　　由理论力学已知,质点系运动的动量定律可表达为:质点系的动量在某一方向的变化,等于作用于该质点系上所有外力的冲量在同一方向上投影的代数和。

　　现依据上述普遍的动量定律,来推求表达液体运动的动量变化规律的方程式。

　　现在从恒定流中,取出某一流段来研究,如图 3.18 所示。该流段两端过水断面为 1-1 和 2-2。经微小时段 dt 后,设原流段 1-2 移至新的位置 1'-2';从而产生了动量的变化。动量是向量,设流段内动量的变化为 ΔK,应等于 1'-2' 于 1-2 流段内液体的动量 $\boldsymbol{K}_{1'-2'}$ 和 $\boldsymbol{K}_{1-2}$ 之差,即

$$\Delta \boldsymbol{K} = \boldsymbol{K}_{1'-2'} - \boldsymbol{K}_{1-2} \qquad (3.34)$$

而 $\boldsymbol{K}_{1-2}$ 是 1-1' 和 1'-2 两段液体动量之和,即

$$\boldsymbol{K}_{1-2} = \boldsymbol{K}_{1-1'} + \boldsymbol{K}_{1'-2} \qquad (3.35)$$

同理　　$\boldsymbol{K}_{1'-2'} = \boldsymbol{K}_{1'-2} + \boldsymbol{K}_{2-2'} \qquad (3.36)$

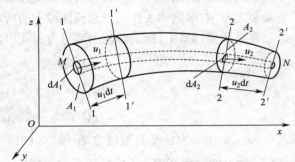

图　3.18

　　虽然(3.35)和(3.36)式中的 $\boldsymbol{K}_{1'-2}$ 处于不同时刻,但因所讨论的水流系恒定流,1'-2 流段的几何形状和液体的质量、流速等均不随时间而改变,因此 $\boldsymbol{K}_{1'-2}$ 也不随时间而改变。把(3.35)和(3.36)带入(3.34)得

$$\Delta K = \boldsymbol{K}_{2-2'} - \boldsymbol{K}_{1-1'} \qquad (3.37)$$

　　为了确定动量 $\boldsymbol{K}_{2-2'}$ 及 $\boldsymbol{K}_{1-1'}$ 今在所取的总流中任意取一微小流束 MN(见图 3.18),令断面 1-1 上微小流束的面积为 dA_1,流速为 u_1,则微小流束 1-1' 流段内液体的动量为 $(\rho u_1 dt dA) \cdot u_1$。对断面 A_1 积分,可得总流 1-1' 流段内液体的动量为

$$\boldsymbol{K}_{1-1'} = \int_{A_1} \rho \boldsymbol{u}_1 u_1 dt dA_1 = \rho dt \int_{A_1} \boldsymbol{u} u_1 dA_1 \qquad (3.38)$$

同理　　　　　$\boldsymbol{K}_{2-2} = \int_{A_2} \rho \boldsymbol{u}_2 u_2 dt dA_2 = \rho dt \int_{A_2} \boldsymbol{u} u_2 dA_2 \qquad (3.39)$

　　因为断面上的流速分布一般是不知道的,所以需要用断面平均流速 v 来代替 u,所以造成的误差以动量修正系数 β 来修正,则以上两式可写作

$$\boldsymbol{K}_{1-1'} = \rho \boldsymbol{u}_1 \beta_1 dt \int_{A1} u_1 dA_1 = \rho dt \beta_1 v_1 \boldsymbol{Q}_1 \qquad (3.40)$$

$$\boldsymbol{K}_{2-2'} = \rho \boldsymbol{u}_2 \beta_2 dt \int_{A2} u_2 dA_2 = \rho dt \beta_2 v_2 \boldsymbol{Q}_2 \qquad (3.41)$$

　　比较(3.38)和(3.40)或(3.39)和(3.41)式,可知

$$\beta = \frac{\int u v dA}{v \boldsymbol{Q}}$$

　　若过水断面上水流为渐变流,流速 u 和断面平均流速 v 与动量投影的夹角可视为相等,如

令该夹角为 θ，则 $u = u\cos\theta, v = v\cos\theta$ 故

$$\beta = \frac{\int_A u^2 \, dA}{v^2 A} \tag{3.42}$$

动量修正系数是表示单位时间内通过断面的实际动量与单位时间内以相应的断面平均流速通过的动量的比值。在一般渐变流中，动量修正系数值约为 $1.02 \sim 1.05$，为计算简便计，常采用 $\beta = 1.0$。因为 $Q_1 = Q_2 = Q$，将 (3.40)、(3.41) 式代入 (3.37) 式得

$$\Delta K = \rho Q dt (\beta_2 v_2 - \beta_1 v_1) \tag{3.43}$$

设 $\sum F dt$ 为 dt 时段内作用于总流流段上的所有外力的冲量的代数和，于是得恒定流的动量方程为

$$\rho Q (\beta_2 v_2 - \beta_1 v_1) \sum F \tag{3.44}$$

上式的左端代表单位时间内，所研究流段通过下游断面流出的动量和通过上游断面流入的动量之差，右端则代表作用于总流流段上的所有外力的代数和。

在直角坐标系中，恒定总流的动量方程式可以写成三个投影表达式

$$\left. \begin{array}{l} \rho Q (\beta_2 v_{2x} - \beta_1 v_{1x}) = \sum F_x \\ \rho Q (\beta_2 v_{2y} - \beta_1 v_{1y}) = \sum F_y \\ \rho Q (\beta_2 v_{2z} - \beta_1 v_{1z}) = \sum F_z \end{array} \right\} \tag{3.45}$$

式中，v_{2x}、v_{2y}、v_{2z} 为总流下游过水断面 2-2 的断面平均流速 v_2 在三个坐标方向的投影；v_{1x}、v_{1y}、v_{1z} 为上游过水断面 1-1 的断面平均流速在三个坐标方向的投影。$\sum F_x$、$\sum F_y$、$\sum F_z$ 为作用在 1-1 和 2-2 断面间液体上的所有外力在三个坐标方向的投影代数和。

恒定流动的动量方程不仅适用于理想液体。而且也适用于实际液体。实际上。即使是非恒定流，只要流体控制面内的动量不随时间改变（例如泵与风机中的流动），这一方程仍可适用。

动量方程是水动力学中重要的基本方程之一，应用较为广泛。从恒定总流动量方程的推导过程可知，该方程的应用条件为：

（1）液体的流动为恒定流；

（2）所取流段两端的过水断面必须是均匀流断面或缓变流断面，但两个过水断面之间可以存在急变流。

恒定总流动量方程建立了液体的流动的外力与流速、流量之间的关系，根据不同的已知条件，应用该式可以求解其一外力或其一断面的流速和流量。

应用恒定总流动量方程时，一般可按下列步骤进行：

（1）根据问题的要求，在液流中选定两个缓变流断面，并将两断面间的液体取出作为脱离体；

（2）选定坐标轴 X 和 Y 的方向，以便确定各力及流速的投影的大小和方向；

（3）分析脱离体受力情况，并在脱离体上标出各部件用力的方向；

（4）计算各力及流速在坐标轴上的投影，然后代入动量方程求解。

【例 3.3】水流从喷嘴中水平射向一相距不远的静止铅垂平板，水流随即在平板上向四周散开，如图 (3.19) 所示，试求射流对平板的冲击力 F。

解：利用恒定总流的动量方程计算射流对平板的作用力。取射流转向前的断面 1-1 和射流完全转向后的断面 2-2（注意，2-2 断面是一个圆筒面，它应截取全部散射的水流）以及液流

边界所包围的封闭曲面为控制体,如图 3.20 所示。

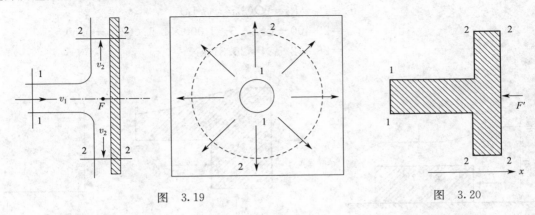

图 3.19 图 3.20

流入与流出控制体的流速以及作用在控制体上的外力分别示于图(3.19)和(3.20),其中 F' 是平板对射流的作用力,即为所求射流对平板的冲击力的反作用力。控制体四周大气压强的作用抵消。同时,射流方向水平,重力可以不考虑。

若略去液流的机械能损失,则由恒定总流的伯努利方程可得

$$v_1 = v_2$$

取 x 方向如图 3.20 所示,则恒定总流的动量方程在 x 方向的投影为

$$-F' = \rho Q(0 - \beta_1 v_1)$$

故

$$F' = \rho Q \beta_1 v_1$$

取 $\beta_1 = 1.0$,则得

$$F' = \rho Q v_1$$

式中,Q 为射流流量;v_1 为射流速度。射流对平板的冲击力 F 与 F' 大小相等,方向相反。

【例 3.4】 图 3.21 为矩形断面平坡渠道中水流越过一平顶障碍物。已知渠宽 $b = 1.5$ m,上游断面水深 $h_1 = 2.0$ m,障碍物顶中部 2-2 断面水深 $h_2 = 0.5$ m,已测得 $v_1 = 0.5$ m/s,试求水流对障碍物迎水面的冲击力 F。

解:利用恒定总流的动量方程计算水流对平顶障碍物迎水面的冲击力。取渐变流过水断面 1-1 和 2-2 以及液流边界所包围的封闭曲面为控制体,如图 3.22 所示。则作用在控制体上的表面力有两过水断面上的动压力 P_1 和 P_2,障碍物迎水面对水流的作用力 F' 以及渠底支承反力 N,质量力有重力 G。

取 x 方向如图 3.22 所示,则在 x 方向建立恒定总流的动量方程,有

$$P_1 - P_2 - F' = \rho Q(\beta_2 v_2 - \beta_1 v_1)$$

式中

$$P_1 = \frac{1}{2}\gamma b h_1^2 = \frac{1}{2} \times 98\,000 \times 1.5 \times 2.0^2 = 29\,400 \text{ N}$$

$$P_2 = \frac{1}{2}\gamma b h_2^2 = \frac{1}{2} \times 98\,000 \times 1.5 \times 0.5^2 = 1\,837.5 \text{ N}$$

根据恒定总流的连续性方程 $v_1 A_1 = v_2 A_2 = Q$ 可得

$$Q = v_1 A_1 = v_1 b h_1 = 0.5 \times 1.5 \times 2.0 = 1.5 \text{ m}^3/\text{s}$$

$$v_2 = \frac{Q}{A_2} = \frac{Q}{b h_2} = \frac{1.5}{1.5 \times 0.5} = 2.0 \text{ m/s}$$

取 $\beta_1=\beta_2=1.0$,则

$$
\begin{aligned}
F' &= P_1 - P_2 - \rho Q(\beta_2 v_2 - \beta_1 1_1) \\
&= 29\,400 - 1\,837.5 - 1\,000 \times 1.5 \times (2.0 - 0.5) \\
&= 25\,312.5\ \text{N} = 25.31\ \text{kN}
\end{aligned}
$$

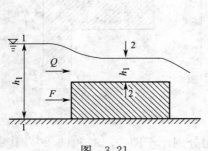

图　3.21

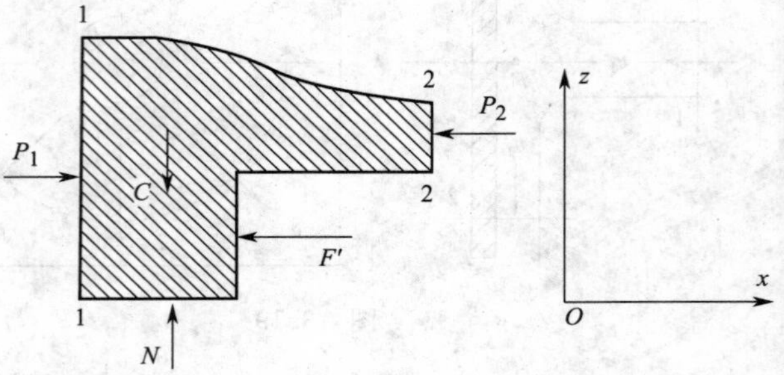

图　3.22

水流对平顶障碍物迎水面的冲击力 F 与 F' 大小相等而方向相反。

【例 3.5】 水平射流从喷嘴射出冲击一个与之成 θ 角的斜置固定平板,如图 3.23 所示。试求:沿 S 方向的分流量及射流对平板的冲击力。

解: 由于射流四周及冲击转向后水流表面都是大气压,所以

$$p_0 = p_1 = p_2 = 0$$

设射流口离平板很近,可不考虑水流扩散,板面光滑,可不计板面阻力和空气阻力,水头损失可忽略,这样,由能量方程可得 $v_0 = v_1 = v_2$,同时,由于射流流速很高,重力对射流的作用一般也可不考虑,所以写 S 轴方向动量方程(其中 $\alpha_1 = \alpha_2 \approx \alpha_0 \approx 1.0$),给出

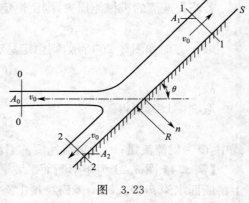

图　3.23

$$\sum F_S = 0 = \rho v_0 A_1 v_0 - \rho v_0 A_2 v_0 - \rho v_0 A_0 v_0 \cos\theta$$

将 $Q_1 = v_0 A_1$,$Q_2 = v_0 A_2$,$Q_0 = v_0 A_0$ 代入上式,化简得:

$$Q_1 - Q_2 = Q_0 \cos\theta$$

由连续性方程有 $Q_1 + Q_2 = Q_0$,与上式联立求解,即得

$$Q_1 = \frac{Q_0}{2}(1+\cos\theta); \quad Q_2 = \frac{Q_0}{2}(1-\cos\theta)$$

由 n 方向的动量方程、给出

$$-R = \rho Q_0 (0 - v\sin\theta)$$

得

$$R = \rho Q_0 v\sin\theta$$

射流冲击平板的冲击力 R' 与 R 大小相等,方向相反。如 $\theta=90°$,则为射流垂直冲击平板情况,此时

$$\left.\begin{aligned} Q_1 = Q_2 &= \frac{Q_0}{2} \\ R &= \rho Q_0 v_0 \end{aligned}\right\}$$

3.7 流体微团运动分析

为了进一步深入分析流体的运动形态,还需要分析流场中流体微团运动的基本形式,所谓流体微团是指由大量流体质点所组成的微小流体团。

在流场中,在时刻 t 任取一正交六面体流体微团,其三个轴向上边长分别为 δ_x、δ_y、δ_z,由于此微团上各点速度不同,所以在微小时段 δ_t 之后,该微团将运动到新位置. 并且一般情况,其形状和大小都将发生变化,即该正交六面体流体微团将变成斜平行六面体,如图 3.24 所示。

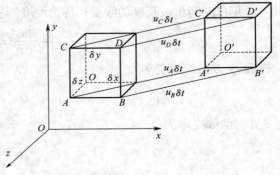

分析正交六面体流体微团运动变成斜平行六面体的过程,可以归纳为下列四种基本运动形式:

(1)平移,六面体流体微团作为一个整体,其中各质点以同一速度向量(如 $\vec{u_0}$)作平行运动。平移不改变正交六面体流体微团的形状、大小和方向。

(2)线变形,即六面体三条正交的棱边 δ_x、δ_y、δ_z 发生伸长或缩短,与之相应的是正交六面体液体微团的体积膨胀和压缩,也即微团大小发生变化。

图 3.24

(3)角变形,过 A 点有三个正交流体面,每两个正交流体面之间的夹角发生变化,与之相应的是六面体的形状发生了变化。

(4)转动,正交六面体流体微团也像刚体一样,作旋转运动。

上述四种基本运动形式中线变形和角变形又可归并为一种运动——变形运动。所以流体微团的基本运动形式只有平移、变形和转动三种。实际的流体运动可能同时具有三种形式,也可能只具有其中的两种或一种。

下面将分析线变形、角变形和转动的数学表达式。为了便于分析,先以图 3.25 中 $ABCD$ 流体平面为例,然后再将表达式推延到三维立体。

设 A 点的流速分量为 u_x 及 u_y,则 B、C 和 D 点的流速分量,如图 3.25 所示,因为边长都是微小量,故流速的增量按泰勒级数展开仅取一阶微小量。

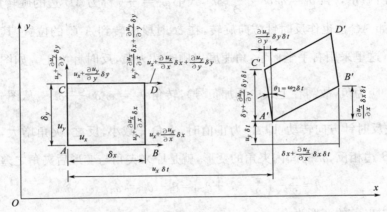

图 3.25

3.7.1 线变形率(线变率)

从图 3.25 中可知,B 点和 D 点在 x 轴方向上的分速都分别比 A 点和 C 点快 $\frac{\partial u_x}{\partial x}\delta x$（如 $\frac{\partial u_x}{\partial x}\delta x$ 为正）或慢 $\frac{\partial u_x}{\partial x}\delta x$（如 $\frac{\partial u_x}{\partial x}\delta x$ 为负），故边长 AB 和 CD 在 δt 时间内沿 x 方向都将相应地伸长或缩短 $\frac{\partial u_x}{\partial x}\delta x\delta_x\delta_t$，这就是流体微团在 x 方向上的线变形。

单位时间单位长度的线变形称为线变形速率。x 方向以 ε_{xx} 表示，因此由定义

$$\varepsilon_{xx} = \frac{\partial u_x}{\partial x}\delta x\delta t / \delta x\delta t = \frac{\partial u_x}{\partial x} \tag{3.46}$$

同理，y 方向的线变率为

$$\varepsilon_{yy} = \frac{\partial u_y}{\partial y} \tag{3.47}$$

z 方向的线变率为

$$\varepsilon_{zz} = \frac{\partial u_z}{\partial z} \tag{3.48}$$

由不可压缩流体连续性方程可知

$$\frac{\partial u_x}{\partial x} + \frac{\partial u_y}{\partial y} + \frac{\partial u_z}{\partial z} = 0$$

于是

$$\varepsilon_{xx} + \varepsilon_{yy} + \varepsilon_{zz} = 0 \tag{3.49}$$

这表明对于不可压缩流体，三个方向的线变形速率之和(也就是体积变形速率)为零。

3.7.2 角变形速率(角变率)

如图 3.25 所示，AB 与 AC 两正交边长夹角的变化与该两边的转动有关。由于 B 点在 y 方向上的分速比 A 点在 y 方向上的分速有增量 $\frac{\partial u_y}{\partial x}\delta x$，所以 AB 边将产生反时针方向的转动，设在 δt 时段内转到 A'，B' 的位置，则 AB 的转角为 $\theta_1 = \omega_1\delta t = \frac{\partial u_y}{\partial x}\delta x\delta t / (\delta x + \frac{\partial u_x}{\partial x}\delta x)$，忽略分母中的二阶微量，得：$\theta_1 = \omega_1\delta t = \frac{\partial u_y}{\partial x}\delta t$，式中 $\omega_1 = \frac{\partial u_y}{\partial x}$ 称为 AB 边的旋转角速度(简称角转速)。同时，如 AC 边也作反时针方向旋转，在 δt 时段内转到 $A'C'$ 的位置，其旋转角速度应为：$\omega_2 = \frac{\partial u_x}{\partial y}$（这里采用右手坐标系，角速度以顺时针为负，反时针为正。如图 3.25 所示，当 $\frac{\partial u_x}{\partial y}$ 为正时，ω_2 应为负，故需在上式中添加负号），转角 $\theta_2 = \omega_2\delta t = \frac{\partial u_x}{\partial y}\delta t$。从图 3.25 中可以看到，当 AB 边按反时针方向转动，即 ω_1 为正值时，夹角 $\frac{\pi}{2}$ 减小，反之，夹角增大，而 AC 边转动的效果恰与 AB 边相反，δt 时间内夹角的变形，就是原来夹角与变形后夹角之差，因此有：

$$\delta\theta = \frac{\pi}{2} - \left(\frac{\pi}{2} - \theta_1 + \theta_2\right) = \theta_1 - \theta_2 = (\omega_1 - \omega_2)\delta t \tag{3.50}$$

单位时间内夹角的变形为：

$$\delta\theta / \delta t = \omega_1 - \omega_2 \tag{3.51}$$

流体力学中把上式定义为流体微团的角变形速率(简称角变率)。因所考虑的流体面平行于 xOy 平面。故称为 xOy 平面上的角变率,记作 ε_{xy} 或 ε_{yx},即

$$\varepsilon_{xy} = \varepsilon_{yx} = \frac{1}{2}\frac{\mathrm{d}\theta}{\mathrm{d}t} = \frac{1}{2}(\omega_1 - \omega_2) = \frac{1}{2}\left(\frac{\partial u_y}{\partial x} + \frac{\partial u_x}{\partial y}\right) \tag{3.52}$$

将上述分析推延到过 A 点的另外两个流体面,即垂直于 x 轴的平面和垂直于 y 轴的平面,就可得到流体微团在其他方向的角变形速率,写作

$$\varepsilon_{yz} = \varepsilon_{xy} = \frac{1}{2}\left(\frac{\partial u_z}{\partial y} + \frac{\partial u_y}{\partial z}\right) \tag{3.53}$$

$$\varepsilon_{zx} = \varepsilon_{xz} = \frac{1}{2}\left(\frac{\partial u_x}{\partial z} + \frac{\partial u_z}{\partial x}\right) \tag{3.54}$$

3.7.3　旋转角速度(角转速)

流体力学中把流体面(此处为 $ABCD$)互相垂直的两边的角转速的平均值(可从几何上证明就是该两边夹角分角线的角转速),定义为流体微团的旋转角速度在垂直于该平面方向上的分量,这里就是绕 z 轴的角速度分量,用 ω_z 表示. 即

$$\omega_z = \frac{1}{2}(\omega_1 + \omega_2) = \frac{1}{2}\left(\frac{\partial u_y}{\partial x} - \frac{\partial u_x}{\partial y}\right) \tag{3.55}$$

同样地可得

$$\omega_x = \frac{1}{2}\left(\frac{\partial u_z}{\partial y} - \frac{\partial u_y}{\partial z}\right) \tag{3.56}$$

$$\omega_y = \frac{1}{2}\left(\frac{\partial u_x}{\partial z} - \frac{\partial u_z}{\partial x}\right) \tag{3.57}$$

3.7.4　流体微团运动的组合表达

根据以上的各定义式,可将空间流体微团中任一点的运动普遍地表示成平移运动,绕轴转动以及变形运动的叠加。

设流场中任一点 o 的流速分量为 u_{x0}、u_{y0}、u_{z0} 距 o 点 $\mathrm{d}s$(其在各轴向上投影为 $\mathrm{d}x, \mathrm{d}y, \mathrm{d}z$)处某点的流速分量为 u_x、u_y 及 u_z。设 $u_x = u_{x0} + \mathrm{d}u_{x0}$、$u_y = u_{y0} + \mathrm{d}u_{y0}$、$u_z = u_{z0} + \mathrm{d}u_{z0}$,将 u_x 按泰勒级数展开,忽略二阶以上各项得

$$\mathrm{d}u_x = \left(\frac{\partial u_x}{\partial x}\right)_0 \mathrm{d}x + \left(\frac{\partial u_y}{\partial y}\right)_0 \mathrm{d}y + \left(\frac{\partial u_z}{\partial z}\right)_0 \mathrm{d}z \tag{3.58}$$

将上式代入 u_x,并进行配项整理,即作 $\pm\frac{1}{2}\left(\frac{\partial u_y}{\partial x}\mathrm{d}y + \frac{\partial u_z}{\partial x}\mathrm{d}z\right)$ 运算,可得

$$u_x = u_{x0} + \left(\frac{\partial u_x}{\partial x}\right)_0 \mathrm{d}x + \frac{1}{2}\left(\frac{\partial u_x}{\partial y} - \frac{\partial u_y}{\partial x}\right)_0 \mathrm{d}y + \frac{1}{2}\left(\frac{\partial u_x}{\partial y} + \frac{\partial u_y}{\partial x}\right)\mathrm{d}y +$$
$$\frac{1}{2}\left(\frac{\partial u_x}{\partial z} - \frac{\partial u_z}{\partial x}\right)_0 \mathrm{d}z + \frac{1}{2}\left(\frac{\partial u_x}{\partial z} - \frac{\partial u_z}{\partial x}\right)_0 \mathrm{d}z \tag{3.59}$$

将有关的定义式代入上式得

$$u_x = u_{x0} + \varepsilon_{xx}\mathrm{d}x - \omega_z\mathrm{d}y + \varepsilon_{xy}\mathrm{d}y + \omega_y\mathrm{d}z + \varepsilon_{xz}\mathrm{d}z$$
$$= u_{x0} + \omega_y\mathrm{d}z - \omega_z\mathrm{d}y + \varepsilon_{xx}\mathrm{d}x + \varepsilon_{xy}\mathrm{d}y + \varepsilon_{xz}\mathrm{d}z \tag{3.60}$$

同理,对其他两个速度分量也可写出类似的表达式:

$$u_y = u_{y0} + \omega_z\mathrm{d}x - \omega_x\mathrm{d}z + \varepsilon_{yy}\mathrm{d}y + \varepsilon_{yz}\mathrm{d}z + \varepsilon_{yx}\mathrm{d}x \tag{3.61}$$

$$u_z = u_{z0} + \omega_x \mathrm{d}y - \omega_y \mathrm{d}x + \varepsilon_{zz} \mathrm{d}z + \varepsilon_{zx} \mathrm{d}x + \varepsilon_{zy} \mathrm{d}y \tag{3.62}$$

以上三式右边第一项为平移速度,第二、三项为转动产生的速度增量,第四、五、六项则为线变形和角变形引起的速度增量。所以,除平移外,流体微团的运动状态在一般情况下需要有九个独立的分量来描述,它们是 ε_{xx}、ε_{yy}、ε_{zz}、ε_{yz}、ε_{zx}、ε_{xy}、ω_x、ω_y、ω_z。

3.7.5　无旋运动与有旋运动

根据上前面流体微团的基本运动分析,按流体微团有无旋转运动,可以将流体运动分为无旋运动(无涡流)和有旋运动(有涡流)。

流动中各流体微团的旋转角速度都为 0,因而不存在旋转运动的流动称为无旋运动(无涡流),无涡流中

$$\omega = \omega_x = \omega_y = \omega_z = 0 \tag{3.63}$$

也即

$$\omega_x = \frac{1}{2}\left(\frac{\partial u_z}{\partial y} - \frac{\partial u_y}{\partial z}\right) = 0 \ \text{或} \ \frac{\partial u_z}{\partial y} = \frac{\partial u_y}{\partial z}$$

$$\omega_y = \frac{1}{2}\left(\frac{\partial u_x}{\partial z} - \frac{\partial u_z}{\partial x}\right) = 0 \ \text{或} \ \frac{\partial u_x}{\partial z} = \frac{\partial u_z}{\partial x}$$

$$\omega_z = \frac{1}{2}\left(\frac{\partial u_y}{\partial x} - \frac{\partial u_x}{\partial y}\right) = 0 \ \text{或} \ \frac{\partial u_y}{\partial x} = \frac{\partial u_x}{\partial y}$$

反之,流动中若有流体微团作旋转运动,亦即三个旋转角速度分量中至少有一个不为零,这种流体运动称为有旋流动(有涡流)。

按照以上的定义,在流体流场中可以是一部分流动为无旋的,另一部分流动为有旋的,在实际流体中,由于黏滞性的作用,一般都是有旋运动。

这里需要指出的是,流动是否为有涡流,依据流体微团的本身是否旋转而定,而并不在乎该微团的轨迹形状,如图 3.26 所示。

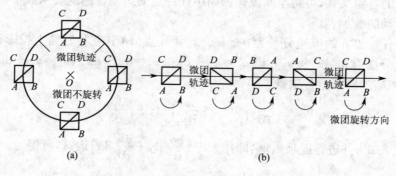

图　3.26

图 3.26 中情况(a)的微团运动物边为一圆周,但微团本身并无旋转,故为无涡流。而在情况(b)中,微团的轨迹虽是一直线,但微团本身却在转动、故为有涡流。

【例 3.6】已知平行剪切流动,如图 3.27 所示,流场具有抛物线规律的速度分布:

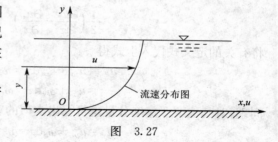

图　3.27

$$u_x = \frac{u_0}{h}(2y - y^2/h)$$

$$u_y = 0 ; u_z = 0$$

试问此种流动是否为有旋运动?

解： 容易验证：$\omega_x = \omega_y = 0$

$$\omega_z = \frac{1}{2}\left(\frac{\partial u_y}{\partial x} - \frac{\partial u_x}{\partial y}\right) = -\frac{1}{2}\frac{u_0}{h}\left(2 - 2\frac{y}{h}\right) = \frac{u_0}{h}\left(\frac{y}{h} - 1\right) \neq 0$$

所以这种流动为有旋运动。

3.8　恒定平面势流

实际流体都是有黏性的,严格地讲都是有旋流动,但在某些情况下,其黏性对流动的影响很小以致可以忽略,例加高速水(气)流、均匀来流绕物体的流动等,其黏性往往只限于流壁附近一狭窄区域,即所谓边界层内,将边界层以外的流动按势流处理,可以得到足够满意的结果。实际上,在分析某些堰、闸泄流、波浪运动以及地下渗流等复杂流动时,都将它们看作为有势流动,用势流理论来简化处理。因此,平面势流理论是有实际意义的,将为解决许多二元实际流动问题提供一个广阔的途径。本节将简要介绍有关平面势流理论的一些基本概念。

3.8.1　流速势函数

考虑恒定平面(也即二维)势流,根据流体运动学可知,它与无旋流动是等价的,由于是二维流动(设 $u_z = 0$),无旋流的条件写成

$$\omega_x = \omega_y = 0 ; \frac{\partial u_z}{\partial y} = \frac{\partial u_z}{\partial x} = \frac{\partial u_x}{\partial z} = \frac{\partial u_y}{\partial z} = 0 ;$$

$$\omega_z = \frac{1}{2}\left(\frac{\partial u_y}{\partial x} - \frac{\partial u_x}{\partial y}\right) = 0$$

也即

$$\frac{\partial u_y}{\partial x} = \frac{\partial u_x}{\partial y} \tag{3.64}$$

由高等数学得知,此式就是使表达式 $u_x \mathrm{d}x + u_y \mathrm{d}y$ 为某一函数 φ 的全微分的必要和充分条件,因此,对于二维无旋流来说,必然存在下列关系

$$u_x \mathrm{d}x + u_y \mathrm{d}y = \mathrm{d}\varphi = \frac{\partial \varphi}{\partial x}\mathrm{d}x + \frac{\partial \varphi}{\partial y}\mathrm{d}y \tag{3.65}$$

由此可得

$$\frac{\partial \varphi}{\partial x} = u_x , \frac{\partial \varphi}{\partial y} = u_y \tag{3.66}$$

无旋流动中存在的这一标量场 $\varphi(x,y)$(考虑恒定流动,无时间自变量 t),与力场中的力势相对比,有同样形式的关系,故函数 φ 称为"流速势",无旋流动又称为有势流动(简称势流)。

另一方面,考虑平面流场中的连续方程,即

$$\frac{\partial u_x}{\partial x} + \frac{\partial u_y}{\partial y} = 0 \tag{3.67}$$

将式(3.66)代入上式,便得恒定平面势流的一个极其重要的关系式

$$\frac{\partial^2 \varphi}{\partial x^2} + \frac{\partial^2 \varphi}{\partial y^2} = 0 \tag{3.68}$$

或

$$\nabla^2 \varphi = 0 \quad 或 \quad \Delta\varphi = 0 \tag{3.69}$$

式中，Δ（或 ∇^2）$= \dfrac{\partial^2}{\partial x^2} + \dfrac{\partial^2}{\partial y^2}$，叫作拉普拉斯算子（拉普拉斯算符）；式（3.68）或式（3.69）称为拉普拉斯方程。

以上推导表面平面势流得流速场可由流速势 φ 来确定，而 φ 仅须满足拉普拉斯方程，包括它的定解条件（恒定流时为边界条件）。由于拉氏方程是二阶线形齐次偏微分方程，其解服从叠加原理，因此，可以用势流叠加方法来求解复杂的势流问题。

求解拉普拉斯方程有解析法，如复变函数法、分离变量法等。然而工程中的势流问题，一般都极为复杂，解析法往往无能为力。所以目前多采用流网法（图解法）、电拟法或差分法、有限元、边界元等数值计算方法来求解势流问题。

3.8.2　流　函　数

在平面势流中，除流速势以外，还存在另一个标量函数，称为流函数。事实上，流函数不仅存在于平面势流中，而且存在于所有不可压缩流体的平面流动中，包括理想或黏性流体，有旋或无旋流动，对此阐述如下。

根据平面流动的流线方程和连续性方程，即可得出流函数概念。二元流动的流线方程为

$$\frac{u_x}{\mathrm{d}x} = \frac{u_y}{\mathrm{d}y} \tag{3.70}$$

即

$$u_x \mathrm{d}y - u_y \mathrm{d}x = 0 \tag{3.71}$$

不可压缩流体平面流动的连续性方程为

$$\frac{\partial u_x}{\partial x} + \frac{\partial u_y}{\partial y} = 0 \tag{3.72}$$

从高等数学中可知，上式恰好是使 $u_x \mathrm{d}y - u_y \mathrm{d}x$ 能成为某一函数 ψ 的全微分的充分和必要条件。函数 $\psi(x, y)$ 的全微分为

$$\mathrm{d}\psi = u_x \mathrm{d}y - u_y \mathrm{d}x \tag{3.73}$$

对上式积分可得

$$\psi(x, y) = \int (u_x \mathrm{d}y - u_y \mathrm{d}x) \tag{3.74}$$

式中，$\psi(x, y)$ 称为流函数，可见，不可压缩流体平面流动中必然存在流函数。

因流函数 ψ 是两个自变量的函数，它的全微分可写成

$$\mathrm{d}\psi = \frac{\partial \psi}{\partial x}\mathrm{d}x + \frac{\partial \psi}{\partial y}\mathrm{d}y \tag{3.75}$$

比较上式和式（3.73）可得

$$u_x = \frac{\partial \psi}{\partial y}; \quad u_y = \frac{\partial \psi}{\partial x} \tag{3.76}$$

式（3.76）建立了标量函数 $\psi(x, y)$ 与流速得关系，该式也可看作为函数的定义。

由上式可知，在研究不可压缩流体平面运动时，如能求出流函数，即可求得任一点的两个速度分量，这样就简化了分析过程。所以流函数是很重要很有用的概念。下面进一步介绍其重要性质。

性质 1：等流函数线为流线。证明如下。

将流线方程式（3.71）代入式（3.73），得出

$$\mathrm{d}\psi = u_x \mathrm{d}y - u_y \mathrm{d}x = 0 \tag{3.77}$$

即

$$\psi(x, y) = c \tag{3.78}$$

由此可见,在同一流线上各点的流函数为一常数,故等流函数线就是流线,这是流函数的物理意义之一,也是函数ψ称为流函数的原因。

性质2:任意两条流线之间的单宽流量等于该两条流线上的流函数值之差。关于这一点证明如下。

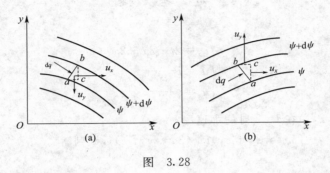

图   3.28

如图3.28所示,这里约定流体运动方向逆时针转$90°$的方向为ψ值增加的方向,设在任两条流线ψ与$\psi+\mathrm{d}\psi$之间有一固定流量$\mathrm{d}q$,因为是平面问题,在z轴方向可以取一单位长度,所以$\mathrm{d}q$应称为单宽流量。取ab为两流线之间的单宽过水断面线段ab在坐标轴上的投影分别是$ac=\mathrm{d}x,bc=\mathrm{d}y$,流速投影分别为$u_x$和$-u_y$,因此,

$$\mathrm{d}q=u_x\mathrm{d}y-u_y\mathrm{d}x \tag{3.79}$$

将式(3.76)代入,得

$$\mathrm{d}q=\frac{\partial\psi}{\partial x}\mathrm{d}x+\frac{\partial\psi}{\partial y}\mathrm{d}y=\mathrm{d}\psi \tag{3.80}$$

积分得

$$q=\int_{\psi_1}^{\psi_2}\mathrm{d}\psi=\psi_2-\psi_1 \tag{3.81}$$

由于以上讨论流函数意义及性质时,只用了不可压缩、恒定、平面流动等条件,没有涉及黏性及旋转运动等限制,所以有关流函数的上述结论,不论对于理想流还是黏性流、无旋流还是有旋流,都是适用的。

性质3:平面势流中流函数与流速势一样,也满足拉普拉斯方程。证明如下。

在平面有势流动中

$$\psi_z=\frac{1}{2}\left(\frac{\partial u_y}{\partial x}-\frac{\partial u_x}{\partial y}\right) \tag{3.82}$$

将式(3.76)代入,即可得

$$\frac{\partial^2\psi}{\partial x^2}+\frac{\partial^2\psi}{\partial y^2}=0 \tag{3.83}$$

或

$$\Delta\psi=0 \tag{3.84}$$

这说明在平面势流中,流函数也满足拉普拉斯方程。

比较式(3.66)和式(3.76),我们还可以得到

$$\begin{cases}u_x=\dfrac{\partial\varphi}{\partial x}=\dfrac{\partial\psi}{\partial y}\\[2mm]u_y=\dfrac{\partial\varphi}{\partial y}=\dfrac{\partial\psi}{\partial x}\end{cases} \tag{3.85}$$

这是平面势流中联系流速势和流函数的一对极重要的关系式,在复变函数中称为柯西—黎曼条件。满足这种关系的两个函数称为共轭函数,所以,在恒定平面势流中,流函数 ψ 与流速势 φ 是共轭函数。

思 考 题

1. 已知流速场

$$\begin{cases} u_x = 2t + 2x + 2y \\ u_y = t - y + z \\ u_z = t + x - y \end{cases}$$

求流场中点 $(2,2,1)$ 在 $t=3$ 时的加速度。

2. 已知流速场 $u = (4x^3 + 2y + xy)i + (3x - y^3 + z)j$,试判断

(1) 是几元流动?

(2) 是恒定流还是非恒定流?

(3) 是均匀流还是非均匀流?

3. 已知平面流动流速分布为

$$\begin{cases} u_x = -\dfrac{cy}{x^2 + y^2} \\ u_y = \dfrac{cy}{x^2 + y^2} \end{cases}$$

其中,c 为常数。求流线方程并画出若干条流线。

4. 已知不可压缩流体作恒定流动,其流速分布为 $u = axi + byi + cak$,其中 a、b、c 为常数。试求 $a + b + c$。

5. 设不可压缩流体的两个分速为

$$\begin{cases} u_x = ax^2 + by^2 + cz^2 \\ u_y = -(dxy + eyx + fzx) \end{cases}$$

其中,a、b、c、d、e、f 中皆为常数。若当 $z=0$ 时,$u_z=0$,试求分速 u_z。

6. 试推导极坐标系 (r,θ) 下的可压缩流体和不可压缩流体流动的连续性微分方程。

7. 如图 3.29 所示一直径 $D=1$ m 的盛水圆筒铅垂放置,现接出一根直径 $d=10$ cm 的水平管子。已知某时刻水管中断面平均流速 $v_2 = 2$ m/s,试求该时刻圆筒中液面下降的流速 v_1。

8. 黏性流体压力与理想流体压力有何差别?

9. 实际流体与理想流体在能量方程上有什么区别?

10. 实际流体中总流和元流的能量方程有什么区别?

11. 在不可压缩气体的伯努利方程中,每一项的物理意义是什么? 什么是势压、全压和总压?

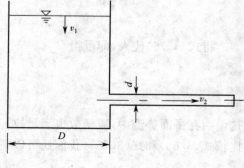

图 3.29

12. 利用毕托管原理测量输水管中的流量如图 3.30 所示。已知输水管直径 $d=200$ mm,测得水银差压计读数 $h_p=60$ mm,若此时断面平均流速 $v=0.84u_{max}$,这里 v_{max} 为毕托管前管轴上末受扰动水流的流速。问输水管中的流量 Q 为多大?

13. 如图 3.31 所示管路由两根不同直径的管子与一渐变连接管组成。已知 $d_A=200$ mm,$d_B=400$ mm,A 点相对压强 $p_A=68.6$ kPa,B 点相对压强 $p_B=39.2$ kPa,B 点的断面平均流速 $v_B=1$ m/s,A、B 两点高差 $\Delta z=1.2$ m。试判断流动方向,并计算两断面间的水头损失 h_w。

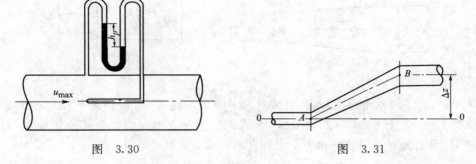

图 3.30   图 3.31

14. 有一渐变管与水平面的倾角为 45°,其装置如图 3.32 所示。1-1 断面的管径 $d=200$ mm,2-2 断面的管径 $d_2=100$ mm,两断面的间距 $l=2$ m。若重度 γ' 为 8 820 N/m³ 的油通过该管段,在 1-1 断面处的流速 $v_1=2$ m/s,水银差压计中的液位差 $h=20$ cm,

试求:(1)1-1 断面与 2-2 断面之间的能量损失 h;

(2)判断流动方向;

(3)1-1 断面与 2-2 断面的压强差。

15. 为了测量石油管道的流量,安装一文丘里流量计如图 3.33 所示。已知管道直径 $d_1=20$ cm,文丘里管喉道直径 $d_2=10$ cm,石油重度 $\gamma=8\,400$ N/m³,文丘里管的流量系数 $\mu=0.95$。现测得水银差压计读数 $h_P=15$ cm,问此时管中石油流量 Q 为多大?

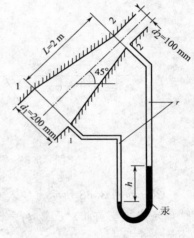

图 3.32

16. 一水平变截面管段接于输水管路中如图 3.34 所示。已知管段进口直径 $d_1=10$ cm,出口直径 $d_2=5$ cm,当进口断面平均流速 $v_1=1.4$ m/s,相对压强 $p_1=58.8$ kPa 时,若不计两断面间的水头损失,试计算管段出口断面的相对压强 p_2。

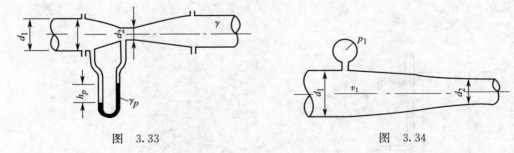

图 3.33   图 3.34

17. 如图 3.35 所示,水管通过的流量 $Q=9$ L/s,若测压管水头差 $h=100.6$,直径 $d_2=5$ cm,试确定直径 d_1,假定水头损失可忽略不计。

18. 如图 3.36 所示,水箱中的水从一扩散短管流到大气中,若直径 $d_1=100$ mm,该处绝对压强 $p_1'=4900$ Pa,直径 $d_2=150$ mm,试求水头 H。假定水头损失可忽略不计。

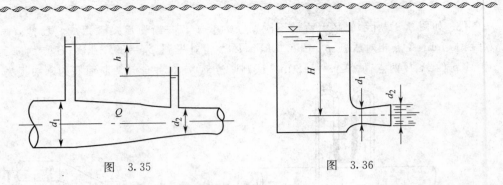

图 3.35　　　　　　　　　　　　　图 3.36

19. 如图 3.37 所示俯视图,水自喷嘴射向一与其交角成 60°的光滑平板上。若喷嘴出口直径 $d=25$ mm,喷射流量 $Q=33.4$ L/s。试求射流沿平板向两侧的分流流量 Q_1 与 Q_2(喷嘴轴线水平)以及射流对平板的作用力 F。假定水头损失可忽略不计。

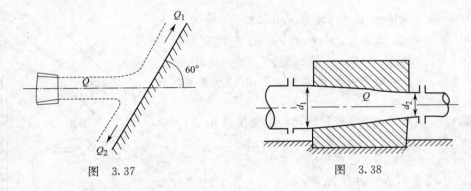

图　3.37　　　　　　　　　　　　图　3.38

20. 如图 3.38 所示为嵌入支座内的一段输水管,其直径由 $d_1=1.5$ m 变化到 $d_2=1$ m,试确定当支座前相对压强 $p_1=392$ kPa,流量 $Q=1.8$ m³/s 时,渐变段支座所受的轴向力 F。不计水头损失。

21. 带胸墙的闸孔泄流如图 3.39 所示,已知孔宽 $b=3$ m,孔高 $h=2$ m,闸前水深 $H=4.5$ m,泄流量 $Q=45$ m³/s,闸底水平。试求水流作用在闸孔顶部胸墙上的水平推力 F,并与按静水压强分布计算的结果进行比较。

22. 如图 3.40 所示,在矩形渠道中修筑一大坝,已知单位宽度流量 $q=14$ m³/(s·m),上游水深 $h_1=5$ m,求下游水深 h_1 及水流作用在单位宽度坝上的水平力 F。假定摩擦阻力与水头损失可忽略不计。

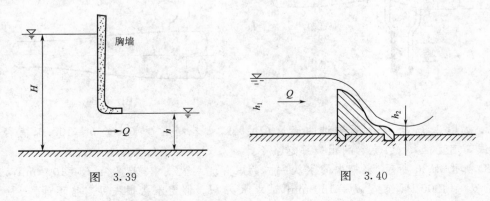

图　3.39　　　　　　　　　　　　图　3.40

4 液流形态和水头损失

在第 3 章阐述液流能量转化和守恒原理时,得到水力学中最重要的基本方程——恒定总流能量方程,是解决工程中许多水力学问题的理论基础。在应用能量方程求解问题时,水头损失的确定是一个比较复杂的问题,其确定与液体的物理性质、流动形态及边界状况等许多因素有关,因此,本章着重阐述液流的两种形态——层流和紊流的物理现象及其水头损失计算等问题。

引起液流能量损失的根本原因是液体具有黏滞性。由第一章知道液体的黏滞性表现为各相对运动液层之间的阻力,液流克服这种阻力作功而引起的机械能损失即为液流的能量损失,单位重量液体的能量损失即为水头损失。

4.1 水流阻力与水头损失的两种形式

根据液流边界状况的不同,液流阻力和水头损失可分为以下两类。

4.1.1 沿程水头损失

液体流过比较平直的边界时产生的阻力和水头损失。这种阻力主要是由液层间摩擦作用而引起的,其大小与流动距离成正比,故称沿程阻力。单位重量液体克服沿程阻力作功而引起的水头损失称为沿程水头损失,用 h_f 表示。例如等直径直管和断面大小、形状不变的直渠中的均匀流的阻力,其水头损失属于此类,如图 4.1 所示。

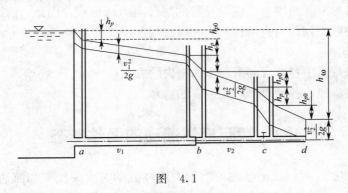

图 4.1

沿程阻力损失的通用公式为达西公式

$$h_f = \lambda \frac{l}{d} \frac{v^2}{2g} \tag{4.1}$$

式中　l——管长;

　　　d——管径;

　　　v——断面平均流速;

　　　g——重力加速度;

　　　λ——沿程阻力系数,也称达西系数,一般由实验确定。

上式是达西于 1857 年根据前人的观测资料和实践经验而总结归纳出来的一个通用公式。这个公式对于计算各种流态下的管道沿程损失都适用。式中的无量纲系数 λ 不是一个常数，它与流体的性质、管道的粗糙度以及流速和流态有关，公式的特点是把求阻力损失问题转化为求无量纲阻力系数问题，比较方便通用。同时，公式中把沿程损失表达为流速水头的倍数形式是恰当的，因为在大多数工程问题中，h_f 确实与 v^2 成正比。此外，这样做又可以把阻力损失和流速水头合并成一项，也是便于计算。经过一个多世纪以来的理论研究和实践检验都证明，达西公式在结构上是合理的，使用上是方便的。

4.1.2　局部水头损失

液体通过形状急剧改变的边界时产生的阻力和水头损失，由于边界形状的急剧变化，液体相应地发生急剧变形，加剧了液体质点间的摩擦和碰撞，从而引起了附加的阻力。因这种吸力产生在边界局部变化的区域，故称局部阻力。单位重量液体克服局部阻力作功而引起的能量损失称为局部水头损失，用 h_j 表示。

例如通过管口、渠进口段、弯段、扩大段、收缩段及阀门等处的水流均属于此类。

沿程水头损失和局部水头损失，即是由于液体在运动过程中克服阻力作功而引起的，但又具有不同的特点。沿程阻力主要显示为"摩擦阻力"的性质。而局部阻力主要是因为固体边界形状突然改变，从而引起水流内部结构遭受破坏，产生旋涡，以及在局部阻力之后，水流还要重新调整整体结构适应新的均匀流条件所造成的。

在实验基础上，归纳出局部阻力损失可按下式计算

$$h_j = \zeta \frac{v^2}{2g} \tag{4.2}$$

式中，ζ 为局部阻力系数，一般由实验确定。

管路或明渠中的水流阻力都是由几段等直径圆管或几段几何形状相同的等截面渠道引起的沿程阻力和以各种形式急剧改变流动外形的局部阻力所形成。因此，流段两截面间的水头损失可以表示为两截面间的所有沿程损失和所有局部损失的总和，即

$$h_w = \sum h_f + \sum h_j \tag{4.3}$$

式中　$\sum h_f$——该流段中各分段的沿程水头损失的总和；

　　　$\sum h_j$——该流段中各种局部水头损失的总和。

4.2　实际液体流动的两种形态

19 世纪初科学工作者们就已经发现圆管中液体流动时水头损失和流速有一定关系。在流速很小的情况下，水头损失和流速的一次方成正比，在流速较大的情况下，水头损失则和流速的二次方或接近二次方成正比。直到 1883 年，由于英国物理学家雷诺（Reynolds）的试验研究，才使人们认识到水头损失与流速间的关系之所以不同，是因为液体运动存在着两种型态：层流和紊流。

4.2.1　雷诺试验

雷诺实验的装置如图 4.2 所示。由恒定水位箱 A 中引出水平固定的玻璃管 B，上游端连接一光滑钟形进口，另一端有阀门 C 用以调节流量。容器 D 内装有容重与水相近的颜色水，

经细管 E 流入玻璃管中,以指示水流流态,阀门 F 可调节颜色水的流量。

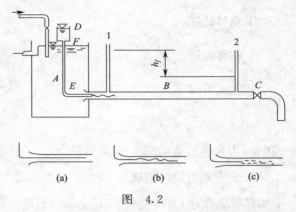

微微开启阀门 C,使 B 管内水的流速十分缓慢。再打开阀门 F 放出少量颜色水。此时可见流入 B 管内的颜色水呈一细股界线分明的直线流束向前流动,如图 4.2(a),它与周围清水互不混合。这一现象说明 B 管中水流呈层状流动,各层的质点互不掺混。这种流动状态称为层流。逐渐开大阀门 C,当 B 管中流速足够大时,颜色水出现波动,如图 4.2(b)

图　4.2

所示。继续开大阀门 C,当 B 管中流速增至某一数值时,颜色水突然破裂,扩散遍至全管,并迅速与周围清水掺混,玻璃管中整个水流都被均匀染色,如图 4.2(c),流束形的流动已不存在。这种流动状态称为紊流。由层流转化为紊流时的管中平均流速称为上临界流速 v_c'。

如果实验以相反程序进行,即当管内水流已处于紊流状态,逐渐关小阀门 C。当管内流速降至不同于 v_c' 的另一数值时,可发现颜色水又重现鲜明直线流束。说明管中水流又恢复为层流,由紊流转变为层流的管中平均流速称为下临界流速 v_c。

为了分析沿程水头损失随速度的变化规律,雷诺在玻璃管的两断面 1 及 2 上安装测压管,如图 4.2 所示,定量测定不同流速时两测压管液面之差。根据伯努利方程,测压管液面之差等于两断面间的沿程水头损失 h_f,实验结果如图 4.3 所示。从图上可看出,当 $v<v_c'$ 时,流动为层流,试验点分布在一条与 $\lg v$ 轴成 45°的斜线上。这说明沿程水头损失与速度的一次方成正比。随着速度的加大,当 $v>v_c'$ 时流动由层流转变为紊流,曲线突然变陡,沿 BC 向上。沿程水头损失 h_f 与 v^n 成正比,n 值在 1.75~2.0 范围内。而当流速由大变小,试验点从 C 向 E 移动,到达下临界点 E 时由紊流转化为层流。

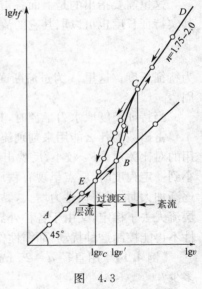

图　4.3

雷诺实验虽然是在圆管中进行,所用流体是水,但在其它边界形状和其它流体流动的实验中,都可发现有两种流动形态。因而雷诺实验的意义在于揭示了所有流体流动存在两种性质不同的形态——层流和紊流。

层流和紊流不仅是流体质点的运动轨迹不同,而且整个流动的结构也完全不同,因而反映在水头损失和扩散的规律都不一样。所以在分析实际流动问题时,必须首先区分流动的形态。

4.2.2　层流、紊流的判别标准——临界雷诺数

层流和紊流两种流态,可以直接用临界流速来判别,但这样判别很不方便,因临界流速大小随过流断面大小和流体的种类而改变。通过进一步分析雷诺试验成果可知,临界流速值实际上与管径 d 和流体的密度 ρ 成反比,而与流体的动力黏性系数 μ 成正比,雷诺曾用不同管径的圆管对多种流体进行实验,得出的临界流速关系式为

下临界流速：
$$v_c = C \frac{\mu}{\rho d} = C \frac{\nu}{d} \tag{4.4}$$

上临界流速：
$$v_c' = C' \frac{\mu}{\rho d} = C' \frac{\nu}{d} \tag{4.5}$$

从上式可得
$$\frac{v_c d}{\nu} = C \tag{4.6}$$

$$\frac{v_c' d}{\nu} = C' \tag{4.7}$$

式中，ν 为流体的运动黏度；d 为管径。

由于 $\frac{vd}{\nu}$ 是管流的雷诺数 Re。由此可知 C 和 C' 就是流动形态转换时的雷诺数，其中 C 是下临界雷诺数，用 Re_c 表示，C' 是上临界雷诺数，用 Re_c' 表示。根据大量实验资料知道圆管有压流动的下临界雷诺数 Re_c 基本保持在一个确定的范围，即 $Re_c \approx 2\,300$。而上临界雷诺数 Re_c' 的数值却不固定，随实验时有无外界扰动而变，由于实际工程中总存在扰动，因此 Re_c' 就没有实际意义。这样，我们就用下临界雷诺数与流体流动的雷诺数比较来判别流动形态。

在圆管中
$$Re = \frac{vd}{\nu} \tag{4.8}$$

若 $Re < Re_c = 2\,300$，为层流；若 $Re > Re_c = 2\,300$，为紊流。

这里需要指出的是上面各雷诺数表达式中引用的"d"，表示取管径作为流动的特征长度。其实特征长度也可以取其它的流动长度来表示，如对于明渠水流（无压流动），通常取水力半径
$$R = \frac{A}{\chi} \tag{4.9}$$

为特征长度。这里 A 为过流断面面积；χ 为断面中固体边界与流体相接触部分的局长，称为湿周。

当特征长度取水力半径时，其相应的临界雷诺数为 575。

雷诺数为什么能用来判别流态呢？这是因为 Re 反映了惯性力（分子）与黏滞力（分母）作用的对比关系。Re 较小，反映出黏滞作用力大，对流体的质点运动起着约束作用。因此当 Re 小到一定程度时，质点呈现有秩序的线状运动，互不混掺，也即呈层流形态。当流动的 Re 数逐渐加大时，说明惯性力增大，黏滞力的控制作用则随之减小，当这种作用减弱到一定程度时，层流失去了稳定，又由于各种外界原因，如边界的高低不平，流体质点离开线状运动。因黏滞性不再能控制这种扰动，而惯性作用则将微小扰动不断发展扩大，从而形成了紊流流态。

【例 4.1】 用直径 $d = 25$ mm 的管道输送 30 ℃的空气。问管内保持层流的最大流速是多少？

解：30 ℃时空气运动黏度 $\nu = 16.6 \times 10^{-6}$ m²/s，保持层流的最大流速就是临界流速，则由
$$Re = \frac{v_c d}{\nu} = 2300$$

得　$v_c = \frac{Re_c \nu}{d} = \frac{2\,300 \times 16.6 \times 10^{-6}}{0.025} = 1.53$ m/s

4.3　均匀流动的沿程水头损失和基本方程

4.3.1　均匀流动的沿程水头损失

流体在均匀流情况下只存在沿程水头损失。设取一段恒定均匀有压管流，如图 4.4 所示。

为了确定均匀流自 1-1 断面流至 2-2 断面的沿程水头损失,对总流过流断面 1-1、2-2 列伯努利方程,得

$$h_f=\left(z_1+\frac{p_1}{\gamma}\right)-\left(z_2+\frac{p_2}{\gamma}\right) \quad (4.10)$$

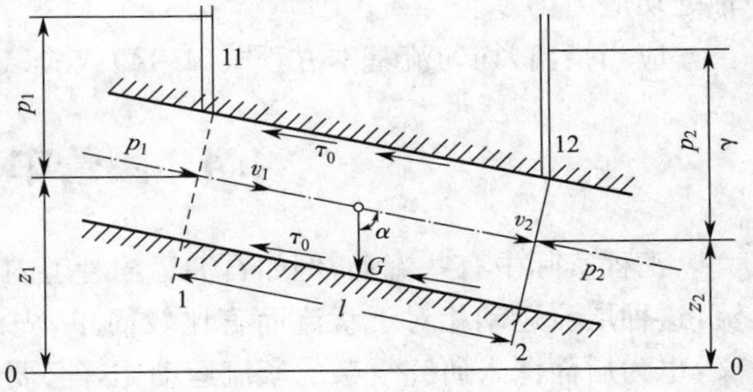

式(4.10)说明,在均匀流条件下,两过流断面间的沿程水头损失等于两过流断面测压管水头的差值,即流体用于克服阻力所消耗的能量全部由势能提供。

图 4.4

4.3.2 均匀流基本方程

先研究最基本最简单的恒定均匀管流或明渠流情况。显然,沿程水头损失是克服沿程阻力(切应力)所做的功。因此有必要讨论并建立沿程阻力和水头损失的关系,即均匀流基本方程。取自过流断面 1-1 至 2-2 的一段圆管均匀流动的总流流段为控制体,其长度为 l,过流断面面积 $A_1=A_2=A$,湿周为 χ 现分析其作用力的平衡条件。

设流段是在断面 1-1 上的动压力 P_1、断面 2-2 上的动压力 P_2、自重 G 及流段表面切力(沿程阻力)T 的共同作用下保持均匀流动的。写出在流动方向上诸力投影的平衡方程式:

$$P_1-P_2+G\cos\alpha-T=0 \qquad (4.11)$$

因 $P_1=p_1A$、$P_2=p_2A$,$\cos\alpha=(z_1-z_2)/l$,并设总流与固体边壁接触面上的平均切应力为 τ_0,代入上式,得

$$p_1A-p_2A+\gamma Al\frac{z_1-z_2}{l}-\tau_0\chi l=0 \qquad (4.12)$$

以 γA 除全式,得

$$\frac{p_1}{\gamma}-\frac{p_2}{\gamma}+z_1-z_2=\frac{\tau_0\chi}{\gamma A}l$$

将式(4.10)代入上式,可得

$$h_f=\frac{\tau_0\chi}{\gamma A}l=\frac{\tau_0 l}{\gamma R} \qquad (4.13)$$

或

$$\tau_0=\gamma R\frac{h_f}{l}=\gamma RJ \qquad (4.14)$$

式中,$J=h_f/l$,称为水力坡度。式(4.13)及(4.14)给出了沿程水头损失与切应力的关系式,称为均匀流基本方程。

上面的分析,适用于任何大小的流束。对于半径为 r 的流束,如图 4.5 所示,按上述类似的分析,可得流束边界单位面积上的切应力 τ 与沿程水头损失的关系式,即

$$\tau=\gamma\frac{r}{2}J \qquad (4.15)$$

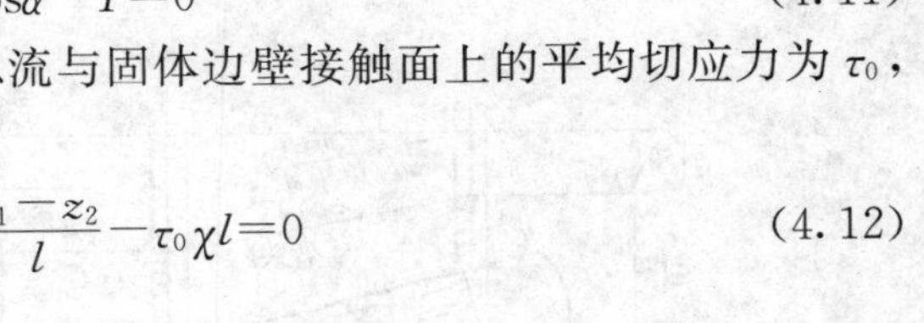

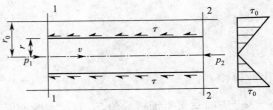

图 4.5

比较式(4.16)与式(4.15),可得

$$\frac{\tau}{\tau_0}=\frac{r}{r_0} \qquad (4.16)$$

式(4.17)说明在圆管均匀流的过流断面上,切应力呈直线分布,管壁处切应力为最大值 τ_0 管轴处切应力为零。

应当指出,均匀流基本方程式(4.14)或式(4.15),对于明渠均匀流同样适用。

4.4　圆管中的层流运动

工程实际中有些流动,例如石油运输管道内的流动,机械润滑系统内的流动等,常属于层流,这种层流运动相对于紊流而言比较简单,先研究圆管内的层流运动不仅有一定的实际意义,也为后面深入研究复杂的紊流运动作好必要的准备。

4.4.1　沿程阻力损失与切应力的关系

先研究最基本最简单的恒定均匀管流或明渠流情况,设在这种流动中,取长度为 l 的流段来分析,在流段中任取一流股讨论其流动情况,如图 4.6 所示。流股的边界面上作用有切应力 τ',一般讲,流股边界面上切应力 τ' 的分布不一定是均匀的,如流股过流断面周长为 χ',考虑到均匀流的特征,流股的断面及切应力均沿程不变,则流股边界面上作用的总摩擦阻力 F'(方向与流速相反)为

$$F' = \int_{\chi'} \tau' l \, \mathrm{d}\chi' \tag{4.17}$$

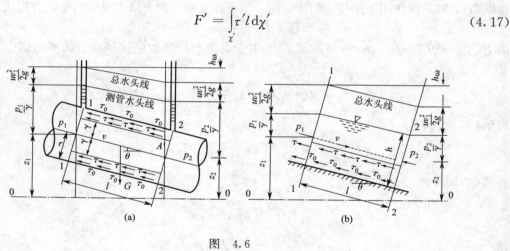

图　4.6

切应力 τ' 在流股边界面上的分布规律与总流的边界形状有关,当总流为轴对称流动,例如圆管流动,τ' 自然为均匀分布。对于一般非均匀分布情况,则可用一个平均值 τ 来代替。因此

$$F' = \tau l \chi' = \int_{\chi'} \tau' l \, \mathrm{d}\chi'$$

由此得:

$$\tau = \frac{\int_{\chi'} \tau' \mathrm{d}\chi'}{\chi'} \tag{4.18}$$

设流向与水平面成 θ 角,流股过水断面面积为 A',总流过水断面面积为 A,作用于两端断面形心上的压强分别为 p_1 及 p_2,两端的高程各为 z_1 及 z_2,则流股本身重量在流动方向上的分量为

$$\gamma A' t \sin\theta = \gamma A' t \frac{z_1 - z_2}{l} = \gamma A' (z_1 - z_2) \tag{4.19}$$

在均匀流中沿程流速不变,因此惯性力为零,也即流股的各作用力处于平衡状态,流动方向的力平衡方程为

$$p_1 A' - p_2 A' + \gamma A'(z_1 - z_2) - \tau l \chi' = 0 \tag{4.20}$$

对两端过流断面写能量方程,给出

$$z_1 + \frac{p_1}{\gamma} = z_2 + \frac{p_2}{\gamma} + h_f \tag{4.21}$$

h_f 为两端面之间 l 流段上的沿程水头损失。对于均匀流股,除这一沿程阻力损失之外,无局部阻力损失 h_j,将这一关系式代入上式,整理可得:

$$\tau = \gamma \frac{A'}{\chi'} \frac{h_f}{l} \tag{4.22}$$

式中,$\dfrac{A'}{\chi'} = R'$ 是流股过水断面的水力半径。

$$J = \frac{h_f}{l} \tag{4.23}$$

式中,J 为水力坡度,考虑到这些概念,上式可写成

$$\tau = \gamma R' J \tag{4.24}$$

上面的分析适用于任何大小的流股,因此可以扩大到总流,从而得

$$\tau_0 = \gamma R J \tag{4.25}$$

式中,τ_0 为总流边界上的平均切应力;R 为总流过流断面的水力半径。水力坡度 J 在均匀流里是常数,不随流速的大小而改变。

式(4.24)和式(4.25)对比后,可得

$$\frac{\tau}{\tau_0} = \frac{R'}{R} \tag{4.26}$$

对于圆管流动,$R = \dfrac{d}{4} = \dfrac{r}{2}$;$R' = \dfrac{r'}{2}$ 代入上式得

$$\frac{\tau}{\tau_0} = \frac{r'}{r} \tag{4.27}$$

这表明不论是管流均匀流,还是明渠均匀流,过流断面上的切应力均是直线分布。由式(4.25)还可以引出一个非常重要的概念,如将 ρg 代替 γ,经过整理开方,可得:

$$\sqrt{\frac{\tau_0}{\rho}} = \sqrt{gRJ} \tag{4.28}$$

此处 $\sqrt{\dfrac{\tau_0}{\rho}}$ 的量纲为 $\left[\dfrac{L}{T}\right]$,与流速相同,而又与边界阻力(以 τ_0 为表征)相联系,故称为"阻力流速"(或摩阻流速,或动力流速),通常以 u_*(或 v_*)表示,即

$$u_* = \sqrt{\frac{\tau_0}{\rho}} = \sqrt{gRJ} \tag{4.29}$$

前面曾提到,圆管沿程阻力损失通常用达西公式计算

$$h_f = \lambda \frac{l}{d} \frac{v^2}{2g} \tag{4.30}$$

将 $\tau_0 = \gamma RJ$,$u_* = \sqrt{\dfrac{\tau_0}{\rho}}$ 等关系代入上式,可得

$$\lambda = 8 \frac{v_*^2}{v^2} \tag{4.31}$$

在以后沿程阻力损失计算中需要用到这些关系式。

4.4.2　圆管层流的断面流速分布

因讨论圆管层流运动，所以可用牛顿内摩擦定律来表达液层间的切应力，即

$$\tau = \mu \frac{\mathrm{d}u}{\mathrm{d}y} = -u \frac{\mathrm{d}u}{\mathrm{d}r} \tag{4.32}$$

式中，μ 为动力黏性系数，u 为离管轴距离 r 处（即离管壁距离 y 处）的流速，如图 4.7 所示。

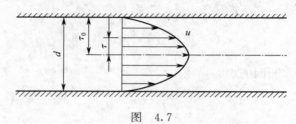

图　4.7

对于均匀管流而言，根据式（4.24），在半径等于 r 处的切应力应为

$$\tau = \gamma \frac{r}{2} J \tag{4.33}$$

联立求解上两式，得

$$\mathrm{d}u = -\frac{\gamma J}{2\mu} r \,\mathrm{d}r \tag{4.34}$$

积分得

$$u = \frac{\gamma J}{4\mu} r^2 + C$$

利用管壁上的边界条件，确定上式中的积分常数 C。

当 $r = r_0$ 时，$\mu = 0$，得

$$C = \frac{\gamma J}{4\mu} r_0^2 \tag{4.35}$$

所以

$$u = \frac{\gamma J}{4\mu}(r_0^2 - r) \tag{4.36}$$

上式表明，圆管中均匀层流的流速分布是一个旋转抛物面，如图 4.7 所示。过流断面上流速呈抛物面分布是圆管层流的重要特征之一。

将 $r = 0$ 代入上式，得管轴处最大流速为

$$u_{\max} \frac{\gamma J}{4\mu} r_0^2 \tag{4.37}$$

平均流速为

$$v = \frac{Q}{A} = \frac{\displaystyle\int_A u \,\mathrm{d}A}{A} = \frac{\displaystyle\int_0^r 2\pi r u \,\mathrm{d}r}{\pi r_0^2} = \frac{1}{\pi r_0^2}\int_0^r \frac{\gamma J(r_0^2 - r^2)}{4\mu} 2\pi r \,\mathrm{d}r = \frac{\gamma J}{8\mu} r_0^2 \tag{4.38}$$

比较式（4.37）与式（4.38），可知 $v = u_{\max}/2$，即圆管层流的平均流速为最大流速的一半，和后面的圆管紊流相比，层流过流断面的流速分布很不均匀，这从动能修正系数 α 及动量修正系数 β 的计算中才能显示出来。

计算动能修正系数为 $\alpha = 2$，可算得动量修正系数 $\alpha' = 1.33$，两者的数值都比 1.0 大许多，说明流速分布很不均匀。

4.4.3 圆管层流的沿程阻力损失

将直径 d 代替式(4.38)中的 $2r_0$，可得

$$v=\frac{\gamma J}{8\mu}(\frac{d}{2})^2=\frac{\gamma J}{32\mu}d^2 \qquad (4.39)$$

进而可得水力坡度

$$J=\frac{32\mu}{\gamma d^2}v \qquad (4.40)$$

以 $J=h_f/l$ 代入上式,可得沿程阻力损失为

$$h_f=\frac{32\mu l}{\gamma d^2}v \qquad (4.41)$$

这就从理论上证明了圆管的均匀层流中,沿程阻力损失 h_f 与平均流速 v 的一次方成正比,这与雷诺实验的结果相符。

上式还可以进一步改写成达西公式的形式

$$h_f=\frac{32\mu l}{\gamma d^2}v=\frac{64}{\frac{\rho v d}{\mu}}\frac{l}{d}\frac{v^2}{2g}=\frac{64}{Re}\frac{l}{d}\frac{v^2}{2g}=\lambda\frac{l}{d}\frac{v^2}{2g} \qquad (4.42)$$

由上式可得

$$\lambda=\frac{64}{Re} \qquad (4.43)$$

上式为达西和魏斯巴哈提出的著名公式。此公式表明圆管层流中的沿程阻力系数 λ 只是雷诺数的函数,与管壁粗糙情况无关。

【例4.2】 设有一恒定有压均匀管流。已知管径 $d=20$ mm,管长 $l=20$ m,管中水流流速 $v=0.12$ m/s,水温 $t=10$ ℃时水的运动黏度 $\nu=1.306\times10^{-6}$ m²/s。求沿程阻力损失。

解:$Re=\frac{vd}{\nu}=\frac{0.12\times0.02}{1.306\times10^{-6}}=1\ 838<2\ 000$,为层流

所以

$$\lambda=\frac{64}{Re}=\frac{64}{1\ 838}=0.035$$

$$h_f=\lambda\frac{l}{d}\frac{v^2}{2g}=0.035\times\frac{20}{0.02}\times\frac{(0.12)^2}{2\times9.8}=0.026\ \text{mH}_2\text{O}=2.6\ \text{cmH}_2\text{O}$$

4.5 紊流基本理论

实际流体流动中,绝大多数是紊流(也称为湍流),因此,研究紊流流动比研究层流流动更有实用意义和理论意义,前而已经提到过。紊流与层流的显著差别在于,层流中流体质点层次分明地向前运动,其轨迹是一些平滑的变化很慢的曲线,互不混掺。而紊流中流体质点的轨迹杂乱无章,互相交错,而且迅速地变化,流体微团(旋涡涡体)在顺流向运动同时,还作横向和局部逆向运动,与它周围的流体发生混掺。

图 4.8 为管流紊流的瞬时流动图,从图中可以看出,大小不等的涡体布满流场中,有的大涡体还套小涡体,整个紊流流场形成一个从大尺度涡体直至最小一级涡体同时并存而又叠加的涡体运动场,最大涡体的尺度可与容器的特征长度(例如管流中的管道直径 d,明渠流中的水力半径)同数量级。最小的涡体则受流体黏性所限制,这是因为大

图 4.8 管流紊流的瞬时流动图

涡体在混掺过程中,一方面传递能量,另一方面不断分解成较小涡体,较小涡体再分解成更小涡体,由于小涡体的尺度小,脉动频率高,阻止小涡体运动的黏性作用大,从而紊动能量主要通过小涡体运动而耗损掉,这样,黏性作用就使涡体的分解受到一定的限制。粗略估计,最小涡体的尺度大致为 1.0 mm。

一般讲小涡体靠近边界,大涡体则在距边壁较远处。具有边壁的紊流如管流和明渠流,因为靠近边壁处流速梯度和切应力都较大,如果是粗糙边壁,还有边壁表面粗糙干扰的影响,因而边壁附近容易形成涡体。因此,有人称边壁附近为"涡体制造厂"。涡体在边壁附近形成之初,因受空间限制,尺度比较小,在上升过程中,其直径逐渐增大,形成大涡体,但这种大尺度高转速的涡体,由于受流体黏性的作用,本身不稳定,要逐步破裂为各级较小的涡体。可以说在此过程中,大涡体主要起能量保持与传递作用,而小涡体则主要起能量耗损作用。

对于紊流的确切定义目前还未完全统一,比较公认的是:紊流是由大小不同尺度的涡体所组成,对时间和空间都是非线性的随机运动。但是 20 世纪 60 年代以来,人们采用现代的流场显示技术和流速近代量测技术(如激光测速),发现紊流中存在相干结构(或称拟序结构),这是一种联结空间状态,且其流动演变具有重复性和可预测性。相干结构的发现,改变了上述对紊流的传统认识,而是认为紊流既包括着有序的大尺度涡旋结构,又包含有无序的小尺度脉动结构。

4.5.1　紊流的特征

上面的描述已表明,虽然紊流至今没有严格的定义,但紊流的特征还是比较明显,有以下几方面。

(1)不规则性

紊流流动是由大小不等涡体所组成的无规则的随机运动,它的最本质的特征是"紊动",即随机的脉动,它的速度场和压力场都是随机的。由于紊流运动的不规则性,使得不可能将运动作为时间和空间坐标的函数进行描述,但仍可能用统计的方法得出各种量度,如速度、压力、温度等各自的平均值。

(2)紊流扩散

紊流扩散性是所有紊流运动的另一个重要特征。紊流混渗扩散增加了动量、热量和质量的传递率。例如紊流中沿过流断面上的流速分布,就比层流情况下要均匀得多。

(3)能量耗损

紊流中小涡体的运动,通过黏性作用大量耗损能量,实验表明,紊流中的能量损失比同条件下的层流要大得多。

(4)高雷诺数

这一点是显面易见的,因为下临界雷诺数 Re 就是流体两种流态判别的准则,雷诺数实际上反映了惯性力与黏性力之比,雷诺数越大,表明惯性力越大,而黏性限制作用则越小,所以紊流的紊动特征就会越明显,也就是说紊动强度与高雷诺数有关。

4.5.2　运动参数的时均化

若取水流中(管流或明渠流等)某一固定空间点来观察,在恒定紊流中心,x 方向的瞬时流速 u_x 随时间的变化可以通过脉动流速仪测定记录下来,其示意图如图 4.9 所示。

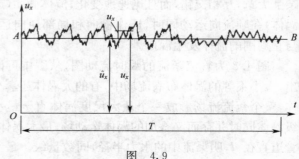

图　4.9

试验研究表明,虽然瞬时流速具有随机性,显示一个随机过程,从表面上看来没有确定的规律性,但是当时间过程 T 足够长时,速度的时间平均值则是一个常数,即有

$$\bar{u}_x = \frac{1}{T}\int_0^T u_x \mathrm{d}t \tag{4.44}$$

式中,T 为足够长的时段;t 为时间;u_x 为 x 方向的瞬时流速;$\bar{u}_x$ 为沿 x 方向的时间平均流速,简称时均速度,是一常数。在图 4.8 中,AB 线代表 x 方向的时间平均流速分布线。

从图 4.8 中还可以看出,瞬时流速 u_x 可以视为由时均流速 $\bar{u}_x$ 与脉动流速 u'_x,两部分构成,即

$$u_x = \bar{u}_x + u'_x \tag{4.45}$$

上式中 u'_x 是以 AB 线为基准的,在该线上方时 u'_x 为正,在该线下方时 u'_x 为负,其值随时间而变,故称为脉动流速。显然,在足够长的时间内,u'_x 的时间平均值 $\bar{u}'_x$ 为零。关于这一点可作以下证明,将式(4.45)代入式(4.44)进行计算

$$\bar{u}_x = \frac{1}{T}\int_0^T (\bar{u}_x + u'_x)\mathrm{d}t = \frac{1}{T}\int_0^T \bar{u}_x \mathrm{d}t + \frac{1}{T}\int_0^T u'_x \mathrm{d}t = \bar{u}_x + \bar{u}'_x$$

由此得

$$\bar{u}'_x = \frac{1}{T}\int_0^T u'_x \mathrm{d}t = 0 \tag{4.46}$$

对于其他的流动要素,均可采用上述的方法,将瞬时值视为由时均量和脉动量所构成,即

$$\begin{cases} u_y = \bar{u}_y + u'_y \\ u_z = \bar{u}_z + u'_z \\ p = \bar{p} + p' \end{cases} \tag{4.47}$$

显然,在一元流动(如管流)中,$\bar{u}_z$ 和 $\bar{u}_y$ 应该为零,u_y 和 u_z 应分别等于 u'_y 和 u'_z(注意不等于零,这一点与层流情况不同),但另一方面,脉动量的时均值 $\bar{u'_x}$、$\bar{u'_y}$、$\bar{u'_z}$ 和 p' 则均将为零。

从以上分析可以看出,尽管在紊流流场中任一定点的瞬时流速和瞬时压强是随机变化的,然而,在时间平均的情况下仍然是有规律的。对于恒定紊流来说,空间任一定点的时均流速和时均压强仍然是常数。紊流运动要素时均值存在的这种规律性,给紊流的研究带来了很大的方便,只要建立了时均的概念,则本书前面所建立的一些概念和分析流体运动规律的方法,在紊流中仍然适用。如流线、元流、恒定流等概念,对紊流来说仍然存在,只是都具有"时均"的意义。另外,根据恒定流导出的流体动力学基本方程,同样也适合紊流中时均恒定流。

这里需要指出的是,上述研究紊流的方法,只是将紊流运动分为时均流动和脉动分别加以研究,而不是意味着脉动部分可以忽略。实际上,紊流中的脉动对时均运动有很大影响,主要反映在流体能量方面。此外,脉动对工程还有特殊的影响,例如脉动流速对挟沙水流的作用,脉动压力对建筑物荷载、振动及空化空蚀的影响等,这些都需要专门研究。

4.5.3 层流底层

在紊流运动中,并不是整个流场都是紊流。由于流体具有黏滞性,紧贴管壁或槽壁的流体质点将贴附在固体边界上,无相对滑移,流速为零,继而它们又影响到邻近的流体速度也随之变小,从而在这一很靠近固体边界的流层里有显著的流速梯度,粘滞切应力很大,但紊动则趋于零。各层质点不产生混掺,也就是说,在靠近固体边界表面有厚度极薄的层流层存在,称它为黏性底层或层流底层,如图 4.10 所示。在层流底层之外,还有一层很薄的过渡层,在此之外才是紊层,称为紊流核心区。

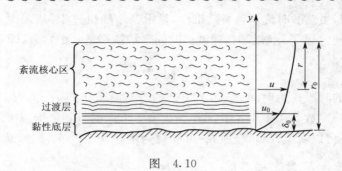

图 4.10

层流底层具有层流性质,对于管流,其层流底层的流速分布由式(4.36)应有

$$u=\frac{\gamma J}{4\mu}(r_0^2-r^2)=\frac{\gamma J}{4\mu}[r_0^2-(r_0-y)^2]=\frac{\gamma J}{2\mu}y\left(r_0-\frac{y}{2}\right)$$

由于层流底层很薄,故有 $y\ll r_0$,于是上式可近似写成

$$u=\frac{\gamma r_0 J}{2\mu}y \tag{4.48}$$

由式(4.25)知边壁切应力,

$$\tau_0=\gamma\frac{r_0}{2}J \tag{4.49}$$

故又有

$$u=\frac{\tau_0}{\mu}y$$

由上式可见,在层流底层中,流速分布近似为直线分布。

　　实验研究表明,层流底层的厚度可按下式计算

$$\delta_0=\frac{32.8d}{Re\sqrt{\lambda}} \tag{4.50}$$

式中　d——管径;

　　　Re——雷诺数;

　　　λ——沿程阻力系数。

　　层流底层的厚度虽然很小,一般以毫米或十分之几毫米计,而且随着雷诺数的增大而减小,但它对沿程阻力和沿程损失却有重大的影响。因为不论管壁由何种材料制成,其表面都会有不同程度的凸凹不平。如果层流底层的厚度δ。显著大于管壁糙粒的高度Δ,那么管壁的糙粒就完全被掩盖在层流底层之内,糙粒对紊流核心区的流动没有影响。流体就像在绝对光滑的管道中流动一样,因而沿程损失与管壁的粗糙度无关,这种情况称为水力光滑管。如果δ₀小于Δ,管壁的糙粒就会突入紊流核心区,在糙粒后面将出现微小的旋涡,随着旋涡的不断产生和扩散,流体的紊动加大,因面沿程损失就与管壁的粗糙度有关,这种情况称为水力粗糙管。由此可见,流体力学上所说的光滑管或粗糙管,不完全决定于管壁的粗糙突起高度Δ,还取决于层流底层的厚度。对同一管道,随着雷诺数的增大,层流底层厚度不断变小,就会由水力光滑管转变为水力粗糙管,对于这一问题,后面在紊流沿程损失计算中还将详述。

4.5.4　混合长度理论

　　紊流的混合长度理论(也即动量传递理论及掺长假设)是普朗特在 1925 年提出来的,这是一种半经验理论,推导过程简单,所得流速分布规律与实验检验结果符合良好,是工程中应用

最广的半经验公式。

我们已经知道，在层流运动中，由于流层间的相对运动所引起的粘滞切应力可由牛顿内摩擦定律计算。但紊流运动不同，除流层间有相对运动外，还有竖向和横向的质点混掺。因此，应用时均概念计算紊流切应力时，应将紊流的时均切应力 $\bar{\tau}$ 看作是由两部分所组成的，一部分为相邻两流层间时间平均流速相对运动所产生的粘滞切应力 $\bar{\tau}_1$，另一部分为由脉动流速所引起的时均附加切应力 $\bar{\tau}_2$（又称为紊动切应力），即

$$\bar{\tau} = \bar{\tau}_1 + \bar{\tau}_2 \tag{4.51}$$

紊流的时均粘滞切应力与层流时一样计算，其公式为：

$$\bar{\tau}_1 = \mu \frac{d\bar{u}_x}{dy} \tag{4.52}$$

紊流的附加切应力（即紊动切应力）τ_2 的计算公式可由普朗特的动量传递理论进行推导，其结果为

$$\bar{\tau}_2 = -\rho \overline{u'_x u'_y} \tag{4.53}$$

上式的右边有负号是因为由连续条件得知，u'_x 和 u'_y 总是方向相反，为使 $\bar{\tau}_2$ 以正值出现，所以要加上负号。上式还表明，紊动切应力 $\bar{\tau}_2$ 与粘滞切应力 $\bar{\tau}_1$ 不同，它只是与流体的密度和脉动流速有关，与流体的黏滞性无关，所以 $\bar{\tau}_2$ 又称为雷诺应力或惯性切应力。

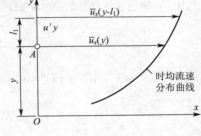

在接下去的推导中，须采用普朗特的假设，流体质点因横向脉动流速作用，在横向运动到距离为 l_1 的空间点上，才同周围质点发生动量交换。称为混合长度，如图 4.11 所示。如空间点 A 处质点 x 方向的时均流速为 $\bar{u}_x(y)$，距 A 点 l_1 处质点 x 方向的时均流速为 $\bar{u}_x(y+l_1)$，这两个空间点上质点的时均流速差为

图 4.11

$$\Delta \bar{u} = \bar{u}_x(y+l_1) - \bar{u}_x(y) = \bar{u}_x(y) + l_1 \frac{d\bar{u}_x}{dy} - \bar{u}_x(y) = l_1 \frac{d\bar{u}_x}{dy} \tag{4.54}$$

设脉动流速的绝对值的时均值与时间流速差成比例

$$|\overline{u'_x}| = c_1 \left(\frac{d\bar{u}}{dy}\right) l_1 \tag{4.55}$$

又知 $|\overline{u'_y}|$、$|\overline{u'_x}|$ 成比例，即

$$|\overline{u'_y}| = c_2 c_1 \left(\frac{d\bar{u}}{dy}\right) l_1$$

虽然 $|\overline{u'_y}|$ 和 $|\overline{u'_x}|$ 与 $\overline{u'_x u'_y}$ 不等，但两者存在比例关系

则：

$$\overline{u'_x u'_y} = c_3 |\overline{u'_y}||\overline{u'_x}| = c_1^2 c_2 c_3 l_1^2 \left(\frac{d\bar{u}}{dy}\right)^2$$

代入式(4.54)，可得

$$\bar{\tau}_2 = -\rho \overline{u'_x u'_y} = -\rho c_1^2 c_2 c_3 l_1^2 \left(\frac{d\bar{u}}{dy}\right)^2 \tag{4.56}$$

式中，c_1、c_2、c_3 均为比例常数。

令

$$l^2 = -c_1^2 c_2 c_3 l_2^2$$

则

$$\bar{\tau}_2 = \rho l^2 \left(\frac{d\bar{u}}{dy}\right)^2 \tag{4.57}$$

上式就是由混合长度理论得到的附加切应力的表达式,式中 l 亦称为混合长度,但已无直接物理意义。最后可得

$$\bar{\tau} = \bar{\tau}_1 + \bar{\tau}_2 = \mu \frac{d\bar{u}}{dy} + \rho l^2 \left(\frac{du}{dy}\right)^2 \tag{4.58}$$

上式两部分应力的大小随流动的情况而有所不同,当雷诺数较小时,$\bar{\tau}_2$ 占主导地位,随着雷诺数增加,$\bar{\tau}_2$ 作用逐渐加大,当雷诺数很大时,即充分发展的紊流时,$\bar{\tau}_1$ 可以忽略不计,则上式简化为

$$\bar{\tau} = \rho l^2 \left(\frac{d\bar{u}}{dy}\right)^2 \tag{4.59}$$

下面根据式(4.59)来讨论紊流的流速分布,对于管流情况,假设管壁附近紊流切应力就等于壁面处的切应力,即

$$\tau = \tau_0 \tag{4.60}$$

上式中为了简便,省去了时均符号。进一步假设混合长度 l 与质点到管壁的距离成正比,即

$$l = \chi y \tag{4.61}$$

式中,χ 为可由实验确定的常数,通常称为卡门通用常数。于是式(4.57)可以变换为

$$\frac{du}{dy} = \frac{1}{\chi y}\sqrt{\frac{\tau_0}{\rho}} = \frac{1}{\chi y} v_*$$

其中,$v_* = \sqrt{\dfrac{\tau_0}{\rho}}$ 为摩阻流速,对上式积分,得

$$u = \frac{v_*}{\chi}\ln y + c$$

上式就是混合长度理论下推导所得的在管壁附近紊流流速分布规律,此式实际上也适用于圆管全部断面(层流底层除外),此式又称为普朗特——卡门对数分布规律。紊流过流断面上流速成对数曲线分布,同层流过流断面上流速成抛物线分布相比,紊流的流速分布均匀很多。

4.6　圆管紊流的沿程损失

圆管紊流是工程实际中最常见的最重要的流动,它的沿程阻力损失可采用通用的达西公式(4.1)来计算,即

$$h_f = \lambda \frac{l}{d} \frac{v^2}{2g}$$

式中　l——管长;

　　　d——管径;

　　　v——断面平均流速;

　　　g——重力加速度;

　　　λ——沿程阻力系数,也称达西系数,一般由实验确定。

λ 是计算沿程损失的关键。但由于紊流的复杂性,直到目前还不能像层流那样严格地从理论上推导出适合紊流的 λ 值来,所以 λ 值的确定,现有的方法仍然只有经验和半经验方法。

4.6.1　沿程阻力系数 λ 的影响因素

先来分析一下沿程阻力系数 λ 的影响因素。在圆管层流研究中已得知，$\lambda = 64/Re$，即层流的 λ 仅与雷诺数有关，与管壁粗糙度无关。在紊流中，λ 除与反映流动状态的雷诺数有关之外，还因为突入紊流核心的粗糙突起会直接影响流动的紊动程度，因而壁面粗糙度是影响沿程阻力系数 λ 的另一个重要因素。

实际的壁面粗糙情况是千差万别的，一般说来与糙粒的高度、糙粒的形状，以及糙粒的疏密和排列有关，为了便于分析粗糙的因素，尼古拉兹采用所谓人工粗糙法，即将经过筛选的均匀砂砾，均匀地贴在管壁表面上。对于这种简化的粗糙形式，可以采用一个指标即颗粒突起高度 Δ（相当于砂粒直径）来表示壁面的粗糙程度，Δ 称为绝对粗糙度。绝对粗糙度具有长度量纲，所以仍感有所不便，因而引入无量纲的相对粗糙度，即 Δ 与直径（或半径）之比 $\Delta/d(\Delta/r_0)$，它是一个能够在不同直径的管流中用来反映管壁粗糙度影响的量。由以上分析可知，影响紊流沿程阻力系数 λ 的因素是雷诺数和相对粗糙度 Δ/d，写成函数关系式为

$$\lambda = f(Re, \Delta/d) \tag{4.62}$$

4.6.2　尼古拉兹实验

为了探索沿程阻力系数 λ 的变化规律，验证和补充普朗特的理论，尼古拉兹在 1933 年进行了著名的实验，他简化了实验的条件，在人工粗糙管中系统地进行了沿程阻力系数 λ 和断面流速 v 的测定。他的实验涉及的参数范围比较大，相对粗糙度范围为 $\Delta/d = 1/30 \sim 1/1014$；雷诺数范围为 $Re = 500 \sim 10^6$，所以实验得到的成果是比较全面的。图 4.12 所示的纵坐标为 $\lg(100\lambda)$，横坐标为 $\lg Re$，以相对光滑度 r_0/Δ 为参数。实验中，先对每一根管道量测在不同流量时的断面平均流速 v 和沿程阻力损失 h_f，再由式（4.1）和式（4.9）算出 λ 和 Re，然后在图 4.11 上点出试验点子，最后才获得实验曲线，下面介绍尼古拉兹的试验成果。

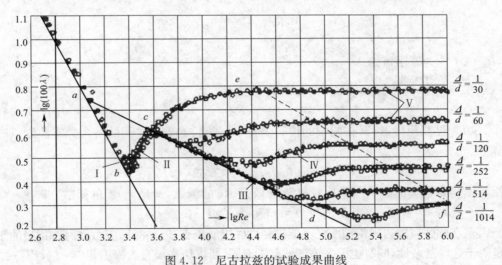

图 4.12　尼古拉兹的试验成果曲线

由图 4.12 可以看到，管道的流动可分为五个区域。

第一个区域是层流区，对应的雷诺数 $Re < 2000$（$\lg Re < 3.30$），试验点均落在直线 ab 上，从图中可算得 $\lambda = 64/Re$，这与已知的理论结果完全一致，说明粗糙度对层流的沿程阻力系数

是没有影响的,根据式(4.42)还可知,沿程阻力损失 h_f 与断面平均流速 v 成正比,这也与雷诺试验的结果一致。

第二个区域为层流与紊流之间的过渡区,$2\,000 < Re < 4\,000(\lg Re = 3.30 \sim 3.60)$,试验点子落在 bc 线附近,点子曲线较粗,由于它的雷诺数范围很窄,实用意义不大,人们对它的研究也不多。

第三个区域为紊流光滑区,$Re > 4\,000(\lg Re > 3.60)$,各种相对粗糙度的试验点都先后落在同一条 cd 线上。这说明在紊流光滑区,λ 也只是与 Re 有关,而与相对光滑度 $\dfrac{r_0}{\Delta}$(为相对粗糙度 $\dfrac{\Delta}{r_0}$ 的倒数)无关。关于这一点的原因,前面曾经阐述过,这是因为此时黏性底层实际厚度 δ_0' 大于绝对粗糙度,所以,壁面虽然存在凹凸不平,但因其被黏性底层所掩盖,对紊流核心区的沿程阻力不起作用,因此,阻力损失仍完全决定于粘滞切应力,当 Re 增加,δ_0' 随之减小,到 $\Delta/\delta_0' > 1$ 时,各种不同光滑度的试验点,就各自从不同的起点开始脱离 cd 线进入粗糙过渡区。

从上面分析可以看到,仅根据平均流速雷诺数 Re 的大小,难以准确判断流动是否处在紊流光滑区,也难以判断是否处在粗糙过渡区或完全粗糙区,所以,在尼古拉兹试验中,采用了以下判别方法。

对于紊流光滑区

$$\Delta/\delta_0' < 1 \text{ 或 } \Delta/\delta_0 < 0.4 \text{ 或 } Re_* < 5 \tag{4.63}$$

式中　δ_0——黏性底层厚度;

δ_0'——黏性底层实际厚度;

Re_*——粗糙雷诺数。

$$\delta_0 = 11.6\,\frac{\nu}{u_*} = \frac{32.8d}{Re\sqrt{\lambda}} \tag{4.64}$$

$$\delta_0' = 0.4\delta_0 = 5\,\frac{\nu}{u_*} \tag{4.65}$$

$$Re_* = \frac{u_*\Delta}{\nu} \tag{4.66}$$

式中,$u_* = \sqrt{\dfrac{\tau_0}{\rho}}$ 为摩阻流速。 $\tag{4.67}$

在此区域中,λ 应该仍然仅仅是 Re 的函数,即

$$\lambda = f(Re) \tag{4.68}$$

第四个区域为过渡粗糙区,其在图中的位置是在 cd 线与 ef 虚线之间的各个分支曲线,该区的判别界限为

$$1 < \Delta/\delta_0' < 14 \text{ 或 } 0.4 < \Delta/\delta_0 < 6 \text{ 或 } 5 < Re_* < 70 \tag{4.69}$$

它的沿程阻力系数 λ 的影响因素比较复杂,λ 既是 Re 的函数,又是 r_0/Δ 的函数,即

$$\lambda = f(Re, r_0/\Delta) \tag{4.70}$$

原因是在此区域内边界粗糙度已不能被黏性底层所掩盖,但粘滞切应力也仍有相当的影响,也正是由于这种复杂性,同时也因为该区域范围有限,所以历来没有人提出相应 λ 的计算式。

第五个区域为紊流粗糙区,或叫阻力平方区。其在图中位置是 ef 虚线右方各条分支曲线。该区的判别界限为

$$\Delta/\delta_0' > 14 \text{ 或 } \Delta/\delta_0 > 6 \text{ 或 } Re_* > 70 \tag{4.71}$$

在本区中,一方面由于 Re 较大,另一方面又由于粗糙突起突出于黏性底层外很多,会不

断产生尾流涡体,促使紊动得以充分发展,黏滞切应力与紊动切应力相比已微不足道,因此 λ 仅仅是 r_0/Δ 的函数,即

$$\lambda = f(r_0/\Delta) \tag{4.72}$$

分析上式可以得知此区域内沿程阻力损失 h_f 与断面平均流速 v 的平方成正比,所以本区常称为阻力平方区。

此外,1938 年蔡克士大在人工粗糙矩形明渠流中也进行了沿程阻力系数的实验研究,并得出与尼克拉兹实验结果类似的规律。读者如感兴趣可参阅本书后所列的参考文献。

4.6.3　沿程阻力系数的半经验公式

所谓沿程阻力系数的半经验公式,是指综合普朗特理论和尼古拉兹实验结果后,得出的 λ 值的计算式。下面分别叙述紊流光滑区和紊流粗糙区的公式,然后再讨论紊流粗糙过渡区。

(1)紊流光滑区

由于 λ 的计算式中包含有断面平均流速,所以应先研究断面流速分布为层流底层和紊流核心区,由式(4.49)可知,

$$u = \frac{\tau_0}{\mu} y \tag{4.73}$$

这说明在层流底层内,流速近似直线分布。在紊流核心区,前面普朗特混合长度理论曾经证明过,流速呈对数曲线分布,即

$$\frac{\bar{u}}{u_*} = \frac{1}{\chi} \ln y + c \tag{4.74}$$

以尼古拉兹人工粗糙管光滑区的实测数据,可确定上式中常数 $\chi = 0.4, c = 5.5$,于是得流速分布为

$$\frac{\bar{u}}{u_*} = 5.75 \lg\left(\frac{u_* y}{\nu}\right) + 5.5 \tag{4.75}$$

因

$$v = \frac{Q}{A} = \frac{\int_0^{r_0} 2\pi r \bar{u} \, dr}{\pi r^2}$$

由前式可得

$$\frac{v}{u_*} = 5.75 \lg\left(\frac{u_* r_0}{\nu}\right) + 1.75 \tag{4.76}$$

又因

$$\frac{u_*}{v} = \sqrt{\frac{\lambda}{8}}, \ \text{及} \ \frac{r_0 u_*}{\nu} = \frac{1}{2}\frac{v u_* d}{v \nu} = \frac{1}{2}\frac{v d}{\nu}\sqrt{\frac{\lambda}{8}} = Re\frac{\sqrt{\lambda}}{4\sqrt{2}} \tag{4.77}$$

将上两式代入前式,并参照尼古拉兹的试验成果,最后可得

$$\frac{1}{\sqrt{\lambda}} = 2\lg(Re\sqrt{\lambda}) - 0.8 \tag{4.78}$$

这就是计算光滑区沿程阻力系数 λ 的半经验公式。

(2)紊流粗糙区

由于此流区内层流底层的厚度已小于管壁糙粒高度,层流底层已无实际意义,整个过流断面上流速分布应是对数曲线分布,根据尼古拉兹试验成果确定积分常数后,可得

$$\frac{\bar{u}}{u_*} = 5.75 \lg \frac{y}{\Delta} + 8.5 \tag{4.79}$$

继而可得断面平均流速公式

$$\frac{\bar{u}}{u_*} = 5.75 \lg \frac{r_0}{\Delta} + 4.75 \tag{4.80}$$

以及粗糙区沿程阻力系数 λ 的半经验计算式

$$\lambda = \frac{1}{(2\lg\dfrac{r_0}{\Delta}+1.74)^2} = \frac{1}{\left[2\lg(3.7\dfrac{d}{\Delta})\right]^2} \tag{4.81}$$

（3）紊流过渡粗糙区及工业管道的 λ 计算公式

上述两个半经验计算 λ 的公式都是在人工粗糙管道试验基础上得到的，尼古拉兹半经验公式能否用于工程实际是一个重要问题。

由工业管道与人工粗糙管道的对比实验可知，在光滑区两者结果相符，因此式（4.78）适用于光滑区的工业管道。

在粗糙区，工业管道与人工粗糙管道的 λ 也有相同的变化规律，问题在于如何确定工业管道的 Δ 值，为此，就以尼占拉兹实验的人工粗糙管为标准，把工业管道的粗糙度拆算成人工粗糙度 Δ，这样便提出了当量糙较高度的概念。工业管道的当量糙粒高度是指与沿程损失的效果相同得出的折算高度，它反映了糙粒各种因素的综合影响，部分工业管道当量糙粒高度如表 4.1 所示，根据此表就可用式（4.81）计算粗糙区的工业管道。

表 4.1　管道当量粗糙高度 Δ

管道种类	Δ(mm)	管道种类	Δ(mm)
新氯乙烯管玻璃管、黄铜管	0～0.002	新铸铁管离心混凝土管	0.15～0.5
光滑混凝土管（钢模）新焊接铜管	0.015～0.06	旧铸铁管	1～1.5

在过渡区，工业管道和人工粗糙管道的 λ 变化规律有很大差异，尼古拉兹过渡区的实验成果对工业管道不能适用，柯列布鲁克根据大量工业管道实验资料，提出工业管道过渡区的 λ 计算公式

$$\frac{1}{\sqrt{\lambda}} = -2\lg\left(\frac{\Delta}{3.7d}+\frac{2.51}{Re\sqrt{\lambda}}\right) \tag{4.82}$$

为了简化计算，1944 年莫迪在上式基础上，绘制了工业管道的计算曲线，即莫迪图，如图 4.13 所示。

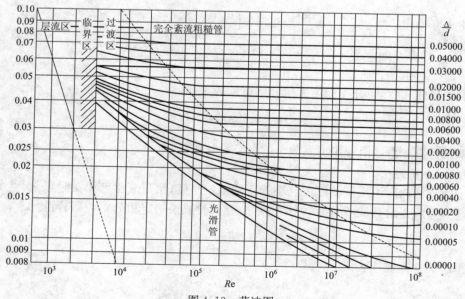

图 4.13　莫迪图

4.6.4 沿程阻力系数的经验公式

(1)布拉休斯(H. Blasius)公式

$$\lambda = \frac{0.3164}{Re^{\frac{1}{4}}} \tag{4.83}$$

上式适用于光滑区的计算,4 000<Re<10^5,是布拉休斯 1912 年提出的,因形式简单、结果与实验相符而得到广泛应用。

(2)谢才(A. Chezy)公式和谢才系数

$$v = C\sqrt{RJ} \tag{4.84}$$

式(4.84)是 1769 年谢才提出的应用于明渠均匀流的著名公式,是水力学中最古老的公式之一。式中 C 是反映水流阻力的系数,称之为谢才系数,对比达西公式,可知

$$C = \sqrt{\frac{8g}{\lambda}} \tag{4.85}$$

由此可见,谢才公式实质上是魏斯巴哈—达西公式的另一种表达形式,也即谢才公式也可广泛地用于管流等均匀流计算。不同的是系数 λ 无量纲而系数 C 有量纲。

谢才系数 C 有两个应用较广的经验公式

①曼宁公式(1890 年) $\qquad C = \frac{1}{n}R^{\frac{1}{6}}$

式中,n 为综合反映壁面对流动阻滞作用的系数,称为粗糙系数,可以查表得知其应用范围为 $n<0.020$;$R<0.5$ m。

②巴甫洛夫斯基公式(1925 年)

$$y = 2.5\sqrt{n} - 0.13 - 0.75\sqrt{R}(\sqrt{n} - 0.10)$$

其适用范围比曼宁公式稍广,$0.011<n<0.04$;0.1 m$\leqslant R\leqslant 5$ m。以上两式中的壁面粗糙系数 n,根据管壁或河渠表面性质和情况确定,表 4.2 可供参考。在设计明渠和管道时,要正确选定 n 值是不容易的,而且 n 值稍有出入,会使设计结果受到较大影响,这方面需要经验和资料,读者若想进一步了解,可查阅水力学手册和有关的文献。

表 4.2 粗糙系数 n 值

序号	壁面种类及状况	n
1	特别光滑的黄铜管、玻璃管、涂有珐琅质或其他材料的表面	0.009
2	精致水泥浆抹面;安装及联接良好的新制的清洁铸铁管及铜管;精刨木板	0.011
3	未刨光但联接良好的木板;正常情况下无显著水锈的给水管	0.012
4	良好的砖砌体;正常情况下的排管;略有污秽的给水管	0.013
5	污秽的给水管和排水管;一般情况下渠道的混凝土面;一般的砖砌面	0.014
6	旧的砖砌面;相当粗糙的混凝土面;特别光滑、仔细开挖的岩石面	0.017
7	坚实黏土的渠道;有不密实淤泥层(有的地方是不连续的)的黄土,或砂砾石及泥土的渠道;养护良好的大土渠	0.022 5
8	良好的干砌污工;中等养护情况的土渠;情况极良好的天然河道(河床清洁、顺直、水流畅通、没有浅滩深槽)	0.025
9	养护情况中等以下的土渠	0.027 5

序号	壁面种类及状况	n
10	情况较坏的土渠(如部分渠底有杂草、卵石或砾石,部分岩坡崩塌等);情况良好的天然河道	0.030
11	情况很坏的土渠(如断面不规则,有杂草、块石、水流不畅等);情况比较良好的天然河道,但有不多的块石和野草	0.035
12	情况特别坏的土渠(如有不少深潭及塌岸,杂草丛生,渠底有大石块等);情况不大良好的天然河道(如杂草、块石较多,河床不甚规则而有弯曲,有不少潭潭和塌岸)	0.040

【例 4.3】 圆管紊流的流速分布指数公式为

$$\frac{u_x}{u_m}=\left(\frac{y}{r_0}\right)^n$$

试求圆管紊流的断面平均流速 v 与断面上最大流速 u_m 及任意点流速的关系式。

当 $Re<10^5$ 时为光滑管,其阻力系数可用伯拉修斯公式 $\lambda=0.316/Re^{1/4}$ 计算,此时流速分布公式中的指数 $n=1/7$,试求计算沿管壁的切应力 τ_0 的公式。

解:圆管中通过的流量可用下式来表示,见图 4.14。

$$Q=v\pi r_0^2\int_0^{r_0}u_x2\pi(r_0-y)\mathrm{d}y$$

因 $u_x=u_m\left(\dfrac{y}{r_0}\right)^n$,代入上式

$$v\pi r_0^2=\int_0^{r_0}u_m\left(\frac{y}{r_0}\right)^n2\pi(r_0-y)\mathrm{d}y$$

将上式积分,可得断面平均流速与最大流速的关系式为

$$v=\frac{2}{(n+1)(n+2)}u_m$$

断面平均流速与断面上任意点的流速的关系式为

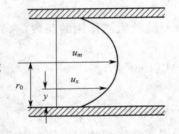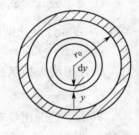

图　4.14

$$v=\frac{2}{(n+1)(n+2)}u_m\left(\frac{y}{r_0}\right)^n$$

由 $\tau_0=\dfrac{\lambda}{8}\rho v^2$

当 $Re<10^5$ 时为光滑管,将伯拉修斯公式 $\lambda=0.316/Re^{1/4}=\dfrac{0.316}{\left(\dfrac{2r_0v}{\nu}\right)^{1/4}}$ 代入上式

$$\tau_0=0.033\,2\eta^{1/4}r_0^{1/4}v^{7/4}\rho^{3/4}$$

当 $n=\dfrac{1}{7}$ 时,由 $v=\dfrac{2}{(n+1)(n+2)}u_m$ 得

$$v=\frac{49}{60}u_m$$

故 $\tau_0=0.033\,2\eta^{1/4}r_0^{1/4}v^{7/4}\rho^{3/4}$ 也可写作

$$\tau_0=0.046\,4\left(\frac{\nu}{u_mr_0}\right)^{1/4}\frac{\rho u_m^2}{2}$$

4.7　边界层理论基础

边界层理论是在 1904 年由普朗特提出的,该理论归纳起来,是将雷诺数较大的实际流体流动看作由两种不同性质的流动所组成。一种是固体边界附近的边界层流动,黏滞性的作用在这个流动里不能忽略,但边界层一般都很薄。另一种是边界层以外的流动,在这里黏滞性作用可以忽略,流动可以按较简单的理想流体流动来处理。普朗特这种处理实际流体流动的方法、不仅使历史上许多似是而非的流体力学疑问得以澄清。更重要的是,为近代流体力学的发展开辟了新的途径,所以,边界层理论在流体力学中有着极其深远的意义。

4.7.1　边界层概念

为了说明边界层内外的流动特征,考察一个典型的边界层流动。如图 4.15 所示,有一个等速平行的平面流动,各点的流速都是 u_0,在这样一个流动中,放置一块与流动平行的薄板,平板是不动的。设想在平板的上下方流场的边界都为无穷远,由于实际流体与固体相接触时,固体边界上的流体质点必然贴附在边界上,不会与边界发生相对运动,这种约束特性叫做黏性流体的无滑移条件。因此,平板上质点的流速必定为零,在其附近的质

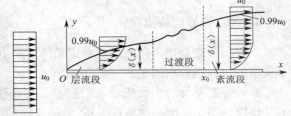

图 4.15　平板边界层示意图

点由于黏性的作用,流速也有不同程度的减小,形成了横向的流速梯度,离板越远流速越接近于原有的来流流速 u_0。严格地说,黏性影响是逐步减小的,只能在无穷远处流速才能恢复到 u_0,才是理想流体流动。但从实际上看,如果规定在 $u=0.99u_0$ 的地方作为边界层的界限,则在该界限以外,由于流速梯度甚小,已完全可以近似看作为理想流体。因此,边界层的厚度定义为从平板壁面至 $u=0.99u_0$ 处的垂直距离,以 δ 表示之。

边界层开始于平板的首端,越往下游,边界层越发展,即黏滞性的影响逐渐从边界向流区内部发展。在边界后的前部,由于厚度较小,流速梯度更大,因此黏滞应力 $\tau=\mu\dfrac{\mathrm{d}u}{\mathrm{d}y}$ 作用较大,这时边界层内的流动将属于层流流态,这种边界层叫层流边界层。之后．随着边界层厚度增大,流速梯度减小,黏性作用也随之减小,边界层内的流态将从层流经过过渡段变为紊流,边界层也将转变为紊流边界层,如图 4.15 所示。紊流边界层内流动结构存在不同层次,板面附近是黏性底层,向外依次是过渡层和紊流层。

4.7.2　平板边界层厚度

平板边界层是最简单的边界层,依据普朗特边界层理论,以及在此基础上推导出的边界层运动微分方程和动量积分方程,对平板边界层的流动可以进行求解,得出半经验计算公式,这里限于篇幅略去推导,仅仅介绍些有关的成果。

边界层内由过渡段转变为紊流的位置称为边界层的转折点 x_c,相应的雷诺数称为临界边界层雷诺效 Re_c,其值大小与来流的紊动强度及壁面粗糙度等因素有关,由实验得到值 Re_c 为

$$Re_c = \frac{u_0 x_c}{\nu} = 3.0 \times 10^5 \sim 3 \times 10^6 \tag{4.86}$$

当平板很长时,层流边界层和过渡段的长度与紊流边界层的长度相比,是很短的。通过理论分析和实验都证实了层流边界层的厚度为

$$\frac{\delta}{x} = \frac{5}{\sqrt{Re_x}} \tag{4.87}$$

紊流边界层的厚度为

$$\frac{\delta}{x} = \frac{0.37}{(Re_x)^{\frac{1}{5}}} \tag{4.88}$$

有关平板边界层的这些研究成果,在工程实际中可以得到应用。例如,边界层在管道进口或河渠进口开始发生,逐渐发展,最后边界层厚度 δ 等于圆管半径或河渠的全部水深,以后的全部流动都属于边界层流动,我们分析管流或河渠流动都只针对边界层已发展完毕以后的流动,所以进口段长度的确定需要参照平板边界层厚度的计算。

4.7.3　边界层分离

边界层分离是边界层流动在一定条件下发生的一种极重要的流动现象。下面我们分析一个典型的边界层分离例子。

有一等速平行的平面流动,流速为 u,在该流场中放置一个固定的圆柱体,如图 4.16 所示。现取一条正对圆心的流线分析,沿该流线的流速,越接近圆柱体时流速越小,由于这条流线是水平线,根据能量方程,压强沿该流线越接近圆柱体就越大。在到达圆柱体表面一点 a 时,流速减至零,压强增到最大,该点称为停滞点或驻点。流体质点到达驻点后便停滞不前,但由于流体是不可压缩的,故继续流来的流体质点已无法在驻点停滞,而是在比圆柱体两侧压强较高的。点压力的作用下,将压强部分转化为动能,改变原来的运动方向,沿圆柱面两侧向前流动。

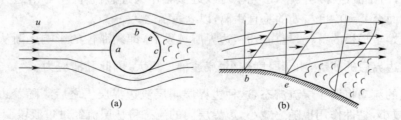

图 4.16　边界层分离

由于圆柱壁面的粘滞作用,从 a 点开始形成边界层内流动。从 a 点到 b 点区间,因圆柱面的弯曲,使流线密集,边界层内流动处于加速减压的情况,但在过了 b 点断面之后,情况呈现相反态势,由于流线的扩散,边界层内流动转而处在减速加压的情况下,此时,在切应力消耗动能和减速加压的双重作用下,边界层迅速扩大,边界层内流速和横向流速梯度迅速降低,到了一定的地点,例如过 e 点的断面,靠近 e 点的质点流速 $u=0$,横向流速梯度 $\left(\frac{\partial u}{\partial y}\right)_{y=0}=0$,故又出现了驻点。同样又由于流体的不可压缩性,继续流来的质点势必要改变原有的流向,脱离边界,向外侧流去,如图 4.16(a)、(b)所示,这种现象称为边界层分离,e 点称为分离点。边界层离体后,e 点的下游,必定有新的流体来补充,形成反向的回流,即出现旋涡区,时均流速分布

沿程将急剧改变.

以上是边界缓变,实际流体流动减速增压而导致的边界层分离。此外,在边界有突变成局部突出时,由于流动的流体质点具有惯性,不能沿着突变的边界作急剧的转折,因而也将产生边界层的脱离,出现旋涡区,时均流速分布则沿程急剧改变,如图 4.17 所示。这种流动脱体现象产生的原因,仍可解释为流体由于突然发生很大减速增压的缘故,它与边界情况缓慢变化时产生的边界层分离原因本质上是一样的。

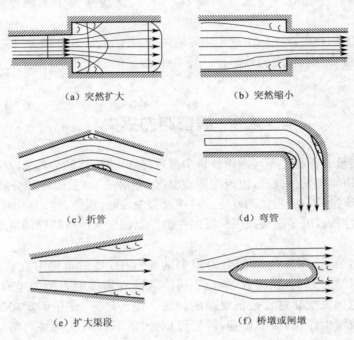

（a）突然扩大　　　　　（b）突然缩小

（c）折管　　　　　　　（d）弯管

（e）扩大渠段　　　　　（f）桥墩或闸墩

图　4.17

边界层分离现象以及回流旋涡区的产生,在工程实际的流体流动中是很常见的。例如管道或渠道的突然扩大,突然缩小,转弯以及连续扩大等等,或在流动中遇到障碍物,如闸阀、桥墩、拦污栅等等。由于在边界层分离产生的回流区中存在着许多大小尺度的涡体,它们在运动、破裂、再形成等过程中,经常从流体中吸取一部分机械能,通过摩擦和碰撞的方式转化为热能而损耗掉,这就形成了能量损失,关于这一点可详见后面的"局部阻力损失"内容。

边界层分离现象,还会导致物体的绕流阻力。所谓绕流阻力是指物体在流场中所受到的流动方向上的流体阻力（垂直流动方向上的作用力为升力）。例如飞机、舰船、桥墩等等,都存在流动中绕流阻力,所以这也是一个很重要的概念。如图 4.18 所示,有一平面平行流动,流场中放置一个二维固定物体,分析它所受到的绕流阻力。根据实际流体的边界层理

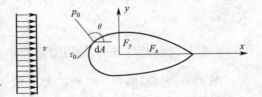

图 4.18　绕流阻力

论,可以分析得出绕流阻力实际上由摩擦阻力和压强阻力（或叫压差阻力）两部分所组成,当发生边界层分离现象时,特别是分离旋涡区较大时,压强阻力较大,将起主导作用。为了定量研究绕流阻力,根据实验提出以下计算式

$$F_x = C_D \frac{\rho u^2}{2} A_y \tag{4.89}$$

式中，u 为来流流速，A_y 为绕流物体在垂直来流方向上投影的面积；C_D 称为绕流阻力系数，主要与物体的形状及雷诺数（$Re = \frac{ul}{\nu}$，其中 l 是物体的特征长度）有关。其关系一般通过实验确定。例如，圆球绕流，当 $Re < 1$ 时，$C_D = 24/Re$，当 Re 较大，摩擦阻力可以忽略不计时，圆球的 $C_D = 0.20$；平面垂直于来流方向的薄圆板 $C_D = 1.1$，轴线垂直于来流方向的二维圆柱体 $C_D = 0.33$。

最后要指出的是，在工程实际中减小边界层的分离区，就能减小阻力损失及绕流阻力。所以，管道渠道进口段，闸墩、桥墩的外形；汽车、飞机、舰船的外形，都要设计成流线型，以减少边界层的分离。

4.8　局部阻力损失

前面的总流能量方程和边界层理论分析中都曾提到，当流体的边界急剧变化时，由于流体流动具有惯性，使边界层发生分离，出现回流旋涡区，旋涡的形成、运转和分裂，调整了流体的内部结构，使时均流速分布沿程急剧改变。在此过程中，通过涡体，特别是小涡体的摩擦，在黏性作用下产生阻力损失，由于这种损失只发生在边界急剧变化前后的局部范围内，故称为局部阻力损失。

这里需要指出的是，在发生局部阻力损失的流程中，显然也同时存在沿程阻力损失。例如，管道中一阀门前后的一段流程，理论上讲应该既有局部阻力损失也有沿程阻力损失，但这种综合的阻力损失变化过程是很复杂的。为了便于计算，这里假定局部阻力损失和沿程阻力损失是单独发生作用，互不影响，两者可以叠加。这样，就可将局部阻力损失发生的地点集中放在发生突变的断面上，在画总水头线时，在边界突变断面处，有一个集中能量下降（局部阻力损失），而在此断面的前后附近，沿程损失则按原状发生（也即没有边界突变，如没有阀门时的原状），这就是能量损失的叠加原理。在工程实际中，采用这种简单办法处理局部阻力损失时，还考虑到要使计算结果比起综合作用的结果更偏安全，这一点已为实验所证明。

由于局部阻力损失的复杂性，应用理论计算求解是很困难的，这涉及到回流区急变流的固体边界上动水压强和切应力，目前只有极少数情况，在一定的假设下可以进行理论分析。本节以圆管突然扩大的局部阻力损失作为理论分析的特例，并通过该例，引出局部阻力损失的普遍表达式。

4.8.1　圆管突然扩大的阻力系数

图 4.19 为流体在一突然扩大的圆管中的流动情况，流量已知。设小管径为 d_1，大管径为 d_2，水流从小管径断面进入大管径断面后，脱离边界，产生回流区，回流区的长度约为（5～8）d_2，断面 1-1 和 2-2 为渐变流断面，由于 l 较短，该段的沿程阻力损失与局部阻力损失相比可以

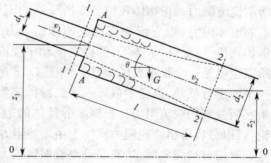

图 4.19　圆管突然扩大的阻力损失

忽略。这样,取断面 1-1 和 2-2 写出总流能量方程

$$h_j = (z_1 - z_2) + (\frac{p_1}{\gamma} - \frac{p_2}{\gamma}) + (\frac{\alpha_1 v_1^2}{2g} - \frac{\alpha_2 v_2^2}{2g}) \qquad (4.90)$$

式(4.90)中 z 及 $\frac{p}{\gamma}$ 都是未知数,所以要求解 h_j 必须要建新的关系式。为此,再取位于断面 A-A 和 2-2 之间的水体作为脱离体,忽略边壁切力。写出沿管轴向的总流动量方程,即

$$p_1 A_1 + P + G\sin\theta - p_2 A_2 = \rho\alpha_2' A_2 v_2^2 - \rho\alpha_1' A_1 v_1^2 \qquad (4.91)$$

式中,p 为位于断面 A-A 面具有环形面积 $A_2 - A_1$ 的管壁反作用力。根据实验观测可知,此环形面上的动水压强仍符合静水压强分布规律,即有

$$P = p_1(A_2 - A_1)$$

由图 4.19 中还可得知,重力 G 在管轴上的投影为

$$G\sin\theta = \gamma A_2 l \frac{z_1 - z_2}{l} = \gamma A_2 (z_1 - z_2)$$

将上面两式及连续方程 $A_1 v_1 = A_2 v_2$ 代入上面的动量方程,整理后得

$$(z_1 - z_2) + (\frac{p_1}{\gamma} - \frac{p_2}{\gamma}) = (\frac{\alpha_2' v_2}{2g} - \frac{\alpha_1' v_1}{2g}) v_2$$

再将上式代入上面的能量方程得

$$H_j = (\frac{\alpha_2' v_2}{g} - \frac{\alpha_1' v_1}{g}) v + (\frac{\alpha_1 v_1^2}{2g} - \frac{\alpha_2 v_2^2}{2g})$$

雷诺数较大时,α_1、α_2、α_1' 及 α_2' 均接近于 1,故上式又可改写为

$$h_j = \frac{(v_1 - v_2)^2}{2g} \qquad (4.92)$$

将 $v_2 = A_1 v_1 / A_2$ 及 $v_1 = A_2 v_2 / A_1$ 分别代入上式,则分别得到

$$h_j = \xi_1 \frac{v_1^2}{2g} \qquad (4.93)$$

$$h_j = \xi_2 \frac{v_2^2}{2g} \qquad (4.94)$$

其中,$\xi_1 = \left(1 - \frac{A_1}{A_2}\right)^2$,$\xi_2 = \left(\frac{A_2}{A_1} - 1\right)^2$,均称为突然扩大的局部水头损失或局部阻力损失系数。

4.8.2 其他的局部阻力系数

从上例可以看出,局部阻力损失可用流速水头乘上一个系数来表示,即

$$h_j = \xi \frac{v^2}{2g} \qquad (4.95)$$

对于难以用理论推导求得的局部损失,其局部阻力系数 ξ 可以查看有关的试验资料,表 4.3 列出部分常见流动的局部阻力系数 ξ 值,在计算时要注意选用的阻力系数应与流速水头相对应,式中的 v 一般是指发生局部损失以后的断面平均流速。

表 4.3　常用管道和渠道中局部损失系数 ζ 值

名称	简图		ζ					
突然缩小			$\zeta=0.5(1-\dfrac{\omega_2}{\omega_1})$ $(\omega_1、\omega_2$ 为两截面面积$)$					
进口		锐缘	0.30					
		修圆	0.20～0.25					
		喇叭形	0.10					
截止阀		全开	4.6～6.1					
蝶阀		全开	0.1～0.3					
90°圆修管			$\zeta=[0.131+0.163(\dfrac{d}{R})^3]$					
渐扩管			0.06～0.8					
等径三通		直流	0.1					
		转弯流	1.5					
		分支流	1.5					
		汇合流	3.0					
渐缩管			0.03～0.30					
平板门槽			0.05～0.20					
明渠突缩		ω_2/ω_1	0.1	0.2	0.4	0.6	0.8	1.0
		ζ	1.49	1.36	0.46	0.84	1.14	0
明渠突扩		ω_1/ω_2	0.01	0.1	0.2	0.4	0.6	0.8	1.0
		ζ	0.98	0.81	0.64	0.36	0.16	0.04	0
渠道入口		直角	0.40					
		曲面	0.10					
格栅			$\zeta=K(\dfrac{b}{b+s})^{1.5}(2.3\dfrac{l}{s}+8+2.9\dfrac{s}{l})\sin\alpha$ 式中：K——格栅杆条横断面形状的系数； 　　　矩形 $K=0.504$ 　　　圆弧形 $K=0.318$ 　　　流线形 $K=0.182$ α——水流与栅杆的夹角					

思 考 题

1. 有一矩形断面小排水沟,水深 $h=15$ cm,底宽 $b=20$ cm,流速 $v=0.15$ m/s,水温为 15 ℃,试判别其流态。

2. 当输水管,水流流速为 1.0 m/s 水温为 20 ℃,管径为 200 mm,试判断其流动形态。

3. 某二元明渠均匀流的流速分布规律为 $u_x=u_0\left[1-\left(\dfrac{y}{h}\right)^2\right]$,如图 4.20 所示。

(1)断面平均流速 v 与表面流速 u_0 的比值是多少?

(2)求流速分布曲线上与断面平均流速相等的点的位置,即 $y_m=$?

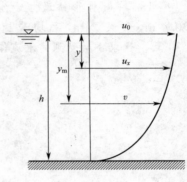

图 4.20

4. 有一均匀流管路,长 $l=100$ m,直径 $d=0.2$ m,水流的水力坡度 $J=0.008$,求管壁处和 $r=0.05$ m 处切应力及水头损失。

5. 输油管管径 $d=150$ mm,输送油量 $Q=15.5$ t/h,求油管管轴上的流速 u_{max} 和 1 km 长的沿程水头损失。已知 $\gamma_油=8.43$ kN/m³,$\nu_油=0.2$ cm²/s。

6. 要一次测得圆管层流的断面平均流道,试问毕托管应放在距离管轴多远的 r 处?

7. 有一管道,已知半径 $r_0=15$ cm,层流时水力坡度 $J=0.15$,紊流时水力坡度 $J=0.20$,试求管壁处的切应力 τ_0 和离管轴 $r=10$ cm 处的切应力(水的重度 $\gamma=9.8\times10^3$ N/m³)。

8. 设圆管直径 $d=200$ mm,管长 $l=1\,000$ m,输送石油的流量 $Q=40$ L/s. 运动黏度 $\nu=1.6$ cm²/s,试求沿程损失 h_f。

9. 润滑油在圆管中作层流运动,已知管径 $d=1$ cm,管长 $l=5$ m,流量 $Q=80$ cm³/s,沿程损失 $h_f=2.94$ kPa,试求油的运动黏度 ν。

10. 有一水管,直径为 305 mm,绝对粗糙度为 0.6 mm,水温为 10 ℃,设分别通过流量为 60 L/s 和 250 L/s,v 并已知当流量为 250 L/s 时,水力坡度为 0.046,试分别判别两者的流态和流区。

11. 设有两条材料不同而直径均为 100 mm 的水管,一为钢管(当量粗糙度为 0.46 mm),另一为旧生铁管(当量粗糙度为 0.75 mm),两条水管各通过流量为 20 L/s。试分别求两管的沿程阻力系数并判别流区。

12. 有一圆管,直径为 40 mm,长 5 m,当量粗糙度 0.4 mm,水温为 20 ℃,向当分别通过流量 0.05 L/s,0.2 L/s 和 6.0 L/s 时,沿程水头损失各是多少?

13. 一矩形风道,断面为 1 200 mm×600 mm,通过 45 ℃的空气,风量为 42 000 m³/h,风道壁面材科的当量绝对粗糙度 $\Delta=0.1$ mm,在 $l=12$ m 长的管段中,用倾斜 30°的装有酒精的微压汁测得斜管中读数 $a=7.5$ mm,酒精密度 $\rho=860$ kg/m³,求风道的沿程阻力系数 λ。并与用莫迪图查得的值进行比较。

14. 有一圆管,直径为 100 mm,当量粗糙度为 2.0 mm,若测得 2 m 长的管段中的水头降落为 0.3 m,水温为 10 ℃。问此时是光滑管还是完全粗糙管?假如管内流动属于光滑管,问水头损失可减至多少?

15. 混凝土排水管的水力半径 $R=0.5$ m。水均匀流动 1 km 的水头损失为 1 m,粗糙系

数 $n=0.014$，试计算管中流速。

16. 用泵水平输送温度 $t=20\ ℃$ 及流量 $Q=90\ L/s$ 的水，直径 $d=250\ mm$，$l=1\ 000\ m$ 的新焊接钢管至用水点，试求水头损失。

17. 如图 4.21 所示，水从封闭容器 A 沿直径 $d=25\ mm$、长度 $l=10\ m$ 的管道流入容器 B。若容器 A 水面的相对压强 p_1 为 2 个工程大气压，$H_1=1\ m$，$h_2=5\ m$ 局部阻力系数 $\xi_{进}=0.5$，$\xi_{阀}=4.0$，$\xi_{弯}=0.3$，沿程阻力系数 $\lambda=0.025$，求流量 Q。

18. 一圆柱形桥墩立于水中，桥墩直径为 0.4 m，水深 2 m，平均流速 2 m/s，水温为 20 ℃。试求桥墩受到的水流作用力。

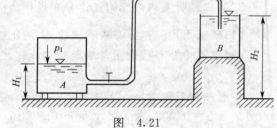

图　4.21

5 孔口、管嘴出流和有压管流

前几章叙述了液体运动的基本规律。本章将利用这些规律解决工程上常见的水力计算问题,包括:孔口、管嘴出流在给水处理、建筑物的输水配水、通航船闸闸室的充水和泄水、水利工程中的泄水闸的泄水等都属于孔口出流问题。在各类孔口中,如果孔壁较厚或在孔口上外接一适当长度的短管,这时的出流即为管嘴出流。有压管流是管道被液体充满,无自由表面,断面上各点的压强一般大于大气压强(个别情况也小于大气压强)。在管路的计算中,接管路的结构常分为简单管和复杂管,简单管中又可分为长管和短管。复杂管一般按长管计算,它包括串联管、并联管、分插管等。由多个复杂管可构成管网,分枝状管网和环状管网。另外,还可按水流随时间变化的状况分为恒定管流和非恒定管流。

在生产实际中,虹吸管、给水管和水泵的管道一般按恒定流计算,如遇特殊情况需要调整管道的流量时,将出现非恒定流,并将引出一些复杂的水流问题和不良后果,这就是水击问题。

5.1 薄壁孔口恒定出流

孔口有小孔口和大孔口之分,出流条件可以是恒定水头下的出流,也可以是变水头下的出流,液流可以是流入大气中,也可以是流入相同介质的流体中。

5.1.1 薄壁小孔口恒定出流

当孔口具有锐缘,出流的水股与孔口只有周线上的接触且孔口直径 $d < 0.1H$,称为薄壁小孔口。当孔口泄流后,容器内的液体得到不断的补充,保持水头 H 不变,称为恒定出流。

(1)小孔口自由出流

如图 5.1 所示,孔口中心的水头 H 保持不变,由于孔径较小,认为孔口各处的水头都为 H,水流由各个方向向孔口集中射出,在惯性的作用下,约在离

孔口 $\dfrac{d}{2}$ 处的 $c\text{-}c$ 断面收缩完毕后流入大气。$c\text{-}c$ 断面积为收缩断面。这类泄流主要是求泄流量。

以过孔口中心的水平面 $0'\text{-}0'$ 为基准面,写出上游符合缓变流的 0-0 断面及收缩断面 $c\text{-}c$ 的能量方程式

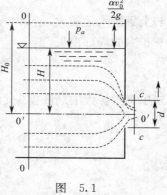

图 5.1

$$H + \frac{p_a}{\gamma} + \frac{\alpha v_0^2}{2g} = 0 + \frac{p_c}{\gamma} + \frac{\alpha_c v_c^2}{2g} + h_w \qquad (5.1)$$

$c\text{-}c$ 断面的水流与大气接触,故 $p_a = p_c$。

若只计流经孔口的局部损失,即 $h_w = h_j = \zeta_0 \dfrac{v_c^2}{2g}$,$v_c$ 为收缩断面的平均流速。令 $H_0 = H + \dfrac{\alpha v_0^2}{2g}$,$H_0$ 称为有效水头或全水头,$\dfrac{\alpha v_0^2}{2g}$ 称为行近流速水头,并取 $\alpha = 1.0$,于是式(5.1)可改写为

$$H_0 = (1+\zeta_0)\frac{v_c^2}{2g}$$

因而　$v_c = \dfrac{1}{\sqrt{1+\zeta_0}}\sqrt{2gH_0}$

式中　ζ_0——流经孔口的局部阻力系数。

令　$\phi = \dfrac{1}{\sqrt{1+\zeta_0}}$，$\phi$ 称为流速系数

则　　　　　　　　　　　　　　　$v_c = \phi\sqrt{2gH_0}$　　　　　　　　　　　　　　　　(5.2)

设孔口的面积为 A，收缩断面的面积为 A_c，则

$$\frac{A_c}{A} = \varepsilon < 1,\varepsilon \text{ 称为收缩系数}$$

于是，孔口的出流量为

$$Q = v_c A_c = \phi\sqrt{2gH_0}\cdot\varepsilon A = \mu A\sqrt{2gH_0} \tag{5.3}$$

式中，$\mu = \phi\varepsilon$ 为孔口出流的流量系数。

式(5.3)即为小孔口自由出流的流量公式。

(2)孔口淹没出流

如图 5.2 所示，孔口位于下游水位以下，从孔口流出的水流流入下游水体中，这种出流称为孔口淹没出流，孔口断面各点的水头均为 H，所以淹没出流无大、小孔口之分。

以过孔口中心的水平面作为基准面，写出符合渐变流条件的 1-1 断面和 2-2 断面的能量方程

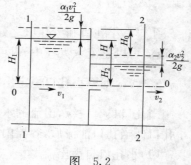

图　5.2

$$H + \frac{p_1}{\gamma} + \frac{\alpha_1 v_1^2}{2g} = H_2 + \frac{p_2}{\gamma} + \frac{\alpha_2 v_2^2}{2g} + h_w$$

式中，$H_1 - H_2 = H$，$p_1 = p_2$，H 为上、下游的水位差。所以，

$$H + \frac{\alpha_1 v_1^2}{2g} - \frac{\alpha_2 v_2^2}{2g} = h_w$$

令 $H_0 = H + \dfrac{\alpha_1 v_1^2}{2g} - \dfrac{\alpha_2 v_2^2}{2g}$ 则

$$H_0 = h_w$$

若上下游水池较大，则 $v_1 \approx v_2 \approx 0$，有 $H = H_0$，水头损失只计水流流经孔口和从孔口流出后突然扩大的局部损失，则

$$h_w = \sum h_j = (\zeta_0 + \zeta_{se})\frac{v_c^2}{2g}$$

式中突然扩大的局部损失 $\zeta_{se} \approx 1$，于是

$$H_0 = (1+\zeta_0)\frac{v_c^2}{2g}$$

$$v_c = \frac{1}{\sqrt{1+\zeta_0}}\sqrt{2gH_0} = \phi\sqrt{2gH_0} \tag{5.4}$$

流量的计算公式为

$$Q = v_c A_c = \phi\sqrt{2gH_0}\,\varepsilon A = \mu A\sqrt{2gH_0} \tag{5.5}$$

式中的 μ 为淹没出流的流量系数，与自由出流的流量系数相等。

(3)影响流量系数的因素

流量系数 μ 决定于局部阻力系数、垂直收缩系数 ε 和流速系数 ϕ 即 $\mu = f(\xi, \varepsilon, \phi)$ 与雷诺数和边界条件有关,当雷诺数较大,如水流在阻力平方区时,ξ_0 与 Re 无关。工程中常遇到的出流雷诺数都较大,故可认为,ϕ 和 μ 不随及 Re 变,而只与边界条件有关。

在边界条件中,影响 μ 的主要因素有孔口的形状,孔口在壁面的位置和孔口的边缘情况三方面。

孔口形状是影响 μ 的因素之一,但实际表明,对小孔口,孔口形状不同,μ 差别并不大。

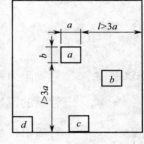

孔口的位置对收缩系数有直接的影响,如图 5.3 中的 a 孔,孔口的全部边界不与侧边和底边重合,其四周的流线都发生收缩,称为全部收缩孔口,孔口边与侧边的距离大于 3 倍的孔宽,称为完善收缩。孔 b 虽为全部收缩,但孔口边界与侧边的距离较小,故产生不完善收缩。孔 d 和孔 c 部分边界与侧边重合,故产生部分收缩。

孔口的边缘对收缩系数 ε 也有影响,薄壁小孔口的收缩系数最小,圆边孔口的收缩系数最大,直至等于 1。

图　5.3

根据试验资料,薄壁小孔口在全部、完善收缩情况下,各项系数列于表 5.1 中。

表 5.1　薄壁小孔口各项系数表

收缩系数 ε	阻力系数 ξ_0	流速系数 ϕ	流量系数 μ
0.63~0.64	0.05~0.06	0.97~0.98	0.60~0.62

5.2　管嘴的恒定出流

当器壁极厚或在孔口处装一短管,泄流的性质发生了变化,这种出流称为管嘴出流。如图 5.4 所示。

对图 5.4 中 c 的圆锥收敛管嘴,多用于消防水龙带的喷枪及冲击式水轮机的管道喷嘴;图中 e 流线形管嘴常用于水利工程中拱坝坝内的泄水孔;图中 d 发散形管嘴常用于喷头。各类管嘴虽不完全相同,但它们有许多共性。下面以圆柱形外管嘴为例,对这种流动现象进行分析。

图　5.4

5.2.1　圆柱形外管嘴恒定出流

如图 5.5 所示,在孔口处接一长 $L = (3 \sim 4)d$ 的短管,水流通过短管的出流称为管嘴出流。管嘴出流的特点是在距管道入口约为 $L_c = 0.8d$ 处有一收缩断面 $c\text{-}c$,经 $c\text{-}c$ 后逐渐扩张并充满全管泄出。分析时可只考虑管道进口的局部损失。

现以 $0'\text{-}0'$ 为基准面,列 0-0 和 1-1 的能量方程

图　5.5

$$H+\frac{\alpha_0 v_0^2}{2g}=\frac{\alpha v^2}{2g}+\xi_n\frac{v^2}{2g}$$

令

$$H_0=H+\frac{\alpha_0 v_0^2}{2g}$$

则

$$H_0=(\alpha+\xi_n)\frac{v^2}{2g}$$

$$v=\frac{1}{\sqrt{\alpha+\xi_n}}\sqrt{2gH_0}=\phi_n\sqrt{2gH_0} \tag{5.6}$$

管嘴的流量为

$$Q=vA=\phi_n\sqrt{2gH_0}A=\mu_nA\sqrt{2gH_0} \tag{5.7}$$

式中　ξ_n——管嘴阻力系数,相当于管道锐缘进口的情况,$\xi_n=0.5$;

ϕ_n——管嘴的流速系数,$\phi_n=\frac{1}{\sqrt{\alpha+\xi_n}}\approx\frac{1}{\sqrt{1+0.5}}=0.82$;

v——管嘴出口处的流速;

μ_n——管嘴的流量系数,因出口无收缩,$\varepsilon=1$,$\mu_n=\phi_n=0.82$。

式(5.7)与式(5.5)形式完全相同,但式(5.5)中 μ 为 0.62,而 $\mu_n=0.82$。$\frac{\mu_n}{\mu}=1.32$,$\mu_n=$ 1.32μ。可见同样的水头同样的过流面积管嘴的过流能力是孔口过流能力的 1.32 倍。

5.2.2　管嘴内的真空度

孔口外加了管嘴,增加了阻力,但流量并未减少,反面比原来提高了 32%,这是因为收缩断面处真空起的作用。

如对图(5.5)的 $c\text{-}c$ 和 1-1 断面列能量方程有

$$\frac{p_c}{\gamma}+\frac{\alpha_c v_c^2}{2g}=\frac{p_a}{\gamma}+\frac{\alpha v^2}{2g}+\xi_{se}\frac{v^2}{2g}$$

$$\frac{p_a-p_c}{\gamma}=\frac{\alpha_c v_c^c}{2g}-\frac{\alpha v^2}{2g}-\xi_{se}\frac{v^2}{2g}$$

$$v_c=\frac{A}{A_c}\cdot v=\frac{1}{\varepsilon}v$$

式中　ξ_{se}——由 $c\text{-}c$ 扩大到满管的水头损失系数。

$$\xi_{se}\left(\frac{A}{A_c}-1\right)^2=\left(\frac{1}{\varepsilon}-1\right)^2$$

所以

$$\frac{p_a-p_c}{\gamma}=\frac{\alpha_c}{2g}\cdot\frac{1}{\varepsilon^2}v^2-\frac{\alpha v^2}{2g}-\left(\frac{1}{\varepsilon}-1\right)\frac{v^2}{2g}$$

$$=\frac{v^2}{2g}\left[\frac{\alpha_c}{\varepsilon^2}-\alpha-\left(\frac{1}{\varepsilon}-1\right)^2\right]$$

取 $\alpha_c=\alpha=1$,$\varepsilon=0.64$,又因为 $v=\phi\sqrt{2gH_0}$,$\frac{v^2}{2g}=\phi_n^2H_0$,$\varphi_n=0.82$。

所以

$$\frac{p_a-p_c}{\gamma}=0.82^2\left[\frac{1}{0.64^2}-1-\left(\frac{1}{0.64}-1\right)^2\right]H_0=0.75H_0 \tag{5.8}$$

5.2.3　空化、空蚀现象与管嘴的使用条件

由式(5.8)知,作用水头越大,收缩断面的真空值越大。真空度达 68.6 kPa 以上时(即

$\dfrac{p_a-p_c}{\gamma}>68.6$，或 $0.75H_0>68.6$，$H_0>$），液体内部会放出大量的气泡，这种现象称为空化。低压区放出的气泡随流带走，当到达高压区时，由于压差的作用使气泡突然溃灭，气泡溃灭的过程时间极短，只有几百分之一秒，四周的水流质点以极快的速度去填充气泡空间，以致这些质点的动量在极短的时间变为零，从而产生巨大的冲击力，不停地冲击固体边界，致使固体边界产生剥蚀。这就是空蚀(有的书称为气蚀)。另外，当气泡被液流带出管嘴时，管嘴外的空气将在大气压的作用下冲进管嘴内，使管嘴内液流脱离内壁管，成为非满管出流，此时的管嘴已不起作用。

其次，管嘴的长度也有一定的限制。长度过短，流束收缩后来不及扩到整个断面，真空不能形成，管嘴不能发挥作用，长度过长，沿程损失不能忽略，出流将变为短管流，因此圆柱形外管嘴的工作条件是：(1)作用水头 $H_0\leqslant9$ m，(2)管嘴长度 $L=(3\sim4)d$。

5.3　孔口的变水头出流

当液体通过孔口注入容器或从容器中泄出时，其有效水头随时间改变，称为孔口变水头出流。如图 5.6 所示。这种出流的流速、流量都随时间改变，属非恒定流。给水工程中水池的注水和放空，水库的放空，船闸闸室的充水及放水等均属变水头出流之例。一般地，当容器的面积较大或孔口的面积较小时，容器内液面高程变化缓慢，则把整个非恒定流过程分成很多微小时段，在每一个微小的时间段内，认为液面的高程不变，孔口的恒定流公式仍然适用，这样就把非恒定流的问题转化为恒定流的问题来处理。变水头出流的计算主要是计算泄空和充满所需的时间，或根据出流时间反求泄流量和液面高程变化情况。

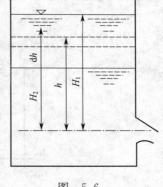

图　5.6

下面分析等截面积 A 的柱形容器，水流经孔口出流放空所需的时间。

设时刻 t 时孔口的水头为 h，在微小的时段 dt 内流经孔口的体积为

$$dV=Qdt=\mu A\sqrt{2gh}\,dt \tag{5.9}$$

在相同的时段内，容器内液面降落 dh，由此减少的体积为

$$dV=-A'dh$$

容器内减少的体积等于通过孔口流出的体积，即

$$-A'dh=\mu A\sqrt{2gh}\,dt$$

$$dt=-\frac{A'}{\mu A\sqrt{2gh}}dh$$

对上式积分得水头由 H_1 降至 H_2 所需的时间

$$t=\int_{H_2}^{H_1}-\frac{A'}{\mu A\sqrt{2g}}\frac{dh}{\sqrt{h}}=-\frac{A'}{\mu A\sqrt{2g}}\cdot2\sqrt{h}\Big|_{H_1}^{H_2}=\frac{2A'}{\mu A\sqrt{2g}}\left(\sqrt{H_1}-\sqrt{H_2}\right) \tag{5.10}$$

若 $H_2=0$，即容器放空，所用的时间为

$$t=\frac{2A'\sqrt{H_1}}{\mu A\sqrt{2g}}=\frac{2A'H_1}{\mu A\sqrt{2gH_1}}=2V/Q_{max} \tag{5.11}$$

式中　V——容器放空体积；

　　　Q_{max}——开始出流的最大流量。

　　式(5.11)表明，变水头出流时，容器的放空时间等于在起始水头 H_1 的作用下，流出同样体积水所需时间的二倍。

5.4　短管的水力计算

　　所谓"短管"，是指局部水头损失与流速水头之和所占的比重较大，即 $\left(h_j+\dfrac{\alpha v^2}{2g}\right)>5\%h_f$，计算中不能忽略。如抽水机的吸水管、虹吸管和穿过路基的倒虹吸管等均属短管。短、长管水力计算的基本依据是连续性方程和能量方程。

5.4.1　短管的水力计算

（1）自由出流

　　如图 5.7 所示，水流自水池经管道流入大气，直径 d 不变，以过出口处管轴的平面 0-0 为基准面，写出 1-1 和 2-2 断面的能量方程。

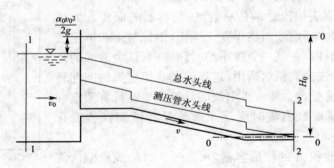

图　5.7

$$H+\frac{p_a}{\gamma}+\frac{\alpha_0 v_0^2}{2g}=0+\frac{p_a}{\gamma}+\frac{\alpha v^2}{2g}+h_w \tag{5.12}$$

$$H_0=H+\frac{\alpha_0 v_0^2}{2g}$$

则 $H_0=\dfrac{\alpha v^2}{2g}+h_w$。该式表明在自由出流的条件下，作用水头一部分消耗在沿程损失和局部损失中，其余的将转化为出口的动能。因为

$$h_w=h_f+h_j=\left(\lambda \frac{l}{d}+\sum \xi\right)\frac{v^2}{2g}$$

于是

$$H_0=\left(\alpha+\lambda \frac{l}{d}+\sum \xi\right)\frac{v^2}{2g}$$

取 $\alpha=1$，则

$$v=\frac{1}{\sqrt{1+\lambda \dfrac{l}{d}+\sum \xi}}\sqrt{2gH_0}=\mu \sqrt{2gH_0} \tag{5.13}$$

式中,$\mu=\dfrac{1}{\sqrt{1+\lambda\dfrac{l}{d}+\sum\xi}}$,称为管道的流量系数。

$$Q=vA=\mu A\sqrt{2gH_0} \tag{5.14}$$

若 $v_0\approx0$,则 $H_0\approx H$,于是

$$Q=\mu A\sqrt{2gH} \tag{5.15}$$

式(5.14)和式(5.15)为管道自由出流的流量公式。

(2)淹没出流

如图 5.8 所示,管道出口在下游液面以下,则液流为淹没出流。

以下游液面 0-0 为基准面,写出 1-1 和 2-2 断面的能量方程

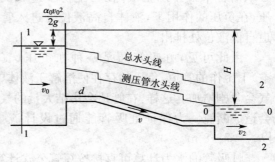

图 5.8

$$H+\frac{p_a}{\gamma}+\frac{\alpha_0 v_0^2}{2g}=0+\frac{p_a}{\gamma}+\frac{\alpha_2 v_2^2}{2g}+h_w$$

下游水池面积较大,$v_2\approx0$,又 $H_0=H+\dfrac{\alpha_0 v_0^2}{2g}$,则

$$H_0=h_w$$

上式表明,在淹没出流情况下,管路的作用水头完全用于克服沿程阻力和局部阻力。

$$h_\omega=h_f+h_j=\left(\lambda\frac{l}{d}+\sum\xi\right)\frac{v^2}{2g}$$

则

$$H_0=h_\omega=\left(\lambda\frac{l}{d}+\sum\xi\right)\frac{v^2}{2g}$$

$$v=\frac{1}{\sqrt{\lambda\dfrac{l}{d}+\sum\xi}}\sqrt{2gH_0}=\mu_c\sqrt{2gH_0} \tag{5.16}$$

式中,$\mu_c=\dfrac{1}{\sqrt{\lambda\dfrac{l}{d}+\sum\xi}}$,其中 μ_c 为淹没出流的流量系数。

$$Q=\mu_c A\sqrt{2gH_0} \tag{5.17}$$

若 $v_0\approx0$,则 $H_0\approx H$,于是

$$Q=\mu_c A\sqrt{2gH} \tag{5.18}$$

式(5.17)和式(5.18)为淹没出流的流量公式。

淹没出流的流量系数 μ_c 与自由出流的流量系数 μ 虽有不同,但数值相等。因为自由出流时,出口有流速水头无局部损失,而淹没出流时出口无流速水头但有局部损失,其系数 $\xi=1$。式(5.17)和式(5.18)虽与式(5.14)和式(5.15)相同,μ 也相同,但 Q 值却不等。因为淹没出流时水头 H 降低,所以 $Q_{自由}>Q_{淹没}$。

5.4.2 虹吸管的计算

虹吸管有着极其广泛的应用。如为减少挖方而跨越高地铺设的管道,给水建筑中的虹吸泄水管,泄出油车中的石油产品的管道及在农田水利工程中都有普遍的应用。

凡部分管道轴线高于上游供水自由水面的管道都叫做虹吸管(图 5.9)。最简单的虹吸管为一倒 V 形弯管连接上、下游液体,由于其部分管道高于上游液面(或供水自由液面),必存在真空管段。为使虹吸作用开动,必须由管中预排出空气,在管中初步造成负压,在负压的作用下,液体自高液位处进入管道自低液位处排出。

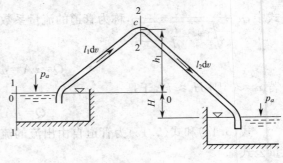

图　5.9

由此可见,虹吸管乃是一种在负压(真空)下工作的管道,负压的存在使溶解于液体中的空气分离出来,随着负压的加大,分离出的空气会急剧增加。这样,在管顶会集结大量的气体挤压有效的过水断面,阻碍水流的运动严重的会造成断流。为保证虹吸管能通过设计流量,工程上一般限制管中最大允许的真空度为 $[h_v]=7\sim8$ m。

虹吸管的水力计算可直接按短管公式计算。如图 5.9,其流量系数

$$\mu_c=\frac{1}{\sqrt{\lambda\dfrac{l}{d}+\sum\xi}}=\frac{1}{\sqrt{\lambda\dfrac{l_1+l_2}{d}+\xi_{\text{en}}+3\xi_{\text{b}}+\xi_{\text{ex}}}}$$

式中　ξ_{en}——进口的局部阻力系数;

　　　ξ_{b}——转弯的局部阻力系数;

　　　ξ_{ex}——出口的局部阻力系数,$\xi_{\text{ex}}=1.0$。

虹吸管内的最大真空度确定如下:

以 0-0 为基准面,写出 1-1 和 2-2 断面的能量方程

$$0+\frac{p_a}{\gamma}+\frac{\alpha_1 v_1}{2g}=h_s+\frac{p_c}{\gamma}+\frac{\alpha_c v^2}{2g}+h_{w1-2}$$

式中,$v_1\approx0$,$h_{w1-2}=h_{j1-2}+h_{f1-2}$,$\alpha_c=1.0$

所以　　　　$$\frac{p_a-p_c}{\gamma}=\left(1+\xi_{\text{en}}+2\xi_v+\lambda\frac{l_1}{d}\right)\frac{v^2}{2g}+h_s \tag{5.19}$$

令 $\dfrac{p_{v-c}}{\gamma}=\dfrac{p_a-p_c}{\gamma}$,$\dfrac{p_{v-c}}{\gamma}$ 为管中 C 点的真空高度。$\dfrac{p_{v-c}}{\gamma}$ 应小于或等于管中的最大容许真空高度 $[h_v]$。

【例 5.1】　有一渠道用两根直径 d 为 1.0 m 的混凝土虹吸管来跨过山丘(图 5.10),渠道上游水面高程 ▽ 为 100.0 m,下游水面高程 ▽2 为 99.0 m,虹吸管长度 l_1 为 8 m,l_2 为 12 m,l_3 为 15 m,中间有 60° 的折角弯头两个,每个弯头的局部水头损失系数 ξ_b 为 0.365,若已知进口水头损失系数 ξ_e 为 0.5;出口水头损失系数 ξ_0 为 1.0。试确定:

(1)每根虹吸管的输水能力;

(2)当虹吸管中的最大允许真空值 h_v 为 7 m 时,问虹吸管的最高安装高程是多少?

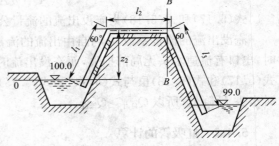

图　5.10

解:(1)本题管道出口淹没在水面以下,为淹没出流。当不计行进流速影响时,可直接应用

式计算流量：

上下游水头差为 $z = \nabla_1 - \nabla_2 = (100-99)$ m $= 1$ m

先确定 λ 值，用曼宁公式 $C = \dfrac{1}{n} R^{\frac{1}{6}}$ 计算 C，对混凝土管 $n = 0.014$

则

$$C = \frac{1}{n} R^{\frac{1}{6}} = (1/0.014)(1/4)^{1/6} \text{ m}^{1/2}/\text{s}$$

故

$$\lambda = \frac{8g}{C^2} = 8 \times 9.8/56.7^2 = 0.024$$

管道系统的流量系数：

$$\mu_c = \frac{1}{\sqrt{\lambda \dfrac{l}{d} + \xi_e + 2\xi_b + \xi_0}}$$

$$= \frac{1}{\sqrt{0.024 \times \dfrac{35 \text{ m}}{1 \text{m}} + 0.5 + 0.73 + 1}} = 0.571$$

每根虹吸管的输水能力：

$$Q = \mu_c A \sqrt{2gz} = 0.571 \times \frac{3.14 \times (1 \text{ m})^2}{4} \times \sqrt{2 \times (9.8) \times 1} = 1.985 \text{ m}^3/\text{s}$$

(2) 虹吸管中最大真空一般发生在管子最高位置。本题中最大真空发生在第二个弯头前，即 $B\text{-}B$ 断面。具体分析如下：

以上游渠道自由面为基准面，令 $B\text{-}B$ 断面中心至上游渠道水面高差为 z_s，对上游断面 0-0 及断面 B-B 列能量方程

$$0 + \frac{p_a}{\gamma} + \frac{\alpha_1 v_0^2}{2g} = z_s + \frac{p_B}{\gamma} + \frac{\alpha v^2}{2g} + \left(\lambda \frac{l_B}{d} + \xi_e + \xi_b\right) \times \frac{v^2}{2g}$$

式中，l_B 为从虹吸管进口至 B-B 断面的长度。

取 $\dfrac{\alpha_1 v_0^2}{2g} = 0, \alpha = 1.0$，则

$$\frac{p_a}{\rho g} - \frac{p_B}{\rho g} = z_s + \left(1 + \lambda \frac{l_B}{d} + \xi_e + \xi_v\right)\frac{v^2}{2g}$$

若要求管内真空值不大于某一允许值，即 $\dfrac{p_a - p_B}{\rho g} \leqslant h_v$，式中 h_v 为允许真空值，$h_v = 7$ m。则

$$z_s + \left(1 + \lambda \frac{l_B}{d} + \xi_e + \xi_v\right)\frac{v^2}{2g} \leqslant h_v$$

即

$$z_s \leqslant h_v - \left(\alpha + \lambda \frac{l_B}{d} + \xi_e + \xi_v\right)\frac{v^2}{2g}$$

而

$$h_v - \left(1 + \lambda \frac{l_B}{d} + \xi_e + \xi_v\right)\frac{v^2}{2g}$$

$$= 7 - (1 + 0.024 \times 20/1 + 0.5 + 0.365) \times \{1.985^2/[2 \times 9.8 \times (3.14 \times 1^2/4)]\}$$

$$= 6.24 \text{ m}$$

故虹吸管最高点与上游水面高差应满足 $z_s \leqslant 6.24$ m。

倒虹管与虹吸管正好相反，管道一般低于上下游水面，依靠上下游水位差的作用进行输水。倒虹管常用在不便直接跨越的地方，例如过江有压涵管，埋设在铁路、公路下的输水涵管等。倒虹管的管道一般不太长，所以应按短管计算。

【例5.2】 输水渠道穿越高速公路图(图 5.11),采用钢筋混凝土倒虹管,沿程阻力系数 $\lambda=0.025$,局部阻力系数:进口 $\xi_e=0.6$,弯道 $\xi_b=0.30$,$\xi_c=0.5$,管长 $l=50$ m,倒虹管进出口渠道水流流速 $v_0=0.90$ m/s。为避免倒虹管中泥沙沉积,管中流速应大于 1.8 m/s。若倒虹管设计流量 $Q=0.40$ m³/s,试确定倒虹管的直径以及倒虹管上下游水位差 H。

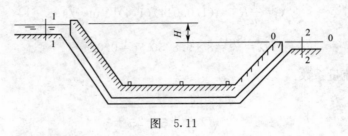

图 5.11

解: 根据题意先求管径

$$d=\left(\frac{4Q}{\pi v}\right)^{1/2}=\left(\frac{4\times0.40}{\pi\times1.8}\right)^{1/2}=0.53 \text{ m}$$

取标准管径 $D=0.50$ m,管中流速变为

$$v=\frac{4Q}{\pi D^2}=\frac{4\times0.40}{\pi\times0.50^2}=2.04 \text{ m/s}$$

取倒虹管上、下游渠中断面 1-1 和 2-2,如图所示,以下游水面为基准面,建立伯努利方程;

$$H+0+\frac{v_0^2}{2g}=0+0+\frac{v_0^2}{2g}+h_{w1-2}$$

$$\begin{aligned}h_{w1-2}&=\sum h_f+\sum h_m\\&=\lambda\frac{l}{D}\frac{v^2}{2g}+\sum\xi\frac{v^2}{2g}\\&=(0.025\times50/0.5+0.6+2\times0.30+0.5)2.04^2/(2\times9.8)\\&=0.89 \text{ m}\end{aligned}$$

故 $H=h_{w1-2}=0.89$ m

5.4.3 水泵吸水管的计算

如图 5.12 所示,水泵从蓄水池抽水并送至水塔,需经吸水管和压水管两段管路。水泵工作时,由于转轮的转动,使水泵进口端形成真空,水流在水池水面大气压的作用下沿吸水管上升,经水泵获得新的能量后进入压水管送至水塔。水泵的吸水管属短管。吸水管的计算任务是确定水泵的最大允许安装高度及管径。

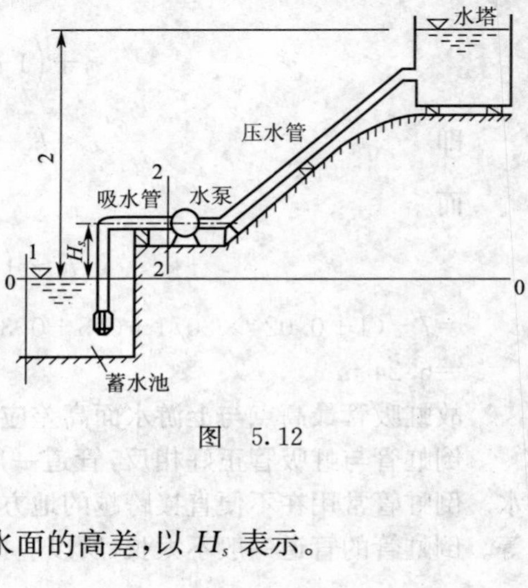

(1)管径的确定

吸水管的管径一般是根据允许流速确定。通常吸水管的允许流速为 $0.8\sim1.25$ m/s,或根据有关规定。流速确定后。则管径 d 为

$$d=\sqrt{\frac{4Q}{\pi v}}=1.13\sqrt{\frac{Q}{v}}\qquad(5.20)$$

图 5.12

(2)安装高度的确定

离心泵的安装高度,是指水泵的叶轮轴线与水池水面的高差,以 H_s 表示。

如图 5.12，以水池水面为基准面，写出 1-1 和 2-2 断面的能量方程

$$\frac{p_a}{\gamma} = H_s + \frac{p_2}{\gamma} + \frac{\alpha v^2}{2g} + h_{w1-2}$$

$$H_S = \frac{p_a - p_2}{\gamma} - \frac{\alpha v^2}{2g} - h_{w1-2}$$

$$= h_v - \left(\alpha + \lambda \frac{l}{d} + \sum \xi\right)\frac{v^2}{2g} \tag{5.21}$$

式(5.21)表明，水泵的安装高度主要与泵进口的真空度有关，还与管径、管长和流速有关。如果水泵进口的真空度过大，如超过该产品的允许值时，管内液体将迅速汽化，并将导致气蚀，严重的会影响水泵的正常工作。一般水泵的允许真空度$[h_v]=6\sim 7$ m。

【例 5.3】 如图 5.12 所示的抽水装置，实际抽水量 $Q=30$ L/s，直径 $d=150$ mm，$90°$弯头一个，$\xi_b=0.8$，进口有滤水网并附有底阀，$\xi_c n=6.0$，沿程阻力系数 $\lambda=0.024$，水泵进口处 $[h_v]=6$ m。求水泵的安装高度。

解：由式(5.20)有

$$d=\sqrt{\frac{4Q}{\pi v}} = \frac{4 \times 0.03}{3.14 \times 0.15^2} = 1.699 \text{ m/s}$$

由式(5.21)得安装高度 H_s，为

$$H_S = h_v - \left(\alpha + \lambda \frac{l}{d} + \sum \xi\right)\frac{v^2}{2g}$$

$$= 6 - (1 + 0.024 \times 12/0.15 + 6 + 0.8) \times 1.699^2/19.6 = 4.568 \text{ m}$$

5.5 长管的水力计算

从本章短管的水力计算知道，管道水力计算基本方程是伯努利方程，方程中水头损失 $h_w = \lambda \frac{l}{d}\frac{v^2}{2g} + \sum \xi \frac{v^2}{2g}$。所谓长管是指管流的流速水头和局部水头损失的总和与沿程水头损失比较起来很小，因而计算时常常将其按沿程水头损失的某一百分数估算或完全忽略不计（通常是在 $\frac{l}{d} > 1\,000$ 条件下）。这样不仅使计算大为简化，而且不致影响要求的计算精确度。给水工程中的给水管常按长管处理。

$$H = h_f = \lambda \frac{l}{d}\frac{v^2}{2g} \tag{5.22}$$

根据长管的组合情况，长管水力计算可以分为简单管路，串联管路、并联管路、管网等。

5.5.1 简单管路

沿程直径不变，流量也不变的管道为简单管路。简单管路的计算是一切复杂管路水力计算的基础。

以下用图 5.13 来说明简单长管的计算。取基准面 0-0，对断面 1-1 和 2-2 建立伯努力方程

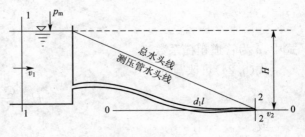

图 5.13

$$H+0+\frac{\alpha_0 v_0^2}{2g}=0+0+\frac{\alpha v^2}{2g}+h_w$$

按长管考虑,用式(5.22):

$$H=h_f=\lambda\,\frac{l}{d}\frac{v^2}{2g}$$

将 $v=\dfrac{4Q}{\pi d^2}$ 代入上式得

$$H=\frac{8\lambda}{g\pi^2 d^5}lQ^2 \tag{5.23}$$

令

$$S=\frac{8\lambda}{g\pi^2 d^5}$$

$$H=SlQ^2 \tag{5.24}$$

式中,S 称为比阻,是指单位流量通过单位长度管道所需水头,显然比阻 S 决定于管径 d 和沿程阻力系数 λ,由于 λ 的计算公式繁多,故计算 S 的公式也很多,这里只引用土建工程所常用的两种。

舍维列夫公式适用于旧铸铁管和旧钢管,将两式分别代入比阻 $S=\dfrac{8\lambda}{g\pi^2 d^5}$,得到

$$\left.\begin{array}{l}S=\dfrac{0.001\ 736}{d^{5.3}}\qquad(v\geqslant 1.2\mathrm{m/s})\\[3mm] S=0.852\left(1+\dfrac{0.867}{v}\right)^{0.3}\left(\dfrac{0.001\ 736}{d^{5.3}}\right)=kS\qquad(v<1.2\mathrm{m/s})\end{array}\right\} \tag{5.25}$$

式中 k 为修正系数,$k=0.852\left(1+\dfrac{0.867}{v}\right)^{0.3}$。

第二种公式是从谢才公式

$$v=C\sqrt{RJ}=C\sqrt{R\frac{h_f}{l}} \tag{5.26}$$

得到

$$h_f=\frac{v^2}{C^2R}l$$

代入(5.12)式有

$$H=\frac{v^2}{C^2R}l=\frac{Q^2}{C^2RA^2}l=SlQ^2 \tag{5.27}$$

得

$$S=\frac{1}{C^2RA^2}$$

取曼宁公式 $C=\dfrac{1}{n}R^{1/6}$,其中 $R=\dfrac{d}{4}$,$A=\dfrac{\pi}{4}d^2$ 代入上式,最后得

$$S=\frac{10.3n^2}{d^{5.33}} \tag{5.28}$$

式中,n 为管道粗糙系数。

式(5.24)可改写为

$$H=\frac{Q^2}{K^2}l \tag{5.29}$$

或

$$J=\frac{Q^2}{K^2} \tag{5.30}$$

式中，$K = \dfrac{1}{\sqrt{S}}$ 称为流量模数，具有流量的量纲；J 为水力坡度。

式(5.27)和式(5.30)，可以根据实际管道计算问题选用。

【例5.4】　由水塔向工厂供水(图 5.14)，采用铸铁管。已知工厂用水量 $Q = 280 \text{ m}^3/\text{h}$，管道总长 2 500 m，管径 300 mm。水塔处地形高程 z_1 为 61 m，工厂地形高程 z_2 为 42 m，管路末端需要的自由水头 $H_2 = 25$ m，求水塔水面距地面高度 H_1。

解：以水塔水面作为 1-1 断面，管路末端为 2-2 断面，列出长管的伯努利方程：

$$(H_1 + \nabla_1) + 0 + 0 = \nabla_2 + H_2 + 0 + h_f$$

由上式得到水塔高度：

$$H_1 = (\nabla_2 + H_2) - \nabla_1 + H_f$$

而

$$h_f = H = SlQ^2$$

因为 $v = \dfrac{4Q}{\pi d^2} = \dfrac{4 \times (280/3\,600)}{\pi \times (0.30)^2} = 1.10 \text{ m/s} < 1.2 \text{ m/s}$

说明管流处于紊流过渡区，故比阻用式(5.27)第二式求

$$S = 0.852\left(1 + \frac{0.867}{v}\right)^{0.3}\left(\frac{0.001\,736}{d^{5.3}}\right)$$

$$= 1.039\,8 \text{ s}^2/\text{m}^6$$

$$h_f = H = SlQ^2 = 1.039\,8 \times 2\,500 \times (280/3\,600)^2 = 15.73 \text{ m}$$

则水塔高度为

$$H_1 = (\nabla_2 + H_2) - \nabla_1 + H_f$$
$$= 42 + 25 - 61 + 15.73 = 21.73 \text{ m}$$

5.5.2　串联管路

由直径不同的几段管道依次连接而成的管路，称为串联管路。串联管路各管段通过的流量可能相同，也可能不同，如图 5.15 所示。串联管路计算原理仍然是依据伯努利方程和连续性方程。对图 5.15，根据伯努利方程有

$$H = \frac{v^2}{2g} + \sum_{j=1}^{m} h_{mj} + \sum_{i=1}^{n} h_{fi} \tag{5.31}$$

式中，h_m 为管道局部损失；h_f 为管道沿程损失。

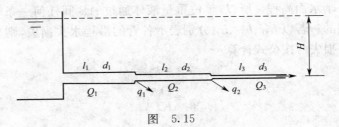

图　5.15

根据连续性方程，各管段流量为

$$Q_1 = Q_2 + q_1$$
$$Q_2 = Q_3 + q_2$$

或 $$Q_i = Q_{i+1} + q_i \qquad (5.32)$$

若每段管道较长,可近似用长管模型计算,则式(5.20)可写成

$$H = \sum_{i=1}^{n} h_{ij} = \sum_{i=1}^{n} S_i l_i Q_i^2 \qquad (5.33)$$

串联管路的计算问题通常是求水头 H、流量 Q 及管径 d。

【例5.5】 一串联管道如图 5.16 所示,管材为钢管,水由水池 A 流入大气中,已知 $d_1 = 70$ mm,$l_1 = 24$ m,$d_2 = 50$ mm,$l_2 = 15$ m。求通过流量 $Q = 2.8$ L/s 时所需的水头 H。

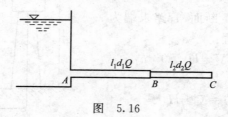

图 5.16

解: 先求各管段的流速

$$v_1 = \frac{4Q}{\pi d_1^2} = \frac{4 \times 0.002\,8}{3.14 \times 0.07^2} = 0.728 \text{ m/s} < 1.2 \text{ m/s}$$

$$v_2 = \frac{4Q}{\pi d_2^2} = \frac{4 \times 0.002\,8}{3.14 \times 0.05^2} 1.426 \text{ m/s} > 1.2 \text{ m/s}$$

比阻系数和修正系数(查表):

$$d_1 = 70 \text{ mm}, A_1 = 2\,893 \text{ s}^2/\text{m}^6, k_1 = 1.077$$
$$d_2 = 50 \text{ mm}, A_2 = 11\,080 \text{ s}^2/\text{m}^6, k_2 = 1.0$$

所需的总水头为

$$\begin{aligned} H &= h_{f1} + h_{f2} = k_1 A_1 l_1 Q^2 + k_2 A_2 l_2 Q^2 \\ &= 1.077 \times 2\,893 \times 24 \times 0.002\,8^2 + 1.0 \times 11\,080 \times 15 \times 0.002\,8^2 \\ &= 1.889 \text{ m} \end{aligned}$$

5.5.3 并联管道

凡是两条或两条以上的管道从同一点分叉而又在另一点汇合所组成的管道称为并联管道。并联管道一般按长管计算。

如图 5.17 所示,在 A、B 两点间有三管并联,设各管管径为 d_1、d_2、d_3,通过流量分别为 Q_1、Q_2、Q_3。管道的 A、B 两点是 A、B 间各支管所共有的,如在 A、B 两点设置测压管,显然每根测压管只能有一个水面高程。所以,单位重量液体通过 AB 间任何一条管道,从 A 到 B 的能量损失都是相同的。若以 h_{f1}、h_{f2}、h_{f3} 分别表示各管的沿程水头损失,则当不计局部损失时应有各支管的水头损失可按公式计算

$$h_{f1} = h_{f2} = h_{f3} = h_f \qquad (5.34)$$

$$\left. \begin{aligned} h_{f1} &= \frac{Q_1^2}{K_1^2} l_1 \\ h_{f2} &= \frac{Q_2^2}{K_2^2} l_2 \\ h_{f3} &= \frac{Q_3^2}{K_3^2} l_3 \end{aligned} \right\} \qquad (5.35)$$

各支管的流量与总流量间应满足连续方程

$$Q=Q_1+Q_2+Q_3 \tag{5.36}$$

若总流量 Q 及各并联的直径、长度和粗糙系数为已知,利用(5.34)及(5.35)的 4 个方程式可求出 Q_1、Q_2、Q_3 和水头损失 h_f。

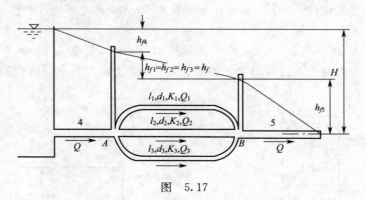

图 5.17

从(5.34)中解出 Q_1、Q_2、Q_3,代入(5.35)式,则有

$$Q=\left(\frac{K_1}{\sqrt{l_1}}+\frac{K_2}{\sqrt{l_2}}+\frac{K_3}{\sqrt{l_3}}\right)\sqrt{h_f}$$

及

$$h_f=\frac{Q^2}{\left(\dfrac{K_1}{\sqrt{l_1}}+\dfrac{K_2}{\sqrt{l_2}}+\dfrac{K_3}{\sqrt{l_3}}\right)^2} \tag{5.37}$$

h_f 求出后,代入式(5.33)式可求 Q_1、Q_2、Q_3。

必须指出:各并联支管的水头损失相等,只表明通过每一并联支管的单位重量液体的机械能损失相等;但各支管的长度、直径及粗糙系数可能不同,因此通过流量也不同;故通过各并联支管水流的总机械能损失是不等的,流量大的,总机械能损失大。

思 考 题

1. 如图 5.18 所示,用隔板将水流分成上、下两部分水体,已知小孔口直径 $d=20\text{ cm}$,$v_1\approx v_2\approx 0$,上、下游水位差 $H=2.5\text{ m}$,求泄流量 Q。

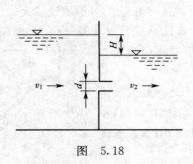

图 5.18

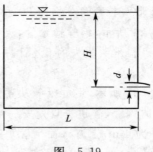

图 5.19

2. 如图 5.19 所示,蓄水池长 $L=10\text{ m}$,宽 $b=5\text{ m}$,在薄壁外开一 $d=40\text{ cm}$ 的小孔,孔中心处的水头为 3.0 m。求水面降至孔口中心处所需的时间。

3. 有一薄壁圆形小孔口，其直径 $d=10$ mm，水头 $H=2$ m。现测得射流收缩断面的直径 $d_c=8$ mm，在 32.8 s 时间内，经孔口流出的水量为 0.01 m³。试求该孔口的收缩系数 ε、流量系数 μ、流速系数 φ 及孔口局部阻力系数 ξ_0。

4. 如图 5.20 所示，在混凝土坝中设置一卸水管如图所示，管长 $l=4$ m，管轴处的水头 $H=6$ m，现需通过流量 $Q=10$ m³/s，若流量系数 $\mu=0.82$，试决定所需管径 d，并求管中水流收缩断面处的真空值。

5. 一平底空船如图 5.21 所示，其水平面积 $A=8$ m²，船舷高 $h=0.5$ m，船自重 $G=9.8$ kN。现船底中央有一直径为 10 cm 的破孔，水自圆孔漏入船中，试问经过多少时间后船将沉没？

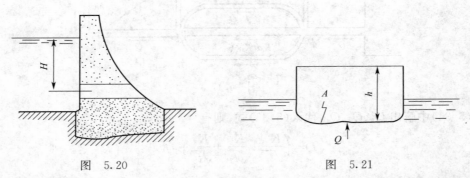

图　5.20　　　　　　　　　　图　5.21

6. 油槽车的油槽长为 L，直径为 D，油槽底部设卸油孔，孔口面积为 A，流量系数为 μ。试求该车充满后所需的卸空时间。

7. 如图 5.22 所示，求船闸闸室充满或泄空所需之时间。已知闸室长 68 m，宽 12 m，上游进水孔孔口面积为 3.2 m²，孔中心以上水头 $h=4$ m，上、下游水位差 $H=7.0$ m，上、下游水位固定不变。

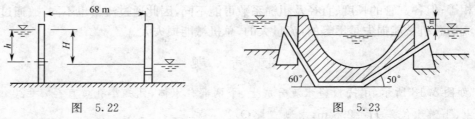

图　5.22　　　　　　　　　　图　5.23

8. 倒虹吸管如图 5.23 所示，采用 500 mm 直径铸铁管、管长＝125 m，进出口水位高程差为 5 m，根据地形两转弯角分别为 60° 和 50°，上、下游流速相等。问能通过多大的流量？

9. 如图 5.24 所示，钢管输水管，流量 Q 为 52.5 L/s，管径 d 为 0.2 m，管长 l 为 300 m，局部水头损失按沿程水头损失的 5% 计。问水塔水面要比管道出口高多少？

10. 如图 5.25 所示，用虹吸管从蓄水池引水灌溉。虹吸管采用直径 0.4 m 的钢管，管道进口处安一莲蓬头，有 2 个 40° 转角；上下游水位差 H 为 4 m；上游水面至管顶高程 z 为 1.8 m；管段长度 l_1 为 8 m；l_2 为 4 m，l_3 为 12 m。要求计算：

(1) 通过虹吸管的流量为多少？

(2) 虹吸管中压强最小的断面在哪里，其最大真空值是多少？

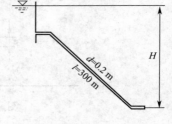

图　5.24

11. 如图 5.26 所示,用水泵提水灌溉,水池水面高程 $\nabla_1 = 179.5$ m,河面水位 $\nabla_2 = 155.0$ m;吸水管长为 4 m,直径 200 mm 的钢管,设有带底阀的莲蓬头及 45°弯头一个;压力水管长为 50 m,直径 150 mm 的钢管,设有逆止阀($\xi = 1.7$)、闸阀($\xi = 0.1$)、45°的弯头各一个;机组效率为 80%;已知流量为 50 000 cm³/s,问要求水泵有多大扬程?

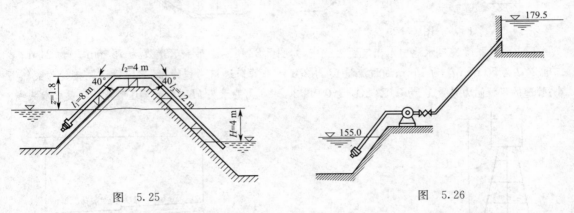

图 5.25　　　　　　　　　　　图 5.26

12. 路基下埋设圆形有压涵管如图 5.27 所示,已知涵管长 $L = 50$ m,上下游水位差 $H = 1.9$ m,管道沿程阻力系数 $\lambda = 0.030$,局部阻力系数:进口 $\xi = 0.5$,转弯 $\xi = 0.65$,出口 $\xi = 1.0$,如要求涵管通过流量 $Q = 1.5$ m³/s,试确定涵管管径。

13. 长 $L = 50$ m 的自流管,将水自水池引至吸水井中,然后用水泵送至水塔(图 5.28)。已知泵的吸水管直径 $d = 200$ mm,长 $l = 6$ m,泵的抽水量 $Q = 0.064$ m³/s,滤水网的阻力系数 $\xi_1 = \xi_2 = 6$,弯头阻力系数 $\xi = 0.3$,自流管和吸水管的沿程阻力系数 $\lambda = 0.03$。试求:

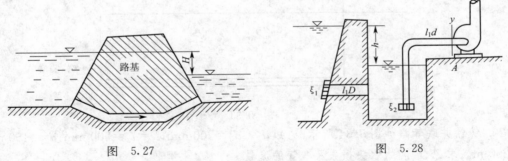

图 5.27　　　　　　　　　　　图 5.28

(1)当水池水面与吸水井的水面高度 h 不超过 2 m 时,自流管的直径 D;

(2)水泵的安装高度 $H_S = 2$ m 时,进口断面 A-A 的压强。

14. 有一虹吸管如图 5.29 所示,已知 $H_1 = 2.5$ m,$H_2 = 2$ m,$l_1 = 5$ m,$l_2 = 5$ m。管道沿程阻力系数 $\lambda = 0.02$,进口设有滤网,其局部阻力系数 $\xi = 10$,弯头阻力系数 $\xi = 0.15$。试求:

(1)通过流量为 0.015 m³/s 时,所需管径;

(2)校核虹吸管最高处 A 点的真空高度是否超过允许的 6.5 m 水柱高。

15. 某一施工工地用水由水池供给,如图 5.30 所示,从水池到用水点距离大约 1 000 m,水池水面与用水点高差 $H = 6$ m,用水点要求自由水头 $H_z = 2$ m。若用水量 $Q = 163$ L/s 时,敷设的管径应为多少(管道采用铸铁管)?

16. 某车间一小时用水量是 36 m³,用直径 $d = 75$ mm,管长 $l = 140$ m 的管道自水塔引水(图 5.31),用水点要求自由水头 $H = 12$ m,设管道粗糙系数 $n = 0.013$。试求水塔的高度 H。

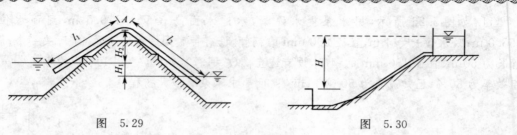

图 5.29　　　　　　　　　　图 5.30

17. 一串联管道自水池引水出流至大气中,如图 5.32 所示。第一管道 d 为 75 mm,l_1 为 24 m;第二管道 d 为 50 mm,l_2 为 15 m;通过流量 Q 为 2.8 L/s;管道进口为锐缘形,二段管道联接处为突然缩小;管道的沿程阻力系数 λ_1 为 0.023 2,λ_2 为 0.019 2。求所需的水头 H 并绘制测压管水头线及总水头线。

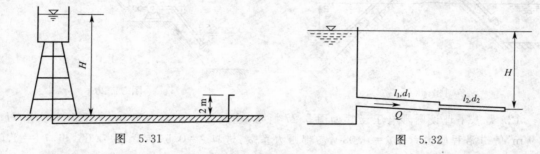

图 5.31　　　　　　　　　　图 5.32

18. 两水池间的水位差保持为 50 m,被一很长为 4 000 m 直径为 200 mm 的铸铁管连通,管内水流在阻力平方区,不计局部水头损失,求由上水池泄入下水池的流量 Q。

19. 如图 5.33 所示,一水平布置的串联管道将水池 A 中的水注入大气中,管道为钢管,已知 $d_1=75$ mm,$l_1=24$ mm;$d_2=50$ mm,$l_2=15$ m,求水头为 3.5 m 时的过流量。

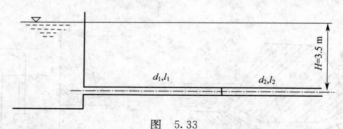

图 5.33

20. 铸铁并联管路如图 5.34 所示,已知 $d_1=d_3=200$ mm,$l_1=l_2=500$ mm;$d_2=150$ mm,$l_2=250$ m。求 A、B 间的水头损失及各管的流量。

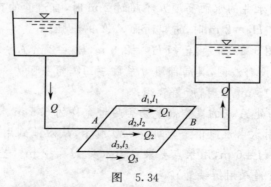

图 5.34

21. 用两根不同直径的管道并联将两个水池相连接,两水池水面向差为 H,设大管径是小管径的两倍,两管损失系数 λ 相同。忽略局部损失,求两管内流量的比值。

6 量纲分析与相似理论

理论流体力学是流体力学重要的组成部分,研究思路是通过对物理模型的分析和简化,建立流体运动的基本方程及边界条件,然后再通过数学方法求解这些方程,便可得出流动规律。但是,由于流体运动方程及边界条件的复杂性,求解这些方程常常会遇到在数学上难以克服的困难,很多问题不得不依靠实验方法寻求答案。此外,许多理论分析结果也通过实验来验证。因此,实验研究是发展流体力学理论,验证流体力学假说,解释流动现象,解决流体力学问题必不可少的研究手段。

考虑到流动实验的经济性,通常将研究对象按照一定的比例尺缩小成实验模型,然后在模型上进行实验研究。这样就会引出以下两个问题:如何设计制造模型以及如何制定试验方案?如何从纷繁复杂的实验数据中总结出流动规律?相似原理是用来解答第一个问题的,即用来指导模型设计和实验方案的制定,实现模型流动与实际流动之间的相似,进而找出相关规律。量纲分析则可以帮助我们寻求各物理量之间的关系,建立关系式的结构。本章简要地阐述和实验有关的一些理论性知识,包括量纲分析和相似原理的基本概念、基本原理和分析方法,为今后的学习和研究奠定基础。

6.1 量 纲 分 析

6.1.1 量　　纲

通过前面几章的学习,大家已经对流体力学中长度、面积、体积、时间、质量、压力、密度以及各种作用力这些物理量有了初步的了解。若想描述一个物理量,除了表示大小的数值之外,还必须同时给出其单位。物理学和力学中,将相互独立的长度单位 m、质量单位 kg 和时间单位 s 作为基本单位,其他物理量的单位可由这三个基本单位导出,称为导出单位。单位制变化时,同一个物理量不同的单位制下可能有着不同的大小,但不变的是这些物理量的性质和种类。

流体力学中,量纲(或称为因次)是指物理量的性质和种类。量纲可用量纲符号加方括号来表示,如长度、时间和质量的量纲依次可表示为 $[L]$、$[T]$ 和 $[M]$,这三种物理量的量纲是相互独立的,可以作为基本量纲。基本量纲必须相互独立,一个基本量纲不能用其他的量纲表示出来,其他物理量的量纲可由这些基本量纲按照其定义或者物理定律推导出来,称为导出量纲。

流体力学中除了三个基本量纲之外,其他的物理量的量纲都可用这三个基本量纲的指数流体力学中除了三个基本量纲之外,其他的物理量的量纲都可用这三个基本量纲的指数函数的乘积表示出来,比如某一物理量 x 的量纲可表示为

$$[x] = [L^\alpha T^\beta M^\gamma] \tag{6.1}$$

式(6.1)称为量纲公式。流体力学中常见的物理量的量纲见表 6.1。物理量 x 的性质和种类可由量纲式中的指数 α、β、γ 反映出来,依据 α、β、γ 的不同情形,流体力学中量纲可划

分为以下几种。

(1)如果 $\alpha = \beta = \gamma = 0$，则 $[x] = [1]$，为无量纲量；

(2)如果 $\alpha \neq 0$，$\beta = \gamma = 0$，则 $[x] = [L^{\alpha}]$，为几何学量；

(3)如果 $\alpha \neq 0$，$\beta \neq 0$，$\gamma = 0$，则 $[x] = [L^{\alpha}T^{\beta}]$，为运动学量；

(4)如果 $\alpha \neq 0$，$\beta \neq 0$，$\gamma \neq 0$，，则 $[x] = [L^{\alpha}T^{\beta}M^{\gamma}]$，为动力学量。

表 6.1　常用物理量的符号、单位和量纲

量　　纲		量纲 $L-T-M$	单位(SI 制)
几何学量	长度 l	l	m
	面积 A	l^2	m^2
	体积 V	l^3	m^3
	惯性矩 J	l^4	m^4
运动学量	时间 t	T	s
	速度 v	L/T	m/s
	运动黏滞系数 v	L^2/T	m^2/s
	重力加速度 g	L/T^2	m/s^2
	流量 Q	L^3/T	m^3/s
	单宽流量 q	L^2/T	m^2/s
动力学量	质量 m	M	kg
	力 F	ML/T^2	N
	密度 ρ	M/L^3	kg/m^3
	动力黏滞系数 μ	M/LT	$N\ s/m^2$
	压强 P	M/LT^2	$Pa = N/m^2$
	剪切应力 τ	M/LT^2	N/m^2
	弹性模量 E	M/LT^2	N/m^2
	表面张力系数 σ	M/T^2	N/m
	动量 M	ML/T	$kg \cdot m/s$
	功、能 W	ML^2/T^2	J 或 $N \cdot m$
	功率 P	ML^2/T^3	W 或 $N \cdot m/s$

若某物理量的量纲表示为 $[x] = [l^0 T^0 M^0] = [1]$，则称 x 为无量纲量，也称纯数。无量纲数可以是一个纯粹的数值，如自由落体运动 $h = kgt^2$ 中的 $k = 0.5$，也可以由几个物理量组合而成，如雷诺数 $Re = vd/v$，其量纲式为 $Re = [LT^{-1}][L]/[L^2 T^{-1}] = [L^0 T^0 M^0] = [1]$ 为无量纲数。之所以单独讨论无量纲数，是因为无量纲数具有如下的特点。

(1)无量纲数没有单位，它的数值与所选用的单位无关，如 $h = kgt^2$ 中的 k。

(2)在两个相似的流动之间，同名的无量纲数相等。例如，用无量纲数 Re 作为判断两个黏性流动是否相似的判据。

(3)在对数、指数、三角函数等超越函数运算中，都必须是对无量纲来说的，而对有量纲的某物理量取对数是无意义的。如气体等温压缩所做的功 W，可写为对数形式：

$$W = p_1 V_1 \ln(V_1/V_2)$$

6.1.2　量纲和谐原理及瑞利法

一个正确、完整地反映客观规律的物理方程中，各项的量纲是一致的，这就是量纲和谐原理，或称量纲一致性原理。如连续性方程 $v_1A_1 = v_2A_2$ 中的每项的量纲均为 $[L^3T^{-1}]$，伯努利方程 $z + p/\rho g + v^2/2g = c$ 中的每一项量纲皆为 $[L]$ 等等。如果一个物理方程中的各项不满足量纲和谐原理，就可以判定该方程是不正确的。

瑞利法就是利用量纲的和谐原理建立物理方程的一种量纲分析方法。下面就结合声速公式的推导来说明瑞利法的步骤。

【例 6.1】假设声速与气流的压力、密度和黏度有关，试用瑞利法推导声速公式。

解：（1）分析物理现象，找出相关的物理量。设声速 c 与气体的压力 p，密度 ρ 和黏度 μ 有关，先假定

$$c = kp^x\rho^y\mu^z$$

式中，k —— 无量纲系数。

（2）写出量纲方程。上式的量纲方程为

$$[c] = [k][p^x][\rho^y][\mu^z]$$

或

$$[L^1T^{-1}M^0] = [1][L^{-x}T^{-2x}M^x][L^{-3y}T^0M^y][L^{-z}T^{-z}M^z] = [L^{-x-3y-z}T^{-2x-z}M^{x+y+z}]$$

（3）利用量纲和谐原理建立关于指数的代数方程组，解出指数。由量纲和谐原理可知，上式两端同名基本量纲的指数应相同，所以有

$$\begin{cases} -x-3y-1 = -1 \\ -2x-z = -1 \\ x+y+z = 0 \end{cases}$$

解之可得 $x = 1/2$，$y = -1/2$，$z = 0$。将其回代到假设的物理方程中，整理可得

$$c = kp^{1/2}\rho^{-1/2}\mu^0 \text{ 或 } c = \sqrt{k\frac{p}{\rho}}$$

对完全气体有 $p = \rho RT$，所以声速公式为

$$c = \sqrt{kRT}$$

应用瑞利法应注意以下两点：

（1）瑞利法只不过是一种量纲分析方法，所推得的物理方程是否正确与之无关，成败关键还在于对物理现象所涉及的物理量考虑的是否全面。在上例中，如果忽略了压力 p，就不可能得到正确的声速公式。但是考虑了多余的变量却不会引起类似的问题，例如上例中的黏度 μ，即使考虑了这个多余的物理量也不会对推导结果产生任何的影响。

（2）瑞利法对涉及物理量的个数少于 5 个的物理现象是非常方便的，对于涉及 5 个以上（含 5 个）变量的物理现象虽然也是适用的，但不如 π 定理方便。

6.1.3　π 定 理

如果一个物理现象包含 n 个物理量，m 个基本量，则这个物理现象可由这 n 个物理量组成的 $(n-m)$ 个无量纲量所表达的关系式来描述。因为这些无量纲量用 π 来表示，就把这个定理称为 π 定理。

π 定理的实质就是，将以有量纲的物理量表示的物理方程化为以无量纲量表述的关系式，

使其不受单位制选择的影响。假设一个物理过程涉及 n 个物理量 $x_1, x_2, \cdots, x_n$，则这些量的函数关系可以表示为

$$f(x_1, x_2, x_3, \cdots, x_n) = 0 \tag{6.2}$$

设这 n 个物理量中包含 m 个基本量，则可用由 n 个物理量组成的 $(n-m)$ 个无量纲数 $\pi_1, \pi_2, \pi_3, \cdots, \pi_{n-m}$ 组成的关系式来描述这一物理现象，即

$$F(\pi_1, \pi_2, \cdots, \pi_{n-m}) = 0 \tag{6.3}$$

现在介绍应用 π 定理作量纲分析的步骤：

(1)根据对研究对象的认识，确定影响这一物理现象的所有物理量，写成式(6.2)的形式。这里所说的有影响的物理量，是指对研究对象起作用的所有的物理量，包括流体的物性参数，流场的几何参数，流场的运动参数和动力学参数等，既包括变量也包括常量。这些物理量列举的是否全面，将直接影响分析结果。由此可见，这一步是非常重要的，也是比较困难的，这主要取决于对研究对象的认识程度。

(2)从所有的 n 个物理量中选取 m（流体力学中一般取 $m=3$）个基本物理量，作为 m 个基本量纲的代表。通常取比较具有代表性的几何特征量、流体物性参量和运动参量各一个，例如研究黏性流体管流时，取流体的密度 ρ、管道直径 d 和平均流速 μ 作为基本量。假定选择 x_1、x_2、x_3 作为基本量，基本量的量纲公式为

$$[x_1] = [L^{\alpha_1} T^{\beta_1} M^{\gamma_1}], \quad [x_2] = [L^{\alpha_2} T^{\beta_2} M^{\gamma_2}], \quad [x_3] = [L^{\alpha_3} T^{\beta_3} M^{\gamma_3}]$$

这三个基本物理量在量纲上必须是独立的，它们不能组成一个无量纲量。它们的量纲相互独立时必须满足的条件是：由这三个量的量纲指数组成的行列式不为 0，即

$$\begin{vmatrix} \alpha_1 & \beta_1 & \gamma_1 \\ \alpha_2 & \beta_2 & \gamma_2 \\ \alpha_3 & \beta_3 & \gamma_3 \end{vmatrix} \neq 0$$

(3)从 3 个基本物理量以外的物理量中，每次轮取一个，连同三个基本物理量组合成一个无量纲的 π 万项，即如下的 $(n-3)$ 个 π 项，

$$\pi_1 = \frac{x_4}{x_1^{a_1} x_2^{b_1} x_3^{c_1}}, \quad \pi_2 = \frac{x_5}{x_1^{a_2} x_2^{b_2} x_3^{c_2}}, \quad \pi_{n-3} = \frac{x_n}{x_1^{a_{n-3}} x_2^{b_{n-3}} x_3^{c_{n-3}}}$$

式中　a_i, b_i, c_i——各 π 项的待定系数。

(4)根据量纲和谐原理求各 π 项的指数 a_i, b_i, c_i。

(5)写出描述物理现象的关系式，即

$$F(\pi_1, \pi_2, \cdots, \pi_{n-m}) = 0$$

【例 6.2】已知流体在圆管中流动时的压差 Δp 与下列因素有关：管道长度 l，管道直径 d，动力黏度 μ，液体密度 ρ，流速 v，管壁粗糙度 Δ。试用 π 定理建立水头损失 h_w 的计算公式。

解：(1)这一流动现象所涉及的各物理量可写成如下的函数形式

$$f(\Delta p, l, d, v, \rho, \mu, \Delta) = 0$$

(2)选取流体的密度 ρ，流速 v，和管径 d 为基本量，它们的量纲公式为

$$[\rho] = [L^{-3} T^0 M^1], \quad [V] = [L^1 T^{-1} M^0], \quad \text{及} \quad [d] = [L^1 T^0 M^0]$$

它们的量纲指数行列式为

$$\begin{vmatrix} -3 & 0 & 1 \\ 1 & -1 & 0 \\ 1 & 0 & 0 \end{vmatrix} = 1 \neq 0$$

说明这三个量的量纲是独立的,可以作为基本量。

(3)现在便可以用其他的 4 个量与这 3 个基本量组成 4 个无量纲量了。

$$\pi_1 = \frac{\Delta p}{\rho^x v^y d^z}$$

由于为无量纲量,则有

$$[\Delta p] = [\rho^x v^y d^z]$$

或

$$[M^1 L^{-1} T^{-2}] = [M^x L^{-3x+y+z} T^{-y}]$$

量纲指数构成的代数方程为

$$\begin{cases} x = 1 \\ -3x + y + z = -1 \\ -y = -2 \end{cases}$$

可解得 $x = 1, y = 2, z = 0$,所以

$$\pi_1 = \frac{\Delta p}{\rho v^2}$$

同理可得 $\pi_2 = \dfrac{\mu}{\rho v d}$, $\pi_3 = \dfrac{l}{d}$, $\pi_4 = \dfrac{\Delta}{d}$

(4)无量纲关系式为

$$f\left(\frac{\Delta p}{\rho v^2}, \frac{\mu}{\rho v d}, \frac{l}{d}, \frac{\Delta}{d}\right) = 0$$

或

$$\frac{\Delta p}{\rho v^2} = f\left(\frac{\mu}{\rho v d}, \frac{l}{d}, \frac{\Delta}{d}\right)$$

或

$$\Delta p = f\left(\frac{\mu}{\rho v d}, \frac{l}{d}, \frac{\Delta}{d}\right) \rho v^2$$

则

$$h_w = \frac{\Delta p}{\rho g} = f\left(\frac{\mu}{\rho v d}, \frac{l}{d}, \frac{\Delta}{d}\right) \frac{v^2}{2g}$$

实验表明,圆管的水头损失与成正比,上式可写成

$$h_w = f(Re, \varepsilon) \frac{l}{d} \frac{v^2}{2g}$$

引入雷诺数 $Re = \rho v d / \mu$ 和相对粗糙度 $\varepsilon = \Delta / d$,则有

$$h_w = f\left(\frac{\mu}{\rho v d}, \frac{\Delta}{d}\right) \frac{l}{d} \frac{v^2}{2g}$$

上式又可表示为

$$h_w = \lambda \frac{l}{d} \frac{v^2}{2g} \tag{6.4}$$

这就是著名的达西公式。式中 $\lambda = f(Re, \varepsilon)$ 称为阻力系数,其值可用经验公式算得,也可通过查阅相关的图表得到,或者由实验确定。

需要初学者注意,在上述推导过程中,始终使用的函数符号 f 并不表示明确的函数关系,而只是表示以其后括号里的物理量或无量纲量决定的一个量。比如 $3\sin(1/x) = \sin x$ 不一定

成立,而 $f(1/\mathrm{Re}) = 2f(\mathrm{Re})$ 则成立,因为 sin 是一个具有明确含义的函数,而 f 不是确定函数,比如 $f(1/\mathrm{Re})$ 和 $2f(\mathrm{Re})$ 仅仅表示两者都是 Re 的函数而已,下面的例题中依然如此。

【例 6.3】 影响喉道处流速 v_2 的因素有:文丘利管进口断面直径 d_1,喉道断面直径 d_2,水的密度 ρ,动力黏滞系数 μ,及两个断面间的压强差 Δp。试推导文丘利管的流量关系式。

解: (1)确定影响因素,共有 $n=6$ 个物理量,列出函数关系式

$$f(v_2, d_1, d_2, \rho, \mu, \Delta p) = 0$$

(2)在 6 个物理量中选取 $m=3$ 个基本物理量:代表几何尺度的 d_2,代表运动量的 v_2,代表物性的 ρ,其量纲公式为

$$[d_2] = [L^1, T^0, M^0], \quad [v_2] = [L^1, T^{-1}, M^0], \quad [\rho] = [L^{-3}, T^0, M^1]$$

其指数行列式为 -1,不等于 0。所以上列三个基本物理量的量纲是独立的,可以作为基本量。

(3)写出 $n-3 = 3$ 个无量纲 π 项

$$\pi_1 = \frac{d_1}{d_2^{a_1} v_2^{b_1} \rho^{c_1}}, \quad \pi_2 = \frac{\mu}{d_2^{a_2} v_2^{b_2} \rho^{c_2}}, \quad \pi_3 = \frac{\Delta p}{d_2^{a_3} v_2^{b_3} \rho^{c_3}}$$

(4)根据量纲和谐原理,可确定各 π 项的指数,则

$$\pi_1 = \frac{d_1}{d_2}, \quad \pi_2 = \frac{\mu}{d_2 v_2 \rho}, \quad \pi_3 = \frac{\Delta p}{\rho v_2^2}$$

(5)无量纲关系式可写为

$$f\left(\frac{d_1}{d_2}, \frac{\mu}{d_2 v_2 \rho}, \frac{\Delta p}{\rho v_2^2}\right) = 0$$

或

$$\frac{\rho v_2^2}{\Delta p} = f\left(\frac{d_2}{d_1}, \frac{d_2 v_2 \rho}{\mu}\right)$$

由此可解出喉部流速为

$$v_2 = \sqrt{\frac{\Delta p}{\rho}} f_2\left(\frac{d_2}{d_1}, \frac{d_2 v_2 \rho}{\mu}\right) = \sqrt{2g \frac{\Delta p}{\rho g}} \frac{1}{\sqrt{2}} f\left(\frac{d_2}{d_1}, \mathrm{Re}\right)$$

流量为

$$Q = Av_2 = \frac{\pi}{4} d^2 \sqrt{2g \frac{\Delta p}{\rho g}} f\left(\frac{d_2}{d_1}, \mathrm{Re}\right)$$

或

$$Q = \alpha \frac{\pi}{4} d^2 \sqrt{2g \frac{\Delta p}{\rho g}}$$

其中无量纲数 $\alpha = f(d_2/d_1, \mathrm{Re})$ 称为流量系数。

6.2　相　似　原　理

6.2.1　流动相似的概念

由于工程实际流动的复杂性,很多问题很难单纯依靠理论解析求得答案,必须依靠实验研究来解决。因此需要知道如何进行实验以及如何把实验结果应用到实际问题中去。相似原理是指导实验的理论基础,同时也是对流动现象进行理论分析的一个重要手段,其应用十分广

泛,小到物质分子结构,大到大气环流、海洋环流等等,都可以借助相似原理来探求其运动
规律。

流动相似的概念是几何相似概念的推广和发展。几何相似是指两个几何图形间对应的尺
寸保持固定的比例关系,对应角相等。把一个图形的任一长度乘以它们之间的比例,就能得到
另一个图形的相应长度。

把几何相似的概念推广到流动现象,就可以得到流动相似的概念:如果两个流动的相应点
上,所有表征流动状况的各物理量都保持各自的固定比例关系,则称这两个流动是相似的。在
上一节中已经将流体力学中的物理量按照不同的种类和性质划分为:几何学量、运动学量和动
力学量三种。因此,两个相似的流动也应包含几何相似、运动相似和动力相似。

1. 几何相似

几何相似是指两个流动对应的线段成比例,对应角度相等,对应的边界性质(指固体边界
的粗糙度或者自由液面)相同。两个流动的长度比例尺可表示为

$$\lambda_l = \frac{l_p}{l_m} \tag{6.5}$$

式中,下标 p、m 分别代表原型和模型。面积比例尺和体积比例尺可表示为

$$\lambda_A = \frac{A_p}{A_m} = \lambda_l^2 \tag{6.6}$$

$$\lambda_V = \frac{V_p}{V_m} = \lambda_l^3 \tag{6.7}$$

由此可知,长度比例尺是几何相似的基本比例尺,其他的比例尺均可用长度比例尺来表示,长
度比例尺的选择也是设计实验方案的第一步,通常在 10~100 之间取值。如果原型与模型的
各方向上的尺寸都取同一比例尺,则称为正态模型,否则称为变态模型。例如,在模拟长输管
线内的流动时,如果按正态模型设计的话,一方面模型管径将会非常的小,改变了流动性质;另
一方面,这类实验只需模拟出单位管长上的压降等参数,无需模拟整个管道的压降等。因此,
这类实验均采用变态模型进行实验。

几何相似只是流动相似的必要条件,只有实现了几何相似才能在原型和模型间找到对应
点,但流动是否相似还需满足其他的条件。

2. 运动相似

运动相似是指两个流动对应点处的同名运动学量成比例。这里主要是指速度矢量 v 和加
速度矢量 a 相似。在两个运动相似的流动间,对应流体质点的运动轨迹也应满足几何相似,且
流过对应轨迹线上对应线段的时间也应成比例。所以,时间比例尺、速度比例尺和加速度比例
尺可表示为

$$\lambda_t = \frac{t_p}{t_m} \tag{6.8}$$

$$\lambda_v = \frac{v_p}{v_m} = \frac{l_p/t_p}{l_m/t_m} = \frac{\lambda_l}{\lambda_t} \tag{6.9}$$

$$\lambda_a = \frac{a_p}{a_m} = \frac{v_p/t_p}{v_m/t_m} = \frac{l_p/t_p^2}{l_m/t_m^2} = \frac{\lambda_v}{\lambda_t} = \frac{\lambda_l}{\lambda_t^2} \tag{6.10}$$

作为加速度的特例,重力加速度比例尺为

$$\lambda_g = \frac{g_p}{g_m}$$

如果原型与模型均在地球上,则 $\lambda_g = 1$。这就限制了我们对模型比例尺的选择范围。

运动相似也是流动相似的必要条件,只有在两个几何相似和运动相似的流动之间,实现了动力相似才真正实现了流动相似。因此,动力相似才是流动相似的主导因素,是流动相似的充分条件。

3. 动力相似

动力相似是指两个流动对应点上的同名动力学量成比例。主要是指作用在流体上的力包括重力 G、黏性力 F、压力 p、弹性力 E 等相似,所以力的比例尺可表示为

$$\lambda_F = \frac{F_p}{F_m} = \frac{G_p}{G_m} = \frac{T_p}{T_m} = \frac{p_p}{p_m} = \frac{E_p}{E_m} \tag{6.11}$$

6.2.2　牛顿一般相似原理

设作用在流体上的合外力为 F,流体的加速度为 a,流体的质量为 m。由牛顿第二定律 $F = ma$ 可知,力的比例尺 λ_F 可表示为

$$\lambda_F = \frac{F_p}{F_m} = \frac{m_p a_p}{m_m a_m} = \frac{\rho_p V_p a_p}{\rho_m V_m a_m} = \lambda_\rho \lambda_l^3 \lambda_a \lambda_t^{-2} = \lambda_\rho \lambda_l^2 \lambda_v^2 \tag{6.12}$$

也可以写为

$$\frac{F_p}{\rho_p l_p^2 v_p^2} = \frac{F_m}{\rho_m l_m^2 v_m^2} \tag{6.13}$$

式中,$\dfrac{F}{\rho l^2 v^2} = \dfrac{F}{ma} = \dfrac{合外力}{惯性力}$ 为无量纲数,表示作用在流体上的合外力与惯性力之比,称为牛顿数,以 Ne 表示,即

$$Ne = \frac{F}{\rho l^2 v^2} \tag{6.14}$$

则式(6.13)可写为

$$Ne_p = Ne_m \tag{6.15}$$

由此可得,动力相似的判据为牛顿数相等,这就是牛顿一般相似原理。在两个动力相似的流动中的无量纲数称为相似准数,例如牛顿数。作为判断流动是否动力相似的条件称为相似准则,如牛顿数相等这一条件。因此,牛顿一般相似原理也可称为牛顿相似准则。

6.2.3　相似准则

若两个流动完全满足牛顿相似准则,作用在流体上的各种力保持同一比例尺,这种相似称为完全动力相似,实现完全动力相似是不可能的。实践证明,实现完全动力相似也是没有必要的,这是因为针对某一具体的流动,各种力所起的作用也不尽完全相同,起主导作用的往往只有一种力。因此,在设计实验时,只要实现了这个起主导作用的力的相似就可以了,这种相似称为部分动力相似。下面就分别介绍几种力的相似准则。

1. 重力相似准则

当作用在流体上的合外力中重力起主导作用时,则有 $F = G = \rho g v = \rho g l^3$,则牛顿数可表示为

$$Ne = \frac{G}{\rho l^2 v^2} = \frac{\rho g V}{\rho l^2 v^2} = \frac{\rho g l^3}{\rho l^2 v^2} = \frac{gl}{v^2} \tag{6.16}$$

引入弗劳德数 $Fr = v/\sqrt{gl}$，则牛顿数相等这一相似准则就转化为

$$Fr_p = Fr_m \tag{6.17}$$

由此可见，重力相似准数就是弗劳德数，重力相似准则就是原型与模型的弗劳德数相等。由式(6.13)的物理意义可推断弗劳德数的物理意义是惯性力与重力的比值。

2. 黏性力相似准则

当作用在流体上的合外力中黏性力起主导作用时，则有 $F = T = A\mu\,\mathrm{d}u/\mathrm{d}y$，牛顿数可表示为

$$Ne = \frac{T}{\rho l^2 v^2} = \frac{\mu \frac{v}{l} l^2}{\rho l^2 v^2} = \frac{\mu}{\rho l v} \tag{6.18}$$

引入雷诺数 $Re = \rho v/\mu$，则牛顿数相等这一相似准则就转化为

$$Re_p = Re_m \tag{6.19}$$

由此可见，黏性力相似准数就是雷诺数，黏性力相似准则就是原型与模型的雷诺数相等。对于圆管内的流动，可取管径 d 作为特征尺度，这时的雷诺数可表示为

$$Re = \frac{\rho v d}{\mu} = \frac{v d}{\nu} \tag{6.20}$$

雷诺数的物理意义是惯性力与黏性力的比值。

3. 压力相似准则

当作用在流体上的合外力中压力起主导作用时，则有 $F = P = pA$，牛顿数可表示为

$$Ne = \frac{P}{\rho l^2 v^2} = \frac{p l^2}{\rho l^2 v^2} = \frac{p}{\rho v^2} \tag{6.21}$$

引入欧拉数 $Eu = p/\rho v^2$，则牛顿数相等这一相似准则就转化为

$$Eu_p = Eu_m \tag{6.22}$$

由此可见，压力相似准数就是欧拉数，压力相似准则就是原型与模型的欧拉数相等。欧拉数的物理意义是压力与惯性力的比值。

6.3 模型实验

6.3.1 模型实验的概念

实验方案的设计，首先要解决原型与模型之间各种比例尺的选择问题，即所谓模型律问题。无论采用哪一种模型律，几何相似是必要条件。因此，长度比例尺的选择是首要的。在保证实验结果正确的前提下，考虑实验的经济性，模型宜做的小一些，即长度比例尺应大一些。长度比例尺确定之后，就要依据流动中起主导作用的力选择对应的相似准则。例如，当黏滞力为主时，则选用雷诺准则设计模型，称为雷诺模型；当重力为主时，则选用弗劳德准则设计模型，称为弗劳德模型。

6.3.2 雷诺模型

在雷诺模型中，要求原型和模型的雷诺数相等，即 $Re_p = Re_m$。由此可以推得流速的比例尺为

$$\lambda_v = \frac{\lambda_\nu}{\lambda_1} \tag{6.23}$$

一般来讲,设计完全封闭的流场内的流动(如管道、流量计、泵内的流动等)或物体绕流(潜水艇、飞机和建筑物的绕流等)的实验方案设计,应采用雷诺模型。

【例 6.4】 利用内径 0.05 m 的管子通过水流来模拟内径为 0.5 m 管子内的标准空气流,若气流速度为 2 m/s,空气运动黏度 0.15 cm/s^2,为保持动力相似,求模型管中的水流速度?

解: 依题意有 $\mathrm{Re}_p = \mathrm{Re}_m$,或

$$\frac{v_p d_p}{v_p} = \frac{v_m d_m}{v_m}$$

由此可得

$$v_m = v_p \frac{v_m d_p}{v_p d_m} = 2 \times \frac{0.01}{0.15} \times \frac{0.5}{0.05} = 1\frac{1}{3} \text{ (m/s)}$$

6.3.3　弗劳德模型

在弗劳德模型中,要求原型和模型的弗劳德数相等,即 $Fr_p = Fr_m$。当原型与模型同在地球上时 $\lambda_g = 1$,可以推得流速的比例尺为

$$\lambda_v = \lambda_l^{1/2} \tag{6.24}$$

式(6.24)与式(6.23)对照可以发现,通常情况下,这两种模型对速度比例尺与长度比例尺的要求不能同时满足,即完全动力相似不可能实现。

一般来讲,设计与重力波有关(如波浪理论、水面船舶兴波阻力理论、气液两相流体力学等)的实验方案设计,应采用弗劳德模型。

【例 6.5】 水上坦克模型,几何尺寸缩小 5 倍。欲使模型运动速度与原型在水上航速 10 km/h 相似,则模型航速应为多少?

解: 预保持重力相似应维持弗劳德数相等,即

$$Fr_p = Fr_m$$

或

$$\frac{v_p^2}{g_p l_p} = \frac{v_m^2}{g_m l_m}$$

所以有

$$v_m = v_p \sqrt{\frac{g_m l_m}{g_p l_p}} = 10 \times \sqrt{\frac{1}{5}} = 4.47 \text{ (km/h)}$$

即模型的速度应保持 4.47 km/h。

思　考　题

1. 试用量纲分析法分析自由落体在重力影响下降落距离 s 的公式为 $s = kgt^2$,假设 s 与物体质量 m、重力加速度 g 和时间 t 有关。

2. 检查以下各综合数是否为无量纲数:

(1) $\sqrt{\frac{\Delta p}{\rho}} \cdot \frac{Q}{L^2}$;(2) $\frac{\rho Q}{\Delta p L^2}$;(3) $\frac{\rho L}{\Delta p \cdot Q^2}$;(4) $\frac{\Delta p \cdot LQ}{\rho}$;(5) $\sqrt{\frac{\rho}{\Delta p}} \cdot \frac{Q}{L^2}$。

3. 假设泵的输出功率 $N_泵$ 是液体密度 ρ、重力加速度 g、流量 Q、和扬程 H 的函数,试用

量纲分析法建立其关系。

4. 假设理想液体通过小孔的流量 Q 与小孔的直径 d，液体密度 ρ 以及压差 Δp 有关，用量纲分析法建立理想液体的流量表达式。

5. 有一直径为 D 的圆盘，沉没在密度为 ρ 的液池中，圆盘正好沉于深度为 H 的池底，用量纲分析法建立液体作用于圆盘面上的总压力 P 的表达式。

6. 用一圆管直径为 20 cm，输送 $v = 4 \times 10^{-5}$ m²/s 的油品，流量为 12 L/s。若在实验室内用 5 cm 直径的圆管作模型试验，假如采用(1)20℃的水，(2)$v = 17 \times 10^{-6}$ m²/s 的空气，则模型流量各为多少时才能满足黏滞力的相似？

7. 一长为 3 m 的模型船以 2 m/s 的速度在淡水中拖曳时，测得的阻力为 50 N，试求(1)若原型船长 45 m，以多大的速度行驶才能与模型船动力相似。(2)当原型船以(1)中求得的速度在海中航行时，所需的拖曳力(海水密度为淡水的 1.025 倍。仅考虑船体的兴波阻力相似，不需考虑黏滞力相似，即仅考虑重力相似)。

7 明渠流动

人工渠道、天然河道以及未充满水流的管道等统称为明渠。明渠流是一种具有自由表面的流动,表面上各点受大气压强作用,其相对压强为零,所以明渠流动又称为无压流动。

明渠水流根据其空间点上运动要素是否随时间变化分为恒定流动与非恒定流动;明渠恒定流动里又根据运动要素是否沿程变化分为均匀流动与非均匀流动两类。本章将着重介绍明渠恒定流的水力计算。

7.1 明渠的分类

由于过流断面形状、尺寸与底坡的变化对明渠水流有重要影响,因此在工程流体力学中把明渠分为以下类型:

(1)按断面形状和尺寸是否沿程变化,可分为棱柱形渠道与非棱柱形渠道。凡是断面形状及尺寸沿程不变的长直渠道,称为棱柱形渠道,否则为非棱柱形渠道。前者的过流断面面积 A 仅随水深 h 而变化,即 $A = f(h)$;后者的过流断面面积不仅随水深变化,而且还随各断面的沿程位置而变化,即 $A = f(h,s)$。断面规则的长直人工渠及涵洞是典型的棱柱形渠道。而连接两条断面形状和尺寸不同的渠道的过渡段,则是典型的非棱柱形渠道。

至于渠道的断面形状,有梯形、矩形、圆形和抛物线形等多种,如图 7.1 所示。

(2)按渠道底坡的不同,可分为顺坡、平坡和逆坡渠道。明渠底一般是个倾斜平面,它与渠道纵剖面的交线称为渠底线,如图 7.2 所示。该渠底线与水平线交角 θ 的正弦称为渠底坡度

$$i = \sin\theta = \frac{z_1 - z_2}{l} = \frac{\Delta z}{l} \tag{7.1}$$

在一般情况下,θ 角很小($i \leqslant 0.01$),渠底线长度 l 在实用上可认为与其水平投影长度相等,即

$$i = \frac{\Delta z}{l_x} = \tan\theta \tag{7.2}$$

同样,因渠道底坡很小,可用铅垂断面代替实际的过流断面,用铅垂水深 h 代替过流断面水深,从而给工程计算和测量提供了方便。

一般规定:渠底沿程降低,即 $i > 0$ 的渠道为顺坡渠道,如图 7.3(a)所示;渠底水平,即 $i = 0$ 的渠道为平坡渠道,如图 7.3(b)所示;渠底沿程升高,即 $i < 0$ 的渠道为逆坡渠道,如图 7.3(c)所示。

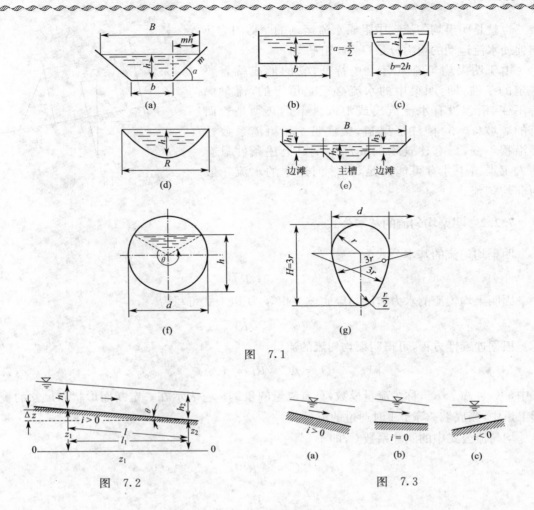

图　7.1

图　7.2　　　　　　　　　　　　　图　7.3

7.2　明渠均匀流

7.2.1　明渠均匀流的特征及形成条件

　　均匀流动是指运动要素沿程不变的流动。明渠均匀流就是明渠中水深、断面平均流速、流速分布均保持沿程不变的流动。由于水深及流速水头沿程不变,水面线、渠底线及总水头线三线互相平行,如图 7.4 所示,也就是说明渠均匀流的水力坡度 J、测压管水头线坡度 J_p 和渠道底坡 i 彼此相等,即

$$J = J_p = i \tag{7.3}$$

　　明渠均匀流既然是一种等速直线运动,没有加速度,则作用在水体上的力必然是平衡的。在图 7.4 所示均匀流动中取出断面 1-1 和断面 2-2 之间的水体进行分析,作用在水体上的力有重力 G、阻力 F、两断面上的动水压力 P_1 和 P_2。写流动方向的平衡方程

$$P_1 + G\sin\theta - F - P_2 = 0$$

　　因流动为均匀流动,其压强符合静水压强分布规律,水深又不变,故 P_1 和 P_2 大小相等,方向相反因而得

$$G\sin\theta = F \tag{7.4}$$

也就是明渠均匀流动中阻碍水流运动的摩擦阻力 F 与促使水流运动的重力分量 $G\sin\theta$ 相平衡。

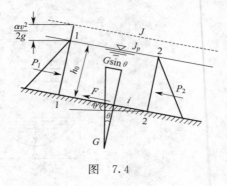

图 7.4

由于明渠均匀流具有上述特征，它的形成就需要一定的条件，即：明渠中的水流必须是恒定的，流量保持不变，沿程没有水流流出或汇入。渠道必须是长而直的顺坡($i>0$)棱柱形渠道，渠底坡 i 和粗糙系数行要沿程不变，没有建筑物的局部干扰。上述条件只有在人工渠道中才有可能满足，天然河道中的水流一般为非均匀流。

7.2.2　明渠均匀流的基本公式

明渠均匀流的基本公式为

$$v = C\sqrt{RJ}$$

因明渠均匀流的水力坡度与渠底坡度相等，所以上式可写为

$$v = C\sqrt{Ri} \tag{7.5}$$

根据连续性方程，可得明渠均匀流的流量

$$Q = AC\sqrt{Ri} = K\sqrt{i} \tag{7.6}$$

式中，$K = AC\sqrt{R}$，称为流量模数，具有流量的量纲。它表示在一定断面形状和尺寸的棱柱形渠道中，当底坡 i 等于 1 时通过的流量。

均匀流公式中的谢才系数 C，即

$$C = \frac{1}{n}R^{1/6}$$

或

$$C = \frac{1}{n}R^y$$

其中

$$y = 2.5\sqrt{n} - 0.13 - 0.75\sqrt{R}(\sqrt{n} - 0.10)$$

谢才系数 C 是反映断面形状尺寸和粗糙程度的一个综合系数，从计算式可以看出，它与水力半径 R 值和粗糙系数 n 值有关，而 n 值的影响远比 R 值大得多。因此，正确地选择渠道壁面的粗糙系数 n 对于渠道水力计算成果和工程造价的影响颇大。对于一些重要河渠工程的 n，有时要通过实验或实测来确定，对于一般的工程计算，可选用附录Ⅱ表中数值。

式(7.5)、式(7.6)为明渠均匀流的基本公式。反映了 Q、A、R、i、n 等几个物理量间的相互关系。明渠均匀流的水力计算，就是应用这些公式由某些已知量推求一些未知量。

7.2.3　明渠的水力最优断面和允许流速

(1)水力最优断面

明渠均匀流输水能力的大小取决于渠道底坡、粗糙系数以及过流断面的形状和尺寸。在设计渠道时，底坡 i 一般随地形条件而定，粗糙系数 n 取决于渠壁的材料，故 i 和 n 是先确定的，于是，渠道输水能力 Q 只取决于断面大小和形状。从设计的角度考虑，希望在一定的流量

下,能得到最小的过流断面面积,以减少工程量,节省投资;或者是在过流断面面积、粗糙系数 n 和渠底纵坡 i 一定的条件下,使渠道所通过的流量最大。凡是符合这一条件的断面形式称为水力最优断面。

从明渠均匀流基本关系式

$$Q = AC\sqrt{Ri} = \frac{A}{n}R^{2/3}i^{1/2} = \frac{i^{1/2}}{n} \cdot \frac{A^{5/3}}{\chi^{2/3}}$$

可看出:当 i,n 及 A 给定后,则水力半径 R 最大,即湿周 χ 最小的断面,能通过最大的流量。在所有面积相等的几何图形中,圆形具有最小的周边,因而管道的断面形式通常为圆形,对于明渠则为半圆形。但是,半圆形断面施工困难,除在钢筋混凝土或钢丝网水泥渡槽等采用外,其余很少应用。在天然土壤中开挖的渠道,一般都采用梯形断面,边坡系数 $m = \cot\alpha$ 是由边坡稳定要求和施工条件确定的。这样,在不同的宽深比条件下有不同的湿周,其输水能力是不一样的。

下面讨论边坡系数已经确定的梯形断面的水力最优条件。

梯形过流断面如图 7.5 所示,断面各水力要素间的关系为

$$\left.\begin{array}{l} A = (b+mh)h \\[2mm] \chi = b + 2h\sqrt{1+m^2} \\[2mm] R = \dfrac{A}{\chi} = \dfrac{(b+mh)h}{b+2h\sqrt{1+m^2}} \\[2mm] B = b + 2mh \end{array}\right\} \qquad (7.7)$$

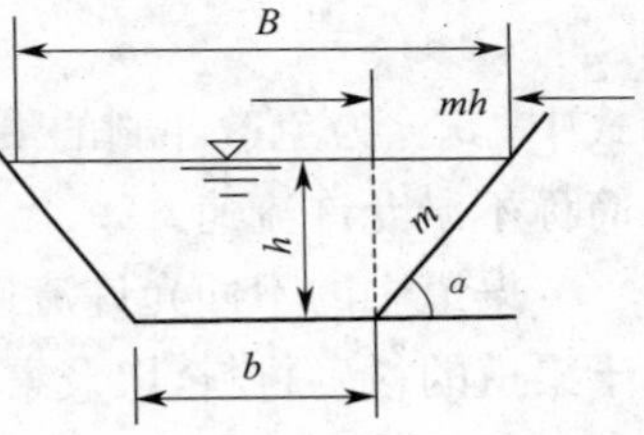

图　7.5

由式(7.7)可得梯形断面湿周 χ 为

$$\chi = \frac{A}{h} - mh + 2h\sqrt{1+m^2} \qquad\qquad (7.8)$$

根据水力最优断面的定义,当 A 为常数,湿周 χ 最小的断面,通过的流量最大。因此将式(7.8)对水深 h 取导数,求 $\chi = f(h)$ 的极小值。即令

$$\frac{\mathrm{d}\chi}{\mathrm{d}h} = -\frac{A}{h^2} - m + 2\sqrt{1+m^2} = 0 \qquad\qquad (7.9)$$

再求二阶导数得

$$\frac{d^2\chi}{dh^2} = 2 \cdot \frac{A}{h^3} > 0$$

故有 $\chi_{\min}$ 存在。解式(7.9),并以 $A = (b+mh)h$ 代入,可得以宽深比 $\beta = b/h$（通常写成 β_h）表示的梯形断面水力最优条件为

$$\beta_h = \left(\frac{b}{h}\right)_h = 2(\sqrt{1+m^2} - m) \qquad\qquad (7.10)$$

由此可见,水力最优断面的宽深比 β_h 仅是边坡系数 m 的函数。将上式依次代入 A、χ 关系式中,可得

$$R = \frac{h}{2} \qquad\qquad (7.11)$$

它说明梯形水力最优断面的水力半径等于水深的一半,且与边坡系数无关。

对于矩形断面来说,以 $m=0$ 代入式(7.10)得 $\beta_h=2$,即 $b=2h$,说明水力最优矩形断面的

底宽 b 为水深 h 的两倍。

应当指出,上述水力最优断面的概念只是从水力学角度提出的,在工程实践中还必须依据造价、施工技术、运转要求和养护等各方面条件来综合考虑和比较,选出最经济合理的断面形式。对于小型渠道,其造价基本上由过流断面的土方量决定,它的水力最优断面和其经济合理断面比较接近,按水力最优断面设计是合理的。对于大型渠道,水力最优断面往往是窄而深的断面。使得施工时深挖高填,养护时也较困难,因而不是最经济合理的断面。另外,渠道的设计不仅要考虑输水,还要考虑航运对水深和水面宽度等的要求,需要综合各方面的因素来考虑,

在这里所提出的水力最优条件,便是一种应考虑的因素。

(2)渠道的允许流速

渠中流速过大会引起渠道的冲刷和破坏,过小又会导致水中悬浮泥砂在渠中淤积,且易在河滩上滋生杂草,从而影响渠道的输水能力。因此,在设计渠道时,除考虑上述水力最优条件及经济因素外,还应使渠道的断面平均流速 v 在允许流速范围内,即

$$v_{max} > v > v_{min}$$

式中,v_{max} 为免遭冲刷的最大允许流速,简称不冲允许流速;v_{min} 为免受淤积的最小允许流速,简称不淤允许流速。

渠道中的不冲允许流速 v_{max} 取决于土质情况,即土壤种类、颗粒大小和密实程度,或取决于渠道的衬砌材料,以及渠中流量等因素。表 7.1 为我国陕西省水利厅总结的各种渠道免遭冲刷的最大允许流速,可供设计明渠时选用。

渠道中的不淤允许流速 $v_{min} = 0.4$ m/s;也可采用经验公式计算

$$v_{min} = \alpha h^{0.64} \tag{7.12}$$

式中,α 为淤积系数:夹带物中含粗粒砂时,$\alpha = 0.60 \sim 0.71$;含中砂时,$\alpha = 0.54 \sim 0.57$;含细砂时,$\alpha = 0.39 \sim 0.41$。h 为渠中正常水深,单位为 m;v_{min} 的单位为 m/s。

最后指出,如果渠道水力计算的结果,发现 $v > v_{max}$ 或 $v < v_{min}$,就应设法调整。

表 7.1(a)　坚硬岩石和人工护面渠道的不冲允许流速

岩石或护面种类 ＼ 不冲允许流速(m/s)	<1	1～10	>10
软质水成岩(泥灰岩、页岩、软砾岩)	2.5	3.0	3.5
中等硬质水成岩(致密砾岩、多孔石灰岩、层状石灰岩、白云石灰岩、灰质砂岩)	3.5	4.25	5.0
硬质水成岩(白云砂岩、硬质石灰岩)	5.0	6.0	7.0
结晶岩、火成岩	8.0	9.0	10.0
单层块石铺砌	2.5	3.5	4.0
双层块石铺砌	3.5	4.5	5.0
混凝土护面(水流中不含砂和砾石)	6.0	8.0	10.0

表 7.1(b)　土质渠道的不冲允许流速

土　质		粒径(mm)	不冲允许流速(m/s)	说　明
均质黏性土质	轻壤土		0.6～0.8	（1）均质黏性土质渠道中各种土质的干容重为 13 000～17 000 N/m³
	中壤土		0.65～0.85	
	重壤土		0.71～1.0	（2）表中所列为水力半径 $R=1.0$ m 的情况，如 $R \neq 1.0$ m 时，则应将表中数值乘以 F 才得相应的不冲允许流速值。
均质无黏性土质	黏土		0.75～0.95	
	极细砂	0.05～0.1	0.35～0.45	
	细砂和中砂	0.25～0.5	0.45～0.60	
	粗砂	0.5～2.0	0.60～0.75	对于砂、砾石、卵石、疏松的壤土、黏土：
	细砾石	2.0～5.0	0.75～0.90	$\alpha = \dfrac{1}{3} \sim \dfrac{1}{4}$
	中砾石	5.0～10.0	0.90～1.10	
	粗砾石	10.0～20.0	1.10～1.30	对于密实的壤土、黏土：
	小卵石	20.0～40.0	1.30～1.80	$\alpha = \dfrac{1}{4} \sim \dfrac{1}{5}$
	中卵石	40.0～60.0	1.80～2.20	

7.2.4　明渠均匀流水力计算的基本问题和方法

明渠均匀流的水力计算，我们主要介绍工程中常见的梯形断面、圆形断面和复式断面的水力计算问题及其方法。

（1）梯形断面明渠均匀流的水力计算

由均匀流基本公式(7.6)可看出，各水力要素间存在着以下的函数关系，即

$$Q = AC\sqrt{Ri} = f(b,h,m,n,i)$$

在一般情况下，边坡系数 m 值取决于土壤性质或铺砌形式，通常是预先确定的，因此，梯形断面渠道的水力计算主要解决以下四类问题。

第一类问题：已知 b、h、m、n、i，求流量 Q。在这种情况下，可根据已知值求出 A、R 及 C 后，直接按式(7.6)求出流量 Q。流量求出后，可按允许流速的要求进行校核，以判断是否会发生冲刷或淤积。

第二类问题：已知 Q、b、h、m、i，求渠道的粗糙系数 n。这类问题一般是针对已有渠道进行的。可由各已知值求出 A、R，然后根据均匀流基本公式得 $n = A \cdot R^{2/3} i^{1/2}/Q$，即可求得粗糙系数 n。

第三类问题：已知 Q、b、h、m、n，求渠道的底坡 i。这类问题在渠道的设计中会遇到。解决这类问题可先求出 A、R、C，并计算流量模数 K，然后由 $i = Q^2/K^2$ 即可求出 i。

第四类问题：已知 Q、m、n、i，设计渠道的过流断面尺寸 b 和 h。从基本公式 $Q = AC\sqrt{Ri} = f(b,h,m,n,i)$ 看出，这六个量中仅知四个量，需求两个未知量(b 和 h)，可能有许多组 b 和 h 的数值能满足这个方程式。为了使这个问题的解能够确定，必须根据工程要求及经济的条件，先定出渠道底宽 b，或水深 h，或者宽深比 $\beta = b/h$；有时，还可根据渠道的最大允许流速 v_{max} 来进行设计。现就四类问题说明如下。

① 底宽已定，求相应的水深 h

由式(7.6)得

$$K = \frac{Q}{\sqrt{i}} = AC\sqrt{R} = \frac{1}{n}A^{5/3}\chi^{-2/3}$$

$$= \frac{1}{n}\left[bh + mh^2\right]^{5/3} \cdot \left[b + 2h\sqrt{1+m^2}\right]^{-2/3}$$

这是一个较复杂的隐函数,不易直接求解,常用试算作图法求解。

假定一系列 h 值,求出相应的流量模数 K 值,作出 $K = f(h)$ 曲线,如图 7.6 所示。再根据给定的 Q 和 i,算出 $K = Q/\sqrt{i}$。在曲线上找出对应于此 K 值的 h 值,即为所求的正常水深 h。

②水深已定,求相应的宽度 b

仿照上述解法。作 $K = f(b)$ 曲线,如图 7.7 所示,然后找出对应于 $K = Q/\sqrt{i}$ 的 b 值,即为所求的底宽 b。

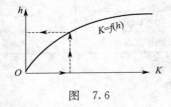
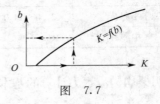

图　7.6　　　　　　　　　　　　　　图　7.7

③给定宽深比 $\beta = b/h$,求相应的 h 和 b 值

此处给定 β 值这一补充条件后,问题的解是可以确定的。对于小型渠道,一般按水力最优设计,$\beta = \beta_h = 2(\sqrt{1+m^2} - m)$;对于大型土渠的计算,则要考虑经济条件,对通航渠道则按特殊要求设计。

④从最大允许流速 v_{max} 出发,求相应的 b 和 h

解决这类问题的方法是将 v_{max} 作为被设计渠道的实际断面平均流速来考虑。由连续性方程得 $A = Q/v_{max}$,由谢才公式得 $R = (nv_{max}/i^{1/2})^{3/2}$。将所得 A、R 代入梯形断面的几何关系式,即

$$\begin{cases} (b+mh)h = A \\ \dfrac{A}{b + 2h\sqrt{1+m^2}} = R \end{cases}$$

联立两式,可解得 b 和 h 值。

【例 7.1】有一梯形断面渠道,已知底坡 $i = 0.0006$,边坡系数 $m = 1.0$,粗糙系数 $n = 0.03$,底宽 $b = 1.5$ m,求通过流量 $Q = 1$ m³/s 时的正常水深 h。

解:
$$K = \frac{Q}{\sqrt{i}} = \frac{1}{\sqrt{0.0006}} = 40.82 \text{ m}^3/\text{s}$$

$$A = (b + mh)h = (1.5 + 1.0h)h = 1.5h + h^2$$

$$\chi = b + 2h\sqrt{1+m^2} = 1.5 + 2h\sqrt{1+1.0^2} = 1.5 + 2.83h$$

假定一系数 h 值,由基本公式 $K = AC\sqrt{R} = (A^{5/3}/n) \cdot \chi^{2/3} = f(h)$,可得对应的 K 值,计算结果列于表内,并绘出 $K = f(h)$ 曲线,如图 7.8 所示。当 $K = 40.82$ m³/s 时,得 $h = 0.83$ m。

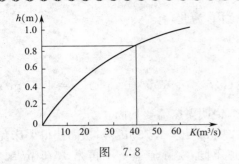

h(m)	0	0.2	0.4
K(m³/s)	0	3.40	11.07
h(m)	0.6	0.8	1.0
K(m³/s)	22.57	38.06	57.78

图 7.8

【例 7.2】有一排水沟,呈梯形断面,土质是细砂土,需要通过的流量为 3.5 m³/s。已知底坡 i 为 0.005,边坡系数 m 为 1.5,要求设计此排水沟断面尺寸并考虑是否需要加固,并已知渠道的粗糙系数 n 为 0.025,免冲的最大允许流速 v_{max} 为 0.32 m/s。

解: 现分别就允许流速和水力最优条件两种方案进行设计与比较。

第一方案——按允许流速 v_{max} 进行设计

从梯形过流断面中有

$$A = (b+mh)h \tag{a}$$

$$R = \frac{A}{\chi} = \frac{A}{b+2h\sqrt{1+m^2}} \tag{b}$$

现以 v_{max} 作为设计流速,有

$$A = \frac{Q}{v_{max}} = \frac{3.5}{0.32} = 10.9 \text{ m}^2$$

又从谢才公式得 $R = v^2/(C^2 i)$,应用曼宁公式 $C = (1/n)R^{1/6}$ 及 $v = v_{max}$ 代入,便有

$$R = \left(\frac{nv_{max}}{i^{1/2}}\right)^{3/2} = \left(\frac{0.025 \times 0.32}{0.005^{1/2}}\right)^{3/2} = 0.038 \text{ m}$$

然后把上述 A、R 值和 m 值代入式(a)和(b)。解得 $h=0.04$ m≈0,$b=287$ m;$h=137$ m,$b=-206$ m。显然这两组答案都是完全没有意义的,说明此渠道水流不可能以 $v=v_{max}$ 通过。

第二方案——按水力最优断面进行设计

$$\beta_h = 2(\sqrt{1+m^2}-m) = 2(\sqrt{1+1.5^2}-1.5) = 0.61$$

即

$$b = 0.61h$$

又

$$A = (b+mh)h = (0.61h+1.5h)h = 2.11h^2$$

此外,水利最优时

$$R = 0.5h$$

代入基本算式

$$Q = AC\sqrt{Ri} = A\left(\frac{1}{n}R^{1/6}\right)R^{1/2}i^{1/2}$$

$$= \frac{A}{n}R^{2/3}i^{1/2} = \frac{2.11h^2}{0.025}(0.5h)^{2/3}(0.005)^{1/2} = 3.77h^{8/3}$$

将 $Q = 3.5$ m³/s 代入上式,便得

$$h = \left(\frac{Q}{3.77}\right)^{3/8} = \left(\frac{3.5}{3.77}\right)^{3/8} = 0.97 \text{ m}$$

$$b = 0.61h = 0.59 \text{ m}$$

断面尺寸算出后,还需检验 v 是否在许可范围之内,为此,有

$$v = C\sqrt{Ri} = \frac{1}{n}R^{2/3}i^{1/2}$$

$$= \frac{1}{n}(0.5h)^{2/3}i^{1/2} = \frac{1}{0.025}(0.5\times0.97)^{2/3}(0.005)^{1/2} = 1.75 \text{ m/s}$$

这一流速,比允许流速 $v_{max} = 0.32$ m/s 大得多,说明渠床需要加固。

选用干砌块石护面,可把允许流速 v_{max} 提高到 2.0 m/s($>$1.75 m/s),从而使得渠床免受冲刷。由于干砌块石渠道的 n 与原来细沙土质渠道不同,实际流速 v 不再是 1.75 m/s。因此,便需对过流断面的尺寸重新进行计算。其计算方法同前。

(2)无压圆管均匀流的水力计算

无压管道是指不满流的长管道,如下水管道。考虑到水力最优条件,无压管道常采用圆形的过流断面,在流量比较大时还采用非圆形的断面,下面仅讨论圆形断面的情况,其它断面的水流情况类似。

直径不变的长直无压圆管,其水流状态与明渠均匀流相同,它的水力坡度 J、水面坡度 J_p,以及底坡 i 彼此相等,即 $J=J_p=i$。除此之外,无压管道均匀流还具有这样一种水力特性,即流速和流量分别在水流为满流之前,达到其最大值。也就是说,其水力最优情形发生在满流之前。

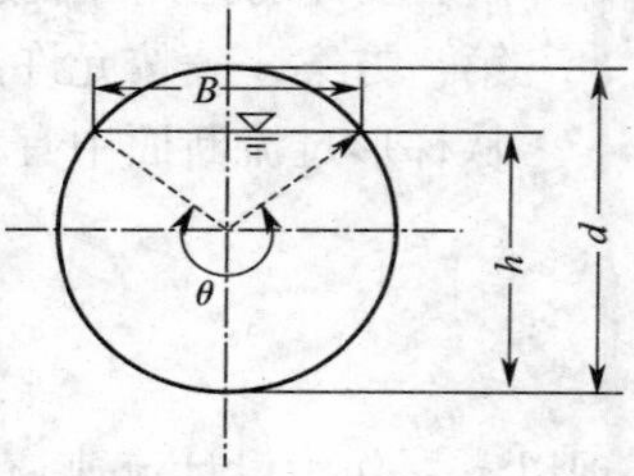

圆形断面无压均匀流的过流断面如图 7.9 所示。水流在管中的充满程度可用水深对直径的比值,即充满度 $\alpha = h/d$ 表示。θ 称为充满角。由几何关系可得各水力要素间的关系如下:

图　7.9

$$\text{过流断面面积}: A = \frac{d^2}{8}(\theta-\sin\theta)$$

$$\text{湿周}: \chi = \frac{d}{2}\theta$$

$$\text{水利半径}: R = \frac{d}{4}\left(1-\frac{\sin\theta}{\theta}\right)$$

$$\text{水面宽度}: B = d\sin\frac{\theta}{2}$$

$$\text{流速}: v = C\sqrt{Ri} = \frac{C}{2}\sqrt{d\left(1-\frac{\sin\theta}{\theta}\right)i}$$

$$\text{流量}: Q = AC\sqrt{Ri} = \frac{C}{16}d^{5/2}i^{1/2}\left[\frac{(\theta-\sin\theta)^3}{\theta}\right]^{1/2}$$

$$\text{充满度}: \alpha = \frac{h}{d} = \sin^2\frac{\theta}{4}$$

(7.13)

圆管无压均匀流若按流量公式直接计算往往相当繁复,因此,在实际工作中,常用图或表来进行计算。图 7.10 为无压圆管均匀流中流量和平均流速依水深 h 的变化图线。为了使图在应用上更具有普遍意义,能适用于各种不同管径的圆管,特引入了几个无量纲的组合量来表示图 7.10 形的坐标。图 7.10 中

$$\frac{Q}{Q_0} = \frac{AC\sqrt{Ri}}{A_0 C_0 \sqrt{R_0 i}} = \frac{A}{A_0}\left(\frac{R}{R_0}\right)^{2/3} = f_Q\left(\frac{h}{d}\right)$$

$$\frac{v}{v_0} = \frac{C\sqrt{Ri}}{C_0\sqrt{R_0 i}} = \left(\frac{R}{R_0}\right)^{2/3} = f_v\left(\frac{h}{d}\right)$$

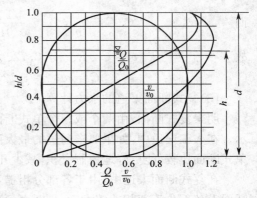

图 7.10

式中,不带脚标或带脚标"0"的各量分别表示不满流($h<d$)或满流(即 $h=d$)时的情形;d 为圆管直径。从图 7.10 中看出:

当 $h/d = 0.95$ 时,Q/Q_0 呈现最大值,$(Q/Q_0)_{max} = 1.087$。此时,管中通过的流量 Q_{max} 超过恰好满流时的流量 Q_0。

当 $h/d = 0.81$ 时,v/v_0 呈最大值,$(v/v_0)_{max} = 1.16$。此时,管中流速大于恰好满流时的流速 v_0。

在求解具体问题时,不满流的流量可按下式计算:

$$Q = \frac{C}{16}d^{5/2}i^{1/2}\left[\frac{(\theta - \sin\theta)^3}{\theta}\right]^{1/2} = f(d,\alpha,n,i)$$

公式反映 Q 与 α、n、d、i 四个变量间的关系。在管材一定(即 n 值确定)的条件下,无压圆管的水力计算,主要解决以下四类问题。

①已知 d、α、i、n,求 Q;

②已知 Q、d、α、n,求 i;

③已知 Q、d、i、n,求 α,即求 h;

④已知 Q、α、i、n,求 d。

在进行无压管道水力计算时,还要参考原国家建设部颁发的《室外排水设计规范》中的有关条款。其中污水管道应按不满流计算,其最大设计充满度按表 7.2 选用;雨水管道和合流管道应按满流计算;排水管的最大设计流速,金属管为 10 m/s,非金属管为 5 m/s;排水管的最小设计流速,在设计充满度下,对污水管道,当管径≤500 mm 时,为 0.7 m/s;当管径>500 mm 时,为 0.8 m/s。另外,对最小管径和最小设计坡度等也有规定,在实际工作中可参阅有关手册与规范。

表 7.2　最大设计充满度

管径(d)或暗渠深(H) (mm)	最大设计充满度 ($\alpha = h/d$ 或 h/H)
150~300	0.60
350~450	0.70
500~900	0.75
≥1000	0.80

【例 7.3】 某圆形污水管管径 $d=600$ mm,管壁粗糙系数 $n=0.014$,管道底坡 $i=0.0024$,求最大设计充满度时的流速及流量。

解: 从表 7.2 查得,管径 600 mm 的污水管的最大设计充满度为 $\alpha = h/d = 0.75$,代入 $\alpha = \sin^2(\theta/4)$,解得 $\theta = 4\pi/3$。由式(7.13)得

$$A = \frac{d^2}{8}(\theta - \sin\theta) = \frac{0.6^2}{8}\left(\frac{4}{3}\pi - \sin\frac{4}{3}\pi\right) = 0.2275 \text{ m}^2$$

$$\chi = \frac{d}{2}\theta = \frac{0.6}{2}\times\frac{4}{3}\pi = 1.2566 \text{ m}$$

$$R = \frac{A}{\chi} = \frac{0.2275}{1.2566} = 0.1810 \text{ m}$$

而 $$C = \frac{1}{n}R^{1/6} = \frac{1}{0.014} \times 0.181^{1/6} = 53.722 \text{ m}^{1/2}/\text{s}$$

故 $$v = C\sqrt{Ri} = 53.722 \times \sqrt{0.181 \times 0.002\,4} = 1.12 \text{ m/s}$$
$$Q = vA = 1.12 \times 0.227\,5 = 0.254\,8 \text{ m}^3/\text{s}$$

（3）复式断面渠道的水力计算

明渠复式断面，由两个或三个单式断面组成，例如天然河道中的主槽和边滩，如图 7.11 所示。在人工渠道中，如果要求通过的最大流量与最小流量相差很大，也常采用复式断面。它与单式断面比较，能更好地控制淤积，减少开挖量。

在复式断面渠道中，由于各部分粗糙系数不同（通常主槽的 n 值小于边滩的），水深不一，断面上各部分流速相差较大，而且断面面积和湿周都不是水深的单一函数。因此，应用单式断面的计算方法来进行复式断面的水力计算，必然产生较大的误差。为此，必须采取分别计算的办法，即将复式断面划分为若干个单式断面，如在边滩内缘作铅垂线 ab 和 cd，将断面分为主槽Ⅰ和边滩Ⅱ、Ⅲ，分别计算各部分的过流断面面积、湿周、水力半径、谢才系数、流速、流量等。复式断面的流量为各部分流量的总和，即

$$Q = \sum_{i=1}^{n} A_i v_i = \sum_{i=1}^{n} Q_i = \sum_{i=1}^{n} K_i \sqrt{i} \tag{7.14}$$

在计算中必须遵循下列两项原则：

①作为同一条渠道，渠道整体和各部分的水力坡度、水面坡度、渠底坡度均相等，即 $J_1 = J_2 = \cdots = J_{p1} = J_{p2} = \cdots i_1 = i_2 = \cdots = i$，这是水面在同一过流断面上形成水平水面的保证。否则，将出现交错的水面，显然这是不可能的。

②各部分的湿周仅考虑水流与固体壁面接触的周界。各单式断面间的水流交界线，如图中 ab、cd 上的加速或减速作用可以不计，因此，在计算时不计入湿周内。

【例 7.4】 图 7.12 表示一顺直河段的平均断面，中间为主槽，两旁为泄洪滩地。已知主槽中水位以下的面积为 160 m²，水面宽 80 m，水面坡度 0.000 2，这个坡度在水位够高时，反映出河底坡度 i。主槽粗糙系数 $n=0.03$，边滩 $n_1=0.05$。现拟在滩地修筑大堤以防 2 300 m³/s 的洪水，求堤高为 4 m 时之堤距。

解： 取洪水位时堤顶的超高为 1 m，则在洪水流量为 2 300 m³/s 时

滩地水深　　　　　　　　　$h_1 = 4 - 1 = 3 \text{ m}$

滩地的水力半径按宽浅形河道处理　　　$R_1 \approx h_1 = 3 \text{ m}$

主槽过流面积　　　　　　$A_2 = 160 + 3 \times 80 = 400 \text{ m}^2$

主槽湿周　　　　　　　　$\chi_2 \approx B_2 = 80 \text{ m}$

主槽水力半径　　　$R_2 = \dfrac{A_2}{\chi_2} = \dfrac{A_2}{B_2} = \dfrac{400}{80} = 5 \text{ m}$

主槽泄洪量　　$Q_2 = A_2 \dfrac{1}{n}R_2^{2/3}i^{1/2} = 400 \times \dfrac{1}{0.03} \times 5^{2/3} \times 0.000\,2^{1/2} = 552 \text{ m}^3/\text{s}$

滩地泄洪量　　$Q_1 + Q_3 = Q - Q_2 = 2\,300 - 552 = 1\,748 \text{ m}^3/\text{s}$

滩地流速 $v_1 = v_3 = C_1\sqrt{R_1 i} = \dfrac{1}{n}R_1^{2/3}i^{1/2} = \dfrac{1}{0.05} \times 3^{2/3} \times 0.000\,2^{1/2} = 0.588 \text{ m/s}$

滩地过流面积　　　$A_1 + A_3 = \dfrac{Q_1 + Q_3}{v_1} = \dfrac{1748}{0.588} = 2\,973 \text{ m}^2$

滩地水面宽度 $B_1 + B_3 = \dfrac{A_1 + A_3}{3} = \dfrac{2\,973}{3} = 991\ \text{m}$

堤距 $B_1 + B_3 + B_2 = 991 + 80 = 1\,071\ \text{m}$

可以看出,增加堤高就能减短堤距,这是个经济方案的比较问题。

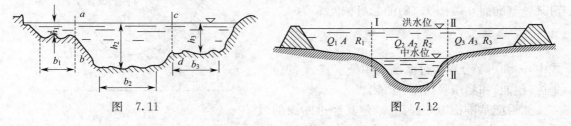

图 7.11 图 7.12

7.3 明渠恒定非均匀流动的若干基本概念

从本节开始,我们将集中讨论工程中常遇到的明渠恒定非均匀流的问题。从上节已知,明渠均匀流只能发生在断面形状、尺寸、底坡和糙率均沿程不变的长直渠道中,而且要求渠道没有修建任何水工建筑物。然而,对于铁道、道路和给排水等工程,常需在河渠上架桥(图 7.13),设涵(图 7.14)、筑坝(图 7.15)、建闸(图 7.16)和设立跌水(图 7.14)等建筑物。这些水工建筑物的兴建,破坏了河渠均匀流发生的条件,造成了流速、水深的沿程变化,从而产生了非均匀流动。除了人类活动因素的影响外,河渠由于受大自然的作用,过流断面的大小及河床底坡也经常变化,导致明渠水流产生非均匀流动。

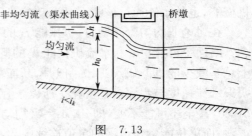

图 7.13

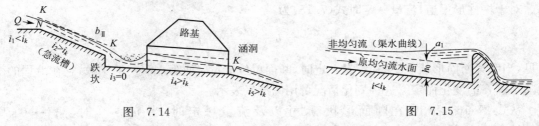

图 7.14 图 7.15

在明渠恒定非均匀流中,水流重力在流动方向上的分力与阻力不平衡,流速和水深沿程都发生变化,水面线一般为曲线。这时其 J、J_p 与 i 互不相等,如图 7.17 所示。

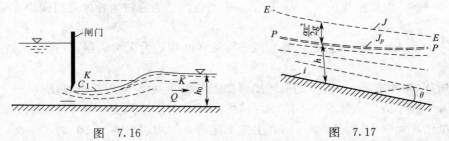

图 7.16 图 7.17

在明渠恒定非均匀流的水力计算中,常常需要对各断面水深或水面曲线进行计算,故下面各节将着重介绍明渠恒定非均匀流中水面曲线的变化规律及其计算方法。在深入了解非均匀流规律之前,先就明渠恒定非均匀流的若干基本概念作一些介绍。

7.3.1　断面单位能量

在明渠流动的任一过流断面中,单位重量液体对某一基准面 0-0(图 7.18)的总机械能 E 为

$$E = z + \frac{p}{\gamma} + \frac{\alpha v^2}{2g}$$

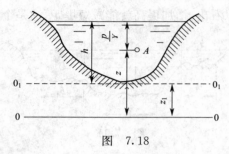

式中,z 和 p/γ 分别为过流断面中任一点 A 的位置坐标(位能)和测压管高度(压能)。

如果把基准面 0-0 提高 z_1 使其经过断面的最低点,则单位重量液体对新基准面 0_1-0_1 的机械能 e 为

图　7.18

$$e = E - z_1 = z + \frac{p}{\gamma} + \frac{\alpha v^2}{2g} - z_1 = h + \frac{\alpha v^2}{2g} \tag{7.15}$$

在工程流体力学中把 e 称为断面单位能量或断面比能,它是基准面选在断面最低点时的机械能,也是水流通过该断面时运动参数(h 与 v)所表现出来的能量。

在讨论非均匀流问题时,机械能 E 的概念已建立,为什么还要引入断面单位能量 e 的概念? 断面单位能量 e 和水流机械能 E 的概念是不同的。从第三章知,流体机械能在流动方向上总是减少的,即 $dE/ds < 0$。但是,断面单位能量却不一样,由于它的基准面不固定,且一般明渠水流速度与水深沿程变化。所以 e 沿水流方向可能增大,即 $de/ds > 0$;也可能减少,即 $de/ds < 0$,甚至还可能不变,即 $de/ds = 0$(均匀流动)。另外,在以下的讨论中将知道,在一定条件下,断面单位能量是水深的单值连续函数,即 $e = f(h)$。由此可见,我们可利用 e 的变化规律作为对水面曲线的分析与计算的一个有效工具。

对于棱柱形渠道,流量一定时式(7.15)为

$$e = h + \frac{\alpha v^2}{2g} = h + \frac{\alpha Q^2}{2gA^2} = f(h) \tag{7.16}$$

可见,当明渠断面形状、尺寸和流量一定时,断面单位能量 e 便为水深 h 的函数,它在沿程的变化随水深 h 的变化而定。这种变化情况可用图形来表示。

从式(7.16)看出:在断面形状、尺寸以及流量一定时,当 $h \to 0$ 时,$A \to 0$,则 $\alpha Q^2/(2gA^2) \to \infty$,此时 $e \to \infty$,因此,若将图形的纵坐标作为水深 h 轴,横坐标作为 e 轴,则横坐标轴就应该是函数曲线 $e = f(h)$ 的渐近线;当 $h \to \infty$ 时,$A \to \infty$,则 $\alpha Q^2/(2gA^2) \to 0$,此时 $e \approx h \to \infty$,因此曲线 $e = f(h)$ 的第二根渐近线必为通过坐标原点与横坐标轴成 45°夹角的直线。

函数 $e = f(h)$ 一般是连续的,在它的连续区间两端均为无穷大量,故这个函数必有一极小值。

综上所述,得函数 $e = f(h)$ 的曲线图形如图 7.19 所示。由图看出,曲线 $e = f(h)$ 有两条渐近线及一极小值。函数的极小值(A 点)将曲线分为上下两支。在下支,断面单位能量 e 随水深局的增加而减小,即 $de/dh < 0$;在上支则随着 h 的增加而增加,即 $de/dh > 0$。从图还看出,相应于任一可能的 e 值,可以有两个水深 h_1 和 h_2,但当 $e = e_{min}$ 时,$h_1 = h_2 = h_k$,只有一个水深,h_k 称为临界水深。

7.3.2 临界水深

临界水深是指在断面形式及流量一定的条件下,相应于断面单位能量为最小值时的水深。亦即 $e = e_{min}$ 时所对应的水深,如图 7.19 所示。

临界水深 h_k 的计算公式可根据上述定义求出。为此求出 $e = f(h)$ 的极小值所对应的水深便是临界水深 h_k。对式(7.16)求导令其等于零,即可确定临界水深,即

$$\frac{\mathrm{d}e}{\mathrm{d}h} = \frac{\mathrm{d}}{\mathrm{d}h}\left(h + \frac{\alpha Q^2}{2gA^2}\right) = 1 - \frac{\alpha Q^2}{gA^3}\frac{\mathrm{d}A}{\mathrm{d}h} = 0$$

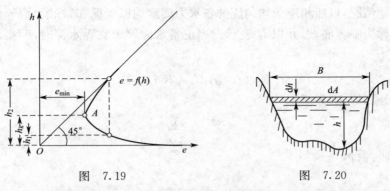

图 7.19　　　　　　　　图 7.20

式中,$\mathrm{d}A/\mathrm{d}h$ 为过流断面面积随水深 h 的变化率,它恰等于水面宽度 B(见图 7.20),即 $\mathrm{d}A/\mathrm{d}h = B$。将此关系代入上式,得

$$\frac{\mathrm{d}e}{\mathrm{d}h} = 1 - \frac{\alpha Q^2 B}{gA^3} = 0 \tag{7.17}$$

这时,断面各水力要素均对应于所求的临界水深 h_k,为了区别于其它情况,相应于 h_k 的各水力要素均以下标"k"标示。于是,可得临界水深的通用计算公式:

$$\frac{A_k^3}{B_k} = \frac{\alpha Q^2}{g} \tag{7.18}$$

当给定渠道流量、断面形状和尺寸时,就可由上式求得 h_k 值。由上式可知,临界水深仅与断面形状、尺寸和流量有关,而与渠底坡度 i 及壁面粗糙系数 n 无关。下面介绍临界水深的计算方法。

式(7.18)等号的右边是已知值,左边 A_k^3/B_k 一般是临界水深 h_k 的隐函数,故常采用试算或作图法求解。对于给定的断面,设几个 h 值,依次算出相应的 A、B 和 A^3/B 值。以 A^3/B 为横坐标,以 h 为纵坐标,作 $A^3/B = f(h)$ 关系曲线,如图 7.21 所示,最后在曲线上找出对应于 dQ^2/g 值的 h 值,即为所求的临界水深 h_k。

临界水深 h_k 也可借助有关的水力算图表或电算法求解。

对于矩形断面的明渠水流,其水面宽度 B 等于底宽 b,代入式(7.18)便有

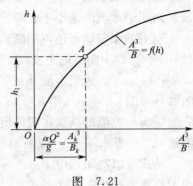

图 7.21

$$\frac{\alpha Q^2}{g} = \frac{(bh_k)^3}{b}$$

得

$$h_k = \sqrt[3]{\frac{\alpha Q^2}{g b^2}} = \sqrt[3]{\frac{\alpha q^2}{g}} \tag{7.19}$$

式中，$q = Q/b$ 称为单宽流量。可见，在宽度 b 一定的矩形断面明渠，水流在临界水深状态下，$Q = f(h_k)$。利用这种水力性质，工程上出现了有关的测量流量的简便设施。

7.3.3　临界坡度

在棱柱形渠道中，断面形状、尺寸和流量一定时，若水流的正常水深 h_0（亦即均匀流水深，为了区别于其他情况，以后相应予均匀流的各水力要素均以下标"0"标示）恰等于临界水深 h_k 时的渠底坡度称为临界底坡，并以 i_k 表示。当正常水深等于临界水深时，明渠均匀流计算公式可写为

$$Q = A_k C_k \sqrt{R_k i_k}$$

同时，这个均匀流又是临界流动，即

$$\frac{\alpha Q^2}{g} = \frac{A_k^3}{B_k}$$

联立解以上两式，可得

$$i_k = \frac{g \chi_k}{\alpha C_K^2 B_k} \tag{7.20}$$

临界底坡 i_k 并不是实际存在的渠道底坡，它只是为便于分析和计算非均匀流动而引入的一个假想均匀流（$h_0 = h_k$）的假想底坡。如果实际的明渠底坡小于某一流量下的临界坡度，即 $i < i_k$（则 $h_0 > h_k$），此时渠底坡度称为缓坡；如果 $i > i_k$（则 $h_0 < h_k$），此时渠底坡度称为急坡或陡坡。如果 $i = i_k$（则 $h_0 = h_k$），此时渠底坡度称为临界坡。必须指出，上述关于渠底坡度的缓、急之称，是对应于一定流量来讲的。对于某一渠道，底坡是一定的，但当流量增大或变小时，所相应的 h_k（或 i_k）要发生变化，从而该渠道的缓坡或急坡之称也要随之改变。

7.3.4　缓流、急流、临界流及其判别

明渠水流在临界水深时的流速称为临界流速，以 v_k 表示。这样的明渠水流状态称为临界流。当明渠水流流速小于临界流速时，称为缓流。大于临界流速时，称为急流。

明渠的水流状态还可用断面单位能量 e 来判别。缓流时，$v < v_k$，则 $h > h_k$。表明水流处在 $e = f(h)$ 曲线的上支（图 7.19），e 随着水深 h 的增加而增加，即 $de/dh > 0$；急流时，$v > v_k$，则 $h < h_k$。表明水流处在 $e = f(h)$ 曲线的下支，e 随着水深 h 的增加而减小，即 $de/dh < 0$；临界流时，$v = v_k$，则 $h = h_k$。表明水流处在 $e = f(h)$ 曲线的 $e_{\min}$ 点上，即 $de/dh = 0$。

缓流与急流的判别在明渠恒定非均匀流的分析和计算中，具有重要意义。除了可用临界流速 v_k、临界水深 h_k。或断面单位能量 e 进行判别外，还可用弗劳德数 Fr 进行判别。

从式（7.17）知，$\alpha Q^2 B / g A^3$ 是一个无量纲的组合数，经化简可知，此无量纲的组合数恰为弗劳德数 Fr 的平方，由此可知

$$\frac{de}{dh} = 1 - Fr^2 \tag{7.21}$$

如令 $A/B = h_m$ 表示过流断面上的平均水深，则式中的弗劳德数 Fr 的平方便为

$$Fr^2 = \frac{\alpha Q^2 B}{g A^3} = \frac{\alpha Q^2}{g A^2} \cdot \frac{1}{h_m} = \frac{\alpha v^2}{g h_m} = 2 \frac{\alpha v^2 / (2g)}{h_m} \tag{7.22}$$

式(7.22)表明,弗劳德数 Fr 的平方代表能量的比值,为水流中单位重量液体的动能对其平均势能比值的 2 倍。说明水流中的动能愈大,Fr 愈大,则流态愈急。如 $Fr < 1$,从式(7.21)得,$de/dh > 0$,则水流为缓流。由此可知:

$$\left. \begin{array}{l} Fr < 1 \quad \text{时,为缓流} \\ Fr > 1 \quad \text{时,为急流} \\ Fr = 1 \quad \text{时,为临界流} \end{array} \right\} \tag{7.23}$$

由于明渠水流中 Fr 的大小能反映其水流的缓、急程度,所以可用其来作为明渠水流状态的判别准则。

除此之外,弗劳德数 Fr 可作为水工模型试验的力学相似准则之一,代表水流中惯性力与重力的比值。当水流中惯性力的作用与流体的重力作用相比占优势时,则流动是急流;反之,重力作用占优势时,流动为缓流;当二者达到某种平衡状态时,流动为临界流。

尚需指出,明渠中的急流与缓流在水流现象上是截然不同的。假设在明渠水流中有一块巨石或其它障碍,便可观察到缓流或急流的水流现象:如石块前的水位壅高能逆流上传到较远的地方,如图 7.22(a)所示,渠中水流就是缓流;如水面仅在石块附近隆起,石块干扰的影响不能向上游传播,如图 7.22(b)所示,渠中水流就是急流。为什么急流和缓流会出现如此不同的现象?这是因为石块对水流的扰动必然要向四周传播,如水流速度小于微小扰动波的传播速度,扰动波就会向上游传播,这就出现缓流中看到的现象。反之,扰动波只能向下游传播,不能向上游传播,于是出现急流中所看到的现象。

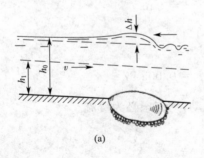
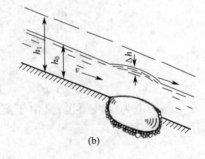

图 7.22

由此看来,比较水流速度 v 和微小扰动波的传播速度 a,也可以判别水流状态。

根据水流的能量方程与连续性方程,可推导出微小扰动波的传播速度(简称微波波速):

$$a = \sqrt{\frac{gA}{\alpha B}} = \sqrt{g h_m / \alpha}$$

如水流速度 v 大于微波波速 a,即急流时,有

$$v > \sqrt{g h_m / \alpha}$$

改写上式得

$$\frac{v}{\sqrt{g h_m / \alpha}} = Fr > 1 \tag{a}$$

同理,对临界流($v = a$)和缓流($v < a$)时,分别得到

$$\frac{v}{\sqrt{gh_m/\alpha}} = Fr = 1 \qquad\qquad (b)$$

$$\frac{v}{\sqrt{gh_m/\alpha}} = Fr < 1 \qquad\qquad (c)$$

式(a)、(b)、(c)正是上述判别明渠水流状态的准则,即式(7.23)。

【例7.5】一条长直的矩形断面渠道,粗糙系数 $n=0.22$,宽度 $b=5$ m,正常水深 $h_0=2$ m 时,其通过流量 $Q=40$ m³/s。试分别用 h_k、i_k、Fr 及 v_k 来判别该明渠水流的缓、急状态。

解:

(1) 用临界水深

$$h_k = \sqrt[3]{\frac{\alpha Q^2}{g b^2}} = \sqrt[3]{\frac{1 \times 40^2}{9.8 \times 5^2}} = 1.87 \text{ m}$$

因 $h_0 = 2$ m $> h_k = 1.87$ m,故此明渠均匀流为均匀缓流。

(2) 用临界坡度

$$A_k = b h_k = 5 \times 1.87 = 9.35 \text{ m2}$$

$$\chi_k = b + 2 h_k = 5 + 2 \times 1.87 = 8.74 \text{ m}$$

$$R_k = \frac{A_k}{\chi_k} = \frac{9.35}{8.74} = 1.07 \text{ m}$$

得

$$i_k = \frac{Q^2 n^2}{A_k^2 R_k^{4/3}} = \frac{40^2 \times 0.02^2}{9.35^2 \times 1.07^{4/3}} = 0.006\ 69$$

又

$$A_0 = b h_0 = 5 \times 2 = 10 \text{ m}^2$$

$$\chi_0 = b + 2 h_0 = 5 + 2 \times 2 = 9 \text{ m}$$

$$R_0 = \frac{A_0}{\chi_0} = \frac{10}{9} = 1.11$$

得

$$i = \frac{Q^2 n^2}{A_0^2 R_0^{4/3}} = \frac{40^2 \times 0.02^2}{10^2 \times 1.11^{4/3}} = 0.005\ 57$$

$i < i_k$,可见此渠道为缓坡渠道;又由于流动为均匀流动,则流态必为缓流。

(3) 用弗劳德数

$$Fr = \sqrt{\frac{\alpha Q^2 B}{g A^3}}$$

其中

$$A = A_0 = b h_0 = 5 \times 2 = 10 \text{ m}^2$$

$$B = b = 5 \text{ m}$$

则

$$Fr = \sqrt{\frac{1 \times 40^2 \times 5}{9.8 \times 10^3}} = 0.903$$

由 $Fr < 1$,可知均匀流水流为缓流。

(4) 用临界流速

$$v_k = \frac{Q}{A_k} = \frac{Q}{b h_k} = \frac{40}{5 \times 1.87} = 4.28 \text{ m/s}$$

$$v_0 = \frac{Q}{A_0} = \frac{Q}{b h_0} = \frac{40}{5 \times 2} = 4 \text{ m/s}$$

由 $v_0 < v_k$ 可知,此均匀流为缓流。

上述分别利用 h_k、i_k、Fr 及 v_k 来判别明渠水流状态是等价的,但一般用具有综合参数意义的弗劳德数 Fr 来判别在物理概念上更清晰些。

7.4 水跃和跌水

7.4.1 水　跃

（1）水跃现象

水跃是明渠水流从急流状态过渡到缓流状态时水面骤然跃起的局部水力现象,如图7.23所示。它可以在溢洪道下,泄水闸下,跌水下（图7.14）形成,也可以在平坡渠道中闸下出流（图7.16）时形成。

在水跃发生的流段内,流速大小及其分布不断变化。水跃区域的上部为从急流冲入缓流所激起的表面漩流,翻腾滚动,饱掺空气,叫做"表面水滚"。下部是水滚下面的主流区,流速由快变慢,水深由浅变深。主流与表面水滚间并无明显的分界,两者不断地进行着质量交换,即主流质点被卷入表面水滚,同时,表面水滚内的质点又不断地回到主流中。通常将表面水滚的始端称为跃首或跃前断面,该处的水深称为跃前水深;表面水滚的末端称为跃尾或跃后断面,该处的水深称为跃后水深。跃前与跃后水深之差称为跃高。跃前跃后两断面的距离称为水跃长度。

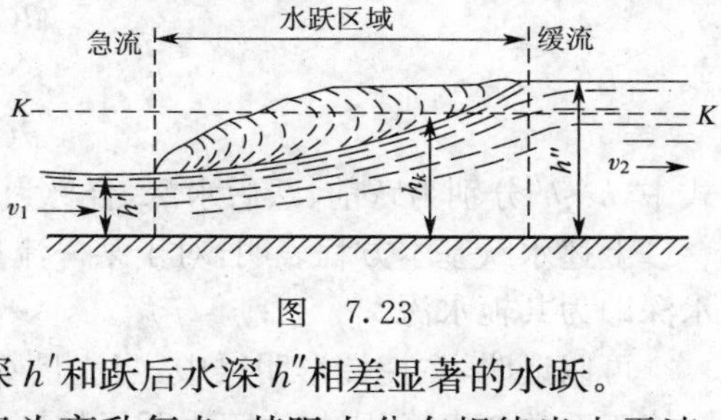

水跃是明渠非均匀急变流的重要现象,它的发生不仅增加上、下游水流衔接的复杂性,还引起大量的能量损失,成为有效的消能方式。

（2）水跃的基本方程

这里仅讨论平坡（$i=0$）渠道中的完整水跃。
所谓完整水跃是指发生在棱柱形渠道的,其跃前水深 h' 和跃后水深 h'' 相差显著的水跃。

图　7.23

在推演水跃基本方程时,由于水跃区内部水流极为紊乱复杂,其阻力分布规律尚未弄清,应用能量方程还有困难,故应用不需考虑水流能量损失的动量方程来推导。并在推导过程中,根据水跃发生的实际情况,作下列一些假设。

（a）水跃段长度不大,渠床的摩擦阻力较小,可以忽略不计;

（b）跃前、跃后两过流断面上水流具有渐变流的条件,因此断面上的动水压强分布可按静水压强分布规律考虑;

（c）设跃前、跃后两过流断面的动量修正系数相等,即 $\beta_1 = \beta_2 = \beta$。

在上述假设下,对控制面 $ABDCA$ 的水体（图7.24）建立动量方程,置投影轴 s-s 于渠道底线,并指向水流方向。

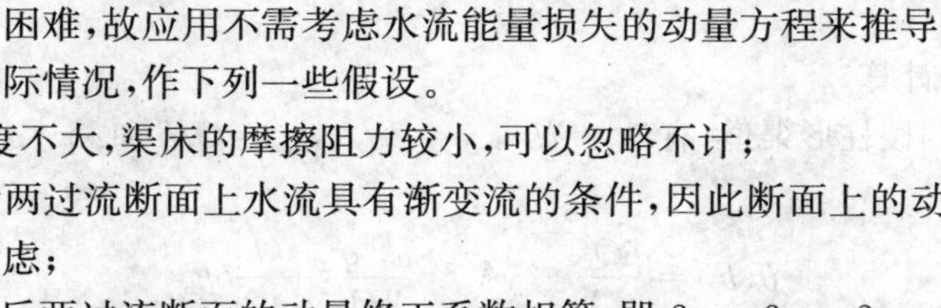

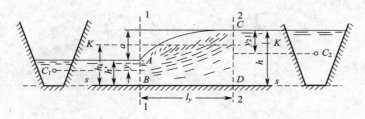

图　7.24

　　根据假设,因内力不必考虑,渠床的反作用力与水体重力均与投影轴正交,所以沿投影轴方向作用在水体上的外力只有跃前、跃后两断面上的动水总压力 $P_1 = \gamma y_1 A_1$ 和 $P_2 = \gamma y_2 A_2$,其中 y_1、y_2 分别为跃前断面 1-1 及跃后断面 2-2 形心的水深。

　　在单位时间内,控制面 $ABDCA$ 内的液体动量的增量为

$$\frac{\beta \gamma Q}{g}(v_2 - v_1)$$

写流动方向的动量方程:

$$\gamma(y_1 A_1 - y_2 A_2) = \frac{\beta \gamma Q}{g}(v_2 - v_1)$$

以 Q/A_1 代 v_1,Q/A_2 代 v_2,经整理得

$$\frac{\beta Q^2}{g A_1} + y_1 A_1 = \frac{\beta Q^2}{g A_2} + y_2 A_2 \tag{7.24}$$

这就是棱柱形平坡渠道中完整水跃的基本方程。

令

$$\theta(h) = \frac{\beta Q^2}{g A} + yA \tag{7.25}$$

式中,y 为断面形心的水深;$\theta(h)$ 称为水跃函数。当流量和断面尺寸一定,水跃函数便是水深 h 的函数。因此,完整水跃的基本方程式(7.24)可写为

$$\theta(h_1) = \theta(h_2)$$

或

$$\theta(h') = \theta(h'')$$

式中,h'、h'' 分别为跃前、跃后水深,合称为共轭水深。

　　上述水跃基本方程表明,对于某一流量 Q,具有相同的水跃函数 $\theta(h)$ 的两个水深,这一对水深即为共轭水深。

　　可以证明,在棱柱形明渠中,当流量 Q 一定时,若近似地认为水流的动能修正系数 α 与动量修正系数 β 相等,则相应于水跃函数最小值 $\theta(h)_{\min}$ 的水深恰好也是该流量下已给断面的临界水深。

　　(3)共轭水深的计算

　　对于矩形断面的棱柱形渠道,有 $A = bh$,$y = h/2$,$q = Q/b$ 和 $\alpha q^2/g = h_k^3$,将这些关系代入式(7.25)可得

$$\theta(h) = \frac{\beta Q^2}{g A} + yA = \frac{\alpha b^2 q^2}{g b h} + \frac{h}{2} bh$$

$$= b\left(\frac{\alpha q^2}{g h} + \frac{h^2}{2}\right) = b\left(\frac{h_k^3}{h} + \frac{h^2}{2}\right)$$

因 $\theta(h') = \theta(h'')$,故有

$$b\left(\frac{h_k^3}{h'} + \frac{h'^2}{2}\right) = b\left(\frac{h_k^3}{h''} + \frac{h''^2}{2}\right)$$

即

$$h'^2 h'' + h' h''^2 - 2h_k^3 = 0 \tag{7.26}$$

从而解得

$$h' = \frac{h''}{2}\left[\sqrt{1 + 8\left(\frac{h_k}{h''}\right)^3} - 1\right] \Bigg\}$$

$$h'' = \frac{h'}{2}\left[\sqrt{1 + 8\left(\frac{h_k}{h'}\right)^3} - 1\right] \Bigg\} \tag{7.27}$$

由于 $(h_k/h)^3 = \alpha q^2/gh^3 = \alpha v^2/gh = Fr^2$，所以上两式可写为

$$h' = \frac{h''}{2}\left[\sqrt{1 + 8Fr_2^2} - 1\right] \Bigg\}$$

$$h'' = \frac{h'}{2}\left[\sqrt{1 + 8Fr_1^2} - 1\right] \Bigg\} \tag{7.28}$$

上述两式即为矩形断面渠道中的水跃共轭水深关系式。对于梯形断面棱柱形渠道，其共轭水深的计算可根据水跃基本方程试算确定或查阅有关书籍、手册求得。

以上讨论是对平坡渠道而言。对于渠底坡度较大的矩形明渠，在推导其水跃基本方程时，则要考虑重力的影响。

(4)水跃的能量损失与长度 水跃现象不仅改变了水流的外形，也引起了水流内部结构的剧烈变化(图 7.25)。随着这种变化而来的是水跃所引起的大量的能量损失。研究表明，水跃造成的能量损失主要集中在水跃区，即图 7.25 所示的断面 1—1、2—2 间的水跃段内，仅有少量分布在跃后流段。因此，通常均按能量损失全部消耗在水跃区来进行计算。这样，单位重量水体的能量损失为

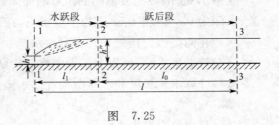

图　7.25

$$\Delta h_w = E_1 - E_2 = \left(z_1 + \frac{p_1}{\gamma} + \frac{\alpha_1 v_1^2}{2g}\right) - \left(z_2 + \frac{p_2}{\gamma} + \frac{\alpha_2 v_2^2}{2g}\right)$$

对于平坡($i=0$)矩形断面明渠

$$\Delta h_w = \left(h' + \frac{\alpha_1 v_1^2}{2g}\right) - \left(h'' + \frac{\alpha_2 v_2^2}{2g}\right) = e' - e''$$

若再引用式(7.19)与式(7.27)代入后，可得

$$\Delta h_w = \frac{(h'' - h')^3}{4h'h''} \tag{7.29}$$

可见，在给定流量下，水跃愈高，即跃后水深 h'' 与跃前水深 h' 的差值愈大，则水跃中的能量损失 Δh_w 亦愈大。

水跃长度，应理解为水跃段长度 l_y 和跃后段长度 l_0 之和

$$l = l_y + l_0 \tag{7.30}$$

水跃长度是泄水建筑物消能设计的主要依据之一，因此跃长的确定具有重要的实际意义。由于水跃运动复杂，目前水跃长度仍只是根据经验公式计算，关于水跃段长度 l_y，对于 i 较小的矩形断面渠道可用下式计算

$$l_y = 4.5h'' \tag{7.31}$$

或

$$l_y = \frac{1}{2}(4.5h'' + 5a) \tag{7.32}$$

式中,a 为水跃高度(即 $h'' - h'$)。

跃后段长度 l_0 可用下式计算

$$l_0 = (2.5 \sim 3.0) l_y \tag{7.33}$$

上述经验公式,仅适用于底坡较小的矩形渠道,可在工程上作为初步估算之用,若要获得准确值,尚需通过水流模型试验来确定。

7.4.2　跌　　水

处于缓流状态的明渠水流,或因下游渠底坡度变陡($i > i_k$),或因下游渠道断面形状突然改变,水面急剧降落,水流以临界流动状态通过这个突变的断面,转变为急流。这种从缓流向急流过渡的局部水力现象称为"水跌",或"跌水"。了解跌水现象对分析和计算明渠恒定非均匀流的水面曲线具有重要的意义。例如缓坡渠道后接一急坡渠道,水流经过连接断面时的水深可认为是临界水深,这一断而称为控制断面,其水深称为控制水深。在进行水面曲线分析和计算时可作为已知水深,从而给分析、计算提供了一个已知条件。

【例 7.6】两段底坡不同的矩形断面渠道相连,渠道底宽都是 5 m,上游渠道中水流作均匀流,水深为 0.7 m,下游渠道为平坡渠道,在连接处附近水深约为 6.5 m,通过流量为 48 m³/s。

(1)在两渠道连接处是否会发生水跃?

(2)若发生水跃,试以上游渠中水深为跃前水深,计算其共轭水深。

(3)计算水跃长度和水跃所消耗的水流能量。

解:

(1)判别是否发生水跃

$$h_k = \sqrt[3]{\frac{\alpha q^2}{3}} = \sqrt[3]{\frac{1 \times 48^2}{9.8 \times 5^2}} = 2.11 \text{ m}$$

上游 $h_1 = 0.7$ m < 2.11 m 为急流;下游 $h_2 = 6.5$ m > 2.11 m 为缓流。水流由急流转变为缓流,必将发生水跃。

(2)以 $h' = 0.7$ m 计算共轭水深 h''

根据公式(7.28)

$$h'' = \frac{h'}{2}(\sqrt{1 + 8Fr_1^2} - 1)$$

$$Fr_1^2 = \frac{v^2}{gh'} = \frac{48^2/(5 \times 0.7)^2}{9.8 \times 0.7} = 27.42$$

$$h'' = \frac{0.7}{2}(\sqrt{1 + 8 \times 27.42} - 1) = 4.85 \text{ m}$$

(3)由式(7.31)

水跃长度为

$$l_y = 4.5h'' = 4.5 \times 4.85 = 21.83 \text{ m}$$

单位重量液体通过水跃损失的能量为

$$\Delta h_w = e' - e'' = \left(0.7 + \frac{48^2}{2g(5 \times 0.7)^2}\right) - \left(4.85 + \frac{48^2}{2g(5 \times 4.85)^2}\right)$$

$$= 10.3 - 5.05 = 5.25 \text{ m}$$

7.5 明渠恒定非均匀渐变流的基本微分方程

明渠中水面曲线的一般分析和具体计算,在水工实践中具有重要意义。下面将讨论和建立明渠恒定非均匀渐变流动的基本微分方程,以便用其进行水面曲线变化规律的分析和计算。

现有一明渠水流,如图 7.26 所示。在某起始断面 $0'\text{-}0'$ 的下游 s 处,取断面 1-1 和 2-2,两者相隔一无限短的距离 ds。流程 s 的正方向与水流向同。

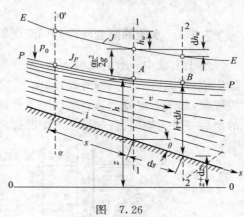

两断面间水流的能量变化关系可引用总流的能量方程来表达。为此,取 0-0 作为基准面,在断面 1-1 与 2-2 之间建立能量方程:

$$z+h+\frac{\alpha v^2}{2g}=(z+dz)+(h+dh)$$
$$+\frac{\alpha(v+dv)^2}{2g}+dh_w \qquad (7.34)$$

式中,dh_w 为所取两断面间的水头损失,$dh_w = dh_f + dh_m$。因为是渐变流,局部水头损失 dh_m 可忽略不计,即 $dh_w \approx dh_f$。

图 7.26

将上式展开并略去二阶微量 $(dv)^2$ 后,得

$$dz+dh+d\left(\frac{\alpha v^2}{2g}\right)+dh_f=0 \qquad (7.35)$$

各项除以 ds,则上式为

$$\frac{dz}{ds}+\frac{dh}{ds}+\frac{d}{ds}\left(\frac{\alpha v^2}{2g}\right)+\frac{dh_f}{ds}=0 \qquad (7.36)$$

现要求从上述微分方程中列 dh/ds 的表达式,以便分析水深沿流程的变化。为此,就式中各项分别进行讨论:

$\dfrac{dz}{ds}=-i$,i 为渠底坡度,$i=\sin\theta=\dfrac{z_1-z_2}{ds}$(图 7.26),而此时 $dz=z_2-z_1$;

$\dfrac{d}{ds}\left(\dfrac{\alpha v^2}{2g}\right)=\dfrac{d}{ds}\left(\dfrac{\alpha Q^2}{2gA^2}\right)=-\dfrac{\alpha Q^2}{gA^3}\dfrac{dA}{ds}=-\dfrac{\alpha Q^2}{gA^3}\left(\dfrac{\partial A}{\partial h}\dfrac{dh}{ds}+\dfrac{\partial A}{\partial s}\right)=-\dfrac{\alpha Q^2}{gA^3}\left(B\dfrac{dh}{ds}+\dfrac{\partial A}{\partial s}\right)$;

$dh_f/ds \approx J = Q^2/K^2 = Q^2/(A^2C^2R)$。在此处作了一个假设,即非均匀渐变流微小流段内的水头损失计算,当作均匀流情况来处理。

将以上各项代入式(7.36),便得到反映非棱柱形渠道中水深沿程变化规律的基本微分方程:

$$\frac{dh}{ds}=\frac{i-\dfrac{Q^2}{K^2}\left(1-\dfrac{\alpha C^2R}{gA}\cdot\dfrac{\partial A}{\partial s}\right)}{1-\dfrac{\alpha Q^2 B}{gA^3}} \qquad (7.37)$$

对于棱柱形渠道,$A=f(h)$,$\partial A/\partial s=0$,从而上式简化为

$$\frac{dh}{ds}=\frac{i-(Q/K)^2}{1-(\alpha Q^2 B/gA^3)} \qquad (7.38)$$

上式中,在 Q、i 和 n 给定的情况下,K、A 和 B 均为水深 h 的函数。因此可将式(7.38)进行积分,便可得出棱柱形渠道非均匀渐变流中水深沿程变化 $h = f(s)$ 的计算式。但是,通常在定量计算水面曲线之前,先要根据具体条件进行定性分析,以便判明各流段水面曲线的变化趋势及其类型,从而使得计算之前心中有数。

7.6　棱柱形渠道中恒定非均匀渐变流的水面曲线分析

7.6.1　水流的渐变流段与局部现象

水工实践中一般遇见的流程,常常是由一些水流的局部现象和均匀流段或非均匀渐变流段组成,形成极为复杂的外观,如图 7.27 所示。图中除渐变流和均匀流段外,还有一些局部水流现象,如闸下出流、水跃、堰顶溢流和跌水等。这些局部水流实为非均匀急变流现象。流程的最后一段为均匀流,如果渠道情况保持不变,则均匀流亦不会受扰动。

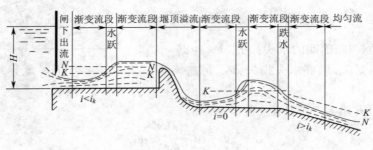

图　7.27

实际流程之所以由不同性质的流动现象所组成且外观形式一定,是因为水流的变化遵循一定的规律。

7.6.2　渐变流水面曲线的变化规律

反映渐变流水面曲线变化规律的基本方程为式(7.38)。为了便于分析,尚需将式中的流量 Q 用某一种水深的关系来表示。为此,在 $i > 0$ 时引入一辅助的均匀流,令它在所给定的渠道断面形式和底坡 i 情况下,通过的流量等于非均匀流时所发生的实际流量 Q,即

$$Q = A_0 C_0 \sqrt{R_0 i} = K_0 \sqrt{i} = f(h_0)$$

引入上式后,则基本微分方程式(7.38)可表示为

$$\frac{\mathrm{d}h}{\mathrm{d}s} = \frac{i - (Q/K)^2}{1 - (\alpha Q^2 B/g A^3)} = \frac{i - (K_0^2 i/K^2)}{1 - Fr^2} = i \frac{1 - (K_0/K)^2}{1 - Fr^2} \tag{7.39}$$

式中,K_0 是对应于 h_0 的流量模数;K 是对应于非均匀流水深 h 的流量模数;Fr 为弗劳德数。

经过变形后的微分方程中包含了 h、h_0、h_k 及 i 的相互关系。由于在不同渠道底坡 i 下,上述三个水深值有不同的组合,从而形成了明渠非均匀流水面曲线的各种变化;$\mathrm{d}h/\mathrm{d}s > 0$,$\mathrm{d}h/\mathrm{d}s = 0$,$\mathrm{d}h/\mathrm{d}s < 0$,$\mathrm{d}h/\mathrm{d}s \to i$ 及 $\mathrm{d}h/\mathrm{d}s \to \pm \infty$ 等。

为了便于分析水面曲线沿程变化的情况,一般在水面蓝线的分析图上作出两根平行于渠底的直线。其中一根距渠底 h_0,为正常水深线 N-N;而另一根距渠底 h_k,为临界水深线 K-K。

这样,在渠底以上画出的两根辅助线(N-N 和 K-K)把渠道水流划分成三个不同的区域。这三个区分别称为 a 区、b 区和 c 区,各区的特点如下:

$$
\left.\begin{array}{l} a \ \text{区} \\ b \ \text{区} \\ c \ \text{区} \end{array}\right\} \text{的水面曲线,其水深 } h \left\{\begin{array}{l} \text{大于 } h_0,h_k \\ \text{介于 } h_0 \text{ 和 } h_k \text{ 之间} \\ \text{小于 } h_0,h_k \end{array}\right.
$$

现着重对顺坡($i>0$)棱柱形渠道中水面曲线变化的情形进行讨论。在顺坡渠道中有下面三种情况:

$h_0 > h_k$,即 $i < i_k$(此时称为缓坡渠道),如图 7.28 所示;

$h_0 < h_k$,即 $i > i_k$(急坡渠道),如图 7.29 所示;

$h_0 = h_k$,即 $i = i_k$(临界坡渠道),如图 7.30 所示。

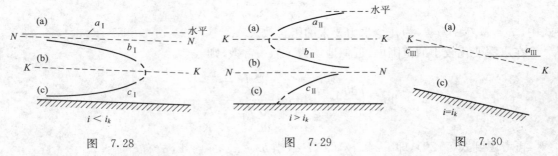

图　7.28　　　　　　　　　　图　7.29　　　　　　　　图　7.30

由图可见,在顺坡渠道中有缓坡三个区,急坡三个区,临界坡两个区,这八个区共有八种水面曲线。这些曲线的变化趋势均可利用基本微分方程(式 7.39)去分析,并可得如下规律:

(1)在 a、c 区内的水面曲线,水深沿程增加,即 $dh/ds>0$,而 b 区的水面曲线,水深沿程减小,即 $dh/ds<0$。

分析如下:a 区中的水面曲线,其水深 h 均大于正常水深 h_0 和临界水深 h_k。由 $h_0 > h_k$ 得 $K = AC\sqrt{R} > K_0 = A_0 C_0 \sqrt{R_0}$ 式(7.39)的分子 $1-(K_0/K)^2>0$。当 $h>h_k$,则 $Fr<1$,该式的分母($1-Fr^2$)>0。由此得 $dh/ds>0$,说明 a 型曲线的水深沿程增加,为增深曲线,亦称壅水曲线。

c 区中的水面曲线,其水深 h 均小于 h_0 和 h_k,式(7.39)中的分子与分母均为"一"值,由此可得 $dh/ds>0$,这说明 c 型曲线的水深沿程增加,亦为壅水曲线。

b 区中的水面曲线,其水深 h 介于 h_0 和 h_k 之间,引用基本微分方程式(7.39),可证得 $dh/ds<0$,说明 b 型曲线的水深沿程减小,为减深曲线,亦称降水曲线。

(2)水面曲线与正常水深线 N-N 渐近相切。

这是因为,当 $h \rightarrow h_0$ 时,$K \rightarrow K_0$,式(7.39)的分子 $1-(K_0/K)^2 \rightarrow 0$,则 $dh/ds \rightarrow 0$,说明在非均匀流动中.当 $h \rightarrow h_0$ 时,水深沿程不再变化,水流成为均匀流动。

(3)水面曲线与临界水深线 K-K 呈正交。

这是因为,当 $h \rightarrow h_k$ 时 $Fr \rightarrow 1$,式(7.39)的分母($1-Fr^2$)$\rightarrow 0$,由此可得 $dh/ds \rightarrow \pm\infty$。这说明在非均匀流动中,当 $h \rightarrow h_k$ 时,水面线将与 K-K 线垂直,即渐变流水面曲线的连续性在此中断。但是实际水流仍要向下游流动,因而水流便越出渐变流的范围而形成了急变流动的水跃或跌水现象。

(4)水面曲线在向上、下游无限加深时渐趋于水平直线。

这是因为，当 $h \rightarrow \infty$ 时，$K \rightarrow \infty$，式(7.39)中的分子 $1-(K_0/K)^2 \rightarrow 1$；又当 $h \rightarrow \infty$ 时，$A = f(h) \rightarrow \infty$，$Fr^2 = \alpha Q^2 B / g A^3 \rightarrow 0$，该式分母 $(1-Fr^2) \rightarrow 1$，$dh/ds \rightarrow i$。从图 7.31 看出，这一关系只有当水面曲线趋近于水平直线时才合适。因为这时 $dh = h_2 - h_1 = \sin\theta ds = ids$，故 $dh/ds = i$。

(5)在临界坡渠道（$i = i_k$）的情况下，N-N 线与 K-K 线重合，上述(2)与(3)结论在此出现相互矛盾。

从式(7.39)可见，当 $h \rightarrow h_0 = h_k$ 时，$dh/ds = 0/0$，因此要另行分析。

将式(7.39)的分母改写：

$$1 - \frac{\alpha Q^2 B}{g A^3} = 1 - \frac{\alpha K_0^2 i_k B}{g A^3} \cdot \frac{C^2 R}{C^2 R} = 1 - \frac{\alpha K_0^2 i_k}{g} \cdot \frac{BC^2}{A^2 C^2 R} \frac{R}{A}$$

$$= 1 - \frac{\alpha i_k C^2}{g} \cdot \frac{B}{\chi} \frac{K_0^2}{K^2} = 1 - j \frac{K_0^2}{K^2}$$

式中，$j = \alpha i_k C^2 B / g\chi$，为几个水力要素的组合数。

在水深变化较小的范围内，近似地认为 j 为一常数，则

$$\lim_{h \rightarrow h_0 = h_k} \left(\frac{dh}{ds} \right) = \lim_{h \rightarrow h_0 = h_k} i \frac{\dfrac{d}{dh}\left(1 - \dfrac{K_0^2}{K^2} \right)}{\dfrac{d}{dh}\left(1 - j\dfrac{K_0^2}{K^2} \right)} = \frac{i}{j}$$

再考虑到式(7.20)，即 $i_k = g\chi_k / \alpha C_k^2 B_k$，当 $h \rightarrow h_k$，$j \approx 1$，故有

$$\lim_{h \rightarrow h_0 = h_k} \left(\frac{dh}{ds} \right) \approx i$$

这说明，a_{II} 与 c_{II} 型水面曲线在接近 N-N 或 K-K 线时都近乎水平(图 7.30)。

根据上述水面曲线变化的规律，便可勾画出顺坡渠道中可能有的八种水面曲线的形状，如图 7.28、7.29、7.30 所示。

实际水面曲线变化可看图 7.13 至 7.16 所示的例子。从图中可见，在堰坝、桥墩，以及缩窄水流断面的各种水工建筑物的上游。一般会形成 a 型壅水曲线；在跌水处常发生 b 型降水曲线；而在堰、闸下游则常是 c 型曲线或发生水跃现象。

需要指出，上述水面曲线变化的几条规律，对于平坡渠道及逆坡渠道一般也能适用。

对于平坡渠道（$i = 0$）的水面曲线形式（c_0 与 b_0 两种，见图 7.32）和逆坡渠道（$i < 0$）的水面曲线形式（c' 与 b' 两种，见图 7.33），可采用上述类似方法分析，在此不再一一讨论。

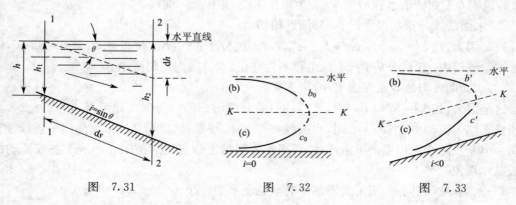

图　7.31　　　　　　　　　图　7.32　　　　　　　　　图　7.33

综上所述,在棱柱形渠道的恒定非均匀渐变流中,共有十二种水面曲线,即顺坡渠道八种,平坡与逆坡渠道各二种。

7.6.3 水面曲线分析的一般原则

在具体进行水面曲线分析时,可参照以下步骤进行。

(1)根据已知条件,绘出 N-N 线和 K-K 线(平坡和逆坡渠道无 N-N 线)。

(2)从水流边界条件出发,即从实际存在的或经水力计算确定的,已知水深的断面(即控制断面)出发,确定水面曲线的类型,并参照其增深、减深的性质和边界情形,进行描绘。

(3)如果水面曲线中断,出现了不连续而产生跌水或水跃时,要作具体分析。一般情况下,水流至跌坎处便形成跌水现象。水流从急流到缓流,便发生水跃现象(见图7.34)。至于形成水跃的具体位置,则还要根据水跃原理以及水面曲线计算理论作具体分析后才能确定。

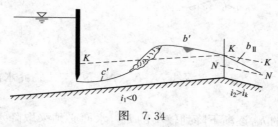

图 7.34

为了能正确地分析水面曲线还必须了解以下几点:

(1)上述十二种水面曲线,只表示了棱柱形渠道中可能发生的渐变流的情况,至于在某一底坡上出现的究竟是哪一种水面曲线,则根据具体情况而定。

(2)在正底坡长渠道中,则在距干扰物相当远处,水流仍为均匀流。这是水流重力与阻力相互作用,力图达到平衡的结果。

(3)由缓流向急流过渡时产生跌水;由急流向缓流过渡时产生水跃。

(4)由缓流向缓流过渡时只影响上游,下游仍为均匀流;由急流向急流过渡时只影响下游,上游仍为均匀流。

(5)临界底坡中的流动形态,视其相邻底坡的缓急而定其急缓流,如上游相邻底坡为缓坡,则视为缓流过渡到缓流,只影响上游。

【例7.7】底坡改变引起的水面曲线连接分析实例。

现设有顺坡棱柱形渠道在某处发生变坡,为了分析变坡点前后产生何种水面曲线连接,需按以下两个步骤进行:

步骤一:根据已知条件(流量 Q、渠道断面形状尺寸、糙率 n 及底坡 i)可以判别两个底坡 i_1 及 i_2 各属何种底坡,从而定性地画出 N-N 线及 K-K 线。

步骤二:根据各渠段上控制断面水深(对充分长的顺坡渠道可以认为有均匀流段存在)判定水深的变化趋势(沿程增加或是减少);根据这个趋势,在这两种底坡上选择符合要求的水面曲线进行连接。

以下举例均认为已完成步骤一,仅讲述步骤二。

(1) $i_1 < i_2 < i_k$

由于 i_1 及 i_2 均为顺坡,故 i_1 的上游 i_2 的下游可以有均匀流段存在,即上游水面应在正常水深线 N_1-N_1 处,下游水面则在 N_2-N_2 处,如图 7.35 所示。这时水深应由较大的 h_{01} 降到较小的 h_{02},所以水面曲线应为降水曲线。在缓坡上降水曲线只有 b_1 型曲线。即水深从 h_{01} 通过 b_1 曲线逐渐减小.到交界处恰等于 h_{02},而 i_2 渠道上仅有均匀流。

（2）$i_2 < i_1 < i_k$

这里上、下游均为缓流,没有从急流过渡到缓流的问题,故无水跃发生,又因 $i_1 > i_2$,则 $h_{01} < h_{02}$。可见联接段的水深应当沿程增加,这看来必须是上游段为 a_1 型水面曲线和下游段为均匀流才有可能,如图 7.36 所示。

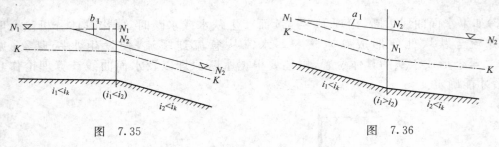

图　7.35　　　　　　　　　　　　图　7.36

（3）$i_1 < i_k, i_2 > i_k$

此时 $h_{01} > h_k$、$h_{02} < h_k$。正常水深线 N_1-N_1、N_2-N_2 与 I 临界水深线 K-K 如图 7.37 所示。

此时水深将由较大的 h_{01} 逐渐下降到较小的 h_{02},水面必须采取降水曲线的形式。在这两种底坡上只有 b_I 及 b_{II} 型曲线可以满足这一要求,因此在 i_1 上发生 b_I 型曲线,在 i_2 上发生 b_{II} 型曲线。它们在变坡处互相衔接。如图 7.37 所示。

（4）$i_1 > i_k, i_2 < i_k$

由于 $h_{01} < h_k$ 是急流,而 $h_{02} > h_k$ 是缓流,所以从 h_{01} 过渡到 h_{02} 乃是从急流过渡为缓流。此时必然发生水跃。这种联接又有三种可能,如图 7.38 所示。究竟发生哪一种,在何处发生,应根据 h_{01} 和 h_{02} 的大小作具体分析。

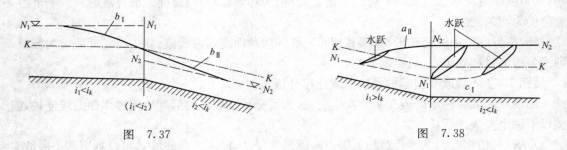

图　7.37　　　　　　　　　　　　图　7.38

求出与 h_{01} 共轭的跃后水深 h''_{01},并与 h_{02} 比较,有以下三种可能:

① $h_{02} < h''_{01}$——水跃发生在 i_2 渠道上,称为远驱式水跃。这说明下游段的水深 h_{02},挡不住上游段的急流而被冲向下游。水面联接由 c_1 型壅水曲线及其后面的水跃组成,为远驱式水跃联接。

② $h_{02} = h''_{01}$——水跃发生在底坡交界断面处,称为临界水跃。

③ $h_{02} > h''_{01}$——水跃发生在 i_1 渠道上,即发生在上游渠段,称为淹没水跃。

思　考　题

1. 有一明渠均匀流,过流断面如图 7.39 所示。$B=1.2$ m,$r=0.6$ m,$i=0.000\ 4$。当流量 $Q=0.55$ m³/s 时,断面中心线水深 $h=0.9$ m,问此时该渠道的流速系数(谢才系数)C 值应为多少?

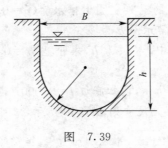

图　7.39

2. 在我国铁路现场中,路基排水的最小梯形断面尺寸一般规定如下:其底宽 b 为 0.4 m,过流深度 h 按 0.6 m 考虑,沟底坡度 i 规定最小值为 0.002,现有一段梯形排水沟在土层开挖 ($n=0.025$),边坡系数 $m=1$,b、h 和 i 均采用上述规定的最小值,问此段排水沟按曼宁公式和巴甫洛夫斯基公式计算其通过的流量有多大?

3. 有一条长直的矩形断面明渠,过流断面宽 $b=2$ m,水深 $h=0.5$ m。若流量变为原来的两倍,水深变为多少? 假定流速系数 C 不变。

4. 为测定某梯形断面渠道的粗糙系数 n 值,选取 $l=150$ m 长的均匀流段进行测量。已知渠底宽度 $b=10$ m,边坡系数 $m=1.5$,水深 $h_0=3.0$ m,两断面的水面高差 $\Delta z=0.3$ m,流量 $Q=50$ m³/s。试计算 n 值。

5. 某梯形断面渠道中的均匀流动,流量 $Q=20$ m³/s,渠道底宽 $b=5.0$ m,水深 $h=2.5$ m,边坡系数 $m=1.0$,粗糙系数 $n=0.025$,试求渠道底坡 i。

6. 一路基排水沟需要通过流量 Q 为 1.0 m³/s,沟底坡度 i 为 4/1 000,水沟断面采用梯形,并用小片石干砌护面 $n=0.02$,边坡系数 m 为 1。试按水力最优条件决定此排水沟的断面尺寸。

7. 有一输水渠道,在岩石中开凿,采用矩形过流断面。$i=0.003$,$Q=1.2$ m³/s。试按水力最优条件设计断面尺寸。

8. 有一梯形断面明渠,已知 $Q=2$ m³/s,$i=0.001\ 6$,$m=1.5$,$n=0.02$,若允许流速 $v_{max}=1.0$ m/s。试决定此明渠的断面尺寸。

9. 梯形断面渠道,底宽 $b=1.5$ m,边坡系数 $m=1.5$,通过流量 $Q=3$ m³/s,粗糙系数 $n=0.03$。当按最大不冲流速 $v'=0.8$ m/s 设计时,求正常水深及底坡。

10. 有一梯形渠道,用大块石干砌护面,$n=0.02$。已知底宽 $b=7$ m,边坡系数 $m=1.5$,底坡 $i=0.001\ 5$,需要通过的流量 $Q=18$ m³/s,试决定此渠道的正常水深 h_0。

11. 在题 7.10 中,b、m、n 及 i 不变,若通过流量比原设计流量增大 50%,问水深增加多少(是否超过一般排水沟的安全超高 20 cm)?

12. 有一梯形渠道,设计流量 $Q=10$ m³/s,采用小片石干砌护面,$n=0.02$,边坡系数 $m=1.5$,底坡 $i=0.003$,要求水深 $h=1.5$ m,问断面的底宽 b 应为多少?

13. 某圆形污水管道,已知管径 $d=1\ 000$ mm,粗糙系数 $n=0.016$,底坡 $i=0.01$,试求最

大设计充满度时的均匀流量 Q 及断面平均流速 v。

14. 有一钢筋混凝土圆形排水管（$n=0.014$），管径 $d=500$ mm，试问在最大设计充满度下需要多大的管底坡度 i 才能通过 0.3 m³/s 的流量？

15. 已知混凝土圆形排水管（$n=0.014$）的污水流量 $Q=0.2$ m³/s，底坡 $i=0.005$，试决定管道的直径 d。

16. 有一直径为 $d=200$ mm 的混凝土圆形排水管（$n=0.014$），管底坡度 $i=0.004$，试问通过流量 $Q=20$ L/s 时管内的正常水深 h 为多少？

17. 在直径为 d 的无压管道中，水深为 h，求证当 $h=0.81 d$ 时，管中流速勘达到其最大值。

18. 某一复式断面渠道，如图所示，已知底坡 $i=0.000\ 1$，主槽粗糙系数 $n=0.025$，滩地粗糙系数 $n_1=n_3=0.03$，洪水位及有关尺寸如图 7.40 所示，求可通过的洪水流量。

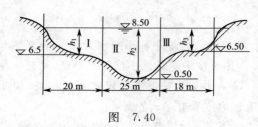

图　7.40

19. 平坡和逆坡渠道的断面单位能量，有无可能沿程增加（可从 $e=E-z$ 出发进行分析）？

20. 一顺坡明渠渐变流段，长 $l=1$ km，全流段平均水力坡度 $J=0.001$。若把基准面取在末端过流断面底部以下 0.5 m，则水流在起始断面的总能量 $E_1=3$ m。求末端断面水流所具有的断面单位能量 e_2。

21. 试求矩形断面的明渠均匀流在临界状态下，水深与断面单位能量之间的关系。

22. 一矩形渠道，断面宽度 $b=5$ m，通过流量 $Q=17.25$ m³/s，求此渠道水流的临界水深 h_k（设 $\alpha=1.0$）。

23. 某山区河流，在一跌坎处形成瀑布（跌水），过流断面近似矩形，今测得跌坎顶上的水深 $h=1.2$ m（认为 $h_k=1.25\ h$），断面宽度 $b=11.0$ m，要求估算此时所通过的流量 Q（α 以 1.0 计）。

24. 有一梯形土渠，底宽 $b=12$ m，断面边坡系数 $m=1.5$。粗糙系数 $n=0.025$，通过流量 $Q=18$ m³/s，求临界水深及临界坡度（α 以 1.1 计）。

25. 有一顺直小河，断面近似矩形，已知 $b=10$ m，$n=0.04$，$i=0.03$，$\alpha=1.0$，$Q=10$ m³/s，试判别在均匀流情况下的水流状态（急流还是缓流）。

26. 有一条运河，过流断面为梯形，已知 $b=45$ m，$m=2.0$，$n=0.025$，$i=0.333/1\ 000$，$\alpha=1.0$，$Q=500$ m³/s，试判断在均匀流情况下的水流状态。

27. 有一按水力最优条件设计的浆砌石的矩形断面长渠道，已知：底宽 $b=4$ m，粗糙系数 $n=0.017$，通过的流量 $Q=8$ m³/s，动能修正系数 $\alpha=1.1$。试分别用 h_k、i_k、Fr 及 v_k 来判别该明渠水流的缓、急状态。

28. 在一矩形断面平坡明渠中，有一水跃发生，当跃前断面的 $Fr=3$ 时，问跃后水深 h'' 为跃前水深 h' 的几倍？

29. 如图 7.41 所示，闸门下游矩形渠道中发生水跃，已知 $b=6$ m，$Q=12.5$ m³/s，跃前断

面流速 $v_1 = 7$ m/s,求跃后水深、水跃长度和水跃中所消耗的能量。

30. 如图 7.42 所示,有两条底宽 b 均为 2 m 的矩形断面渠道相接,水流在上、下游的条件如图所示,当通过流量 $Q = 8.2$ m³/s 时,上游渠道的正常水深 $h_{01} = 1$ m,下游渠道 $h_{02} = 2$ m,试判断水跃发生的位置。

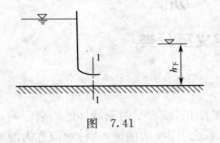
　　图　7.41

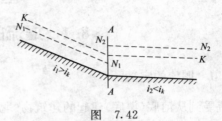
　　图　7.42

8 堰 流

8.1 堰流的定义及分类

8.1.1 堰流的定义

水流受到从河底(渠底)建起的建筑物(堰体)的阻挡,或者受两侧墙体的约束影响,在堰体上游产生壅水,水流经堰体下泄,下泄水流的自由表面为连续的曲面,这种水流称为堰流,这种建筑物称为堰。例如溢流坝溢流[图 8.1(a)]、堰顶部闸门脱离水面时的闸口出流[图 8.1(b)]都属堰流。通过有边墩或中墩的小桥的孔出流[图 8.1(c)]、涵洞进口水流等在水力计算时也按堰流考虑。

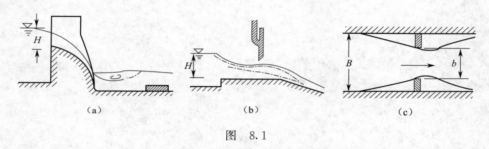

图 8.1

水流流近堰顶的过程中流线发生收缩,流速增大,势能转化为动能,堰上的水位产生跌落。由于水流在堰顶流程较短,流线变化急剧、曲率半径很小,属于非均匀流中急变流,因此能量损失主要是局部水头损失,沿程水头损失可忽略不计。水流在流过堰顶时,一般在惯性的作用下均会脱离堰(构筑物),在表面张力的作用下,具有自由表面的液流会产生垂直收缩。

8.1.2 堰流的分类

通常把堰前水面无明显下降的渐变流断面 0-0 称为堰前断面(图 8.2)。该断面处水面到堰顶的水深称为堰上水头,用 H 表示。实测表明,堰前断面距堰壁上游约为 $(3\sim5)H$。堰前断面平均流速 v_0 称为行近流速。P_1 和 P_2 分别为上下游堰高。

工程上一般以堰顶的厚度 δ 与堰上水头 H 的比值大小,将堰流分成以下三种类型。

(1)薄壁堰:$\delta/H \leqslant 0.67$

堰前的水流由于受堰壁的阻挡,底部水流向上收缩,水面逐渐下降,使过堰水流形如舌状,称为水舌。水舌下缘的流速方向为堰壁边缘切线的方向,堰顶与堰上水流只有一条线的接触。水舌离开堰顶后,在重力的作用下,自然回落。当水舌回落到堰顶高程时,距上游堰壁约 $0.67H$。这样,当 $\delta/H \leqslant 0.67$ 时,水舌不受堰宽的影响,这种堰流称为薄壁堰流[图 8.2(a)]。薄壁堰壁一般用钢板或木板做成,常做成锐缘形,故又称锐缘堰。薄壁堰主要用于测量流量的设备中。

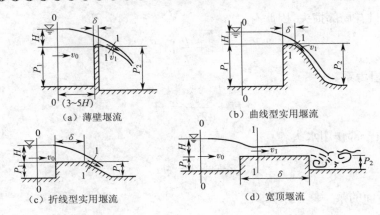

（a）薄壁堰流　　　（b）曲线型实用堰流

（c）折线型实用堰流　　（d）宽顶堰流

图 8.2

（2）实用堰：$0.67 < \delta/H \leqslant 2.5$

由于堰顶厚度大于薄壁堰，水舌下缘与堰顶面接触，水舌受到堰顶面顶托和摩阻力作用，对过流有一定的影响，堰上的水流形成连续的降落状，这样的堰流称为实用堰流。实用堰的剖面有曲线型[图 8.2(b)]和折线型[图 8.2(c)]两种，工程中多采用曲线型实用堰；有些中、小型工程中，为方便施工，也采用折线型实用堰。

（3）宽顶堰：$2.5 < \delta/H \leqslant 10$

堰顶的宽度较大，堰顶面对水流的顶托作用非常明显。进入堰顶的水流受到堰顶垂直方向的约束，过水断面减小，流速增大，动能增大，势能相应减小；再加上水流进入堰顶时产生了局部水头损失；故水流在进入堰顶时产生第一次水面跌落。此后水流在较宽的堰顶的顶托作用下，形成一段几乎与堰顶平行的水流。如下游的水位较低，水流在流出堰顶时将产生第二次跌落，如图 8.2(d)所示，这种的堰流称为宽顶堰流。实验表明宽顶堰流水头损失仍以局部水头损失为主，沿程水头损失可忽略不计。

特别要注意，同一个堰，当堰上水头较大时，可能为实用堰；当较小时，则可能为宽顶堰。

当堰顶的厚度 δ 与堰上水头 H 的比值 $\delta/H > 10$ 时，沿程水头损失逐渐起主导作用，水流也逐渐具有明渠水流特征，其水力计算已不能用堰流理论，而要用明渠水流理论解决。

8.2　堰流的基本公式

薄壁堰、实用堰和宽顶堰的水流特点是有差异的，这是由于 δ/H 的值不同和堰流边界条件不同所导致的。但它们又有共性，即都是按不计沿程水头损失的明渠缓流的溢流。这种共性使得堰流具有同一结构形式的基本公式。而不同类型的堰的水流特点的差异则表现在某些系数数值的不同上。

现用伯诺里方程来推求自由式薄壁堰堰流的基本公式。图 8.3所示为一堰流，对堰前断面 0-0 和堰顶断面 1-1 写伯诺里方程，以通过堰顶的基准水平面为基面。0-0 是渐变流断面，测压管水头为常数，而 1-1 断面是流线弯曲的急变流断面，该断面测压管水头不为常数。故用 $\overline{\left(z+\dfrac{q}{\gamma}\right)}$ 来表示 1-1 断面上测压管水头的平均值。液体流

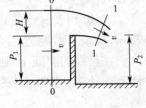

图 8.3

过堰顶时,假设只有局部损失,因此有

$$H + \frac{\alpha_0 v_0^2}{2g} = \overline{\left(z + \frac{p}{\gamma}\right)} + \frac{\alpha_1 v_1^2}{2g} + \zeta \frac{v_1^2}{2g}$$

式中,ζ 为局部阻力系数。

设

$$H + \frac{\alpha_0 v_0^2}{2g} = H_0$$

式中,H_0 为堰顶全部作用水头。

令

$$\overline{\left(z + \frac{p}{\gamma}\right)} = \xi H_0$$

式中,ξ 为 1-1 断面的某一修正系数。

则上式变为

$$H_0 - \xi H_0 = (\alpha_1 + \zeta) \frac{v_1^2}{2g}$$

$$v_1 = \frac{1}{\sqrt{\alpha_1 + \zeta}} \sqrt{2g(H_0 - \xi H_0)}$$

对于矩形薄壁堰,设断面宽度为 b,1-1 断面水舌的厚度用 KH_0 表示。K 是反映堰顶水流的垂向收缩系数。则 1-1 断面的过流断面面积为 $KH_0 b$。

$$Q = A_1 v_1 = KH_0 b \frac{1}{\sqrt{\alpha_1 + \zeta}} \sqrt{2g(H_0 - \xi H_0)}$$

设 $\dfrac{1}{\sqrt{\alpha_1 + \zeta}} = \dfrac{1}{\sqrt{1 + \zeta}} = \varphi$

令 $\varphi \cdot K \sqrt{1 - \xi} = m$

则

$$Q = mbH_0 \sqrt{2gH_0} = mb \sqrt{2g} H_0^{1.5} \qquad (8.1)$$

为了便于根据直接测出的堰顶水头值来计算流量,将(8.1)式改写为

$$Q = mb \sqrt{2g} H_0^{1.5} = mb \sqrt{2g} \left(H + \frac{\alpha_0 v_0^2}{2g}\right)^{1.5}$$

$$= m\left(1 + \frac{\alpha_0 v_0^2}{2g}\right)^{1.5} b \sqrt{2g} H^{1.5}$$

令

$$m_0 = m\left(1 + \frac{\alpha_0 v_0^2}{2g}\right)^{1.5}$$

则

$$Q = m_0 b \sqrt{2g} H^{1.5} \qquad (8.2)$$

式(8.1)中的 m 称为流量系数,但其值与 m_0 不同。采用式(8.1)或式(8.2)进行计算,各有其方便之处。

式(8.1)及式(8.2)作为堰流的基本公式,适用于各种堰流情况,只是其中的流量系数 m_0 及 m,反映了堰流边界条件的影响,对不同的堰有不同的数值。对于边界条件比较简单的堰,人们在长期的实践中,通过科学实验积累了丰富的资料,已经总结出了一些能满足一般工程设计要求计算 m(或 m_0)的经验公式。而对于边界条件复杂的堰的流量系数,则必须通过实验来测定。

对于淹投式堰,在相同水头 H 时,其流量 Q 小于自由式堰的流量。可在式(8.1)或式(8.2)中加入小于 1 的淹没系数 σ 以表明其影响。淹设式堰的流量公式为:

$$Q = \sigma m_0 b \sqrt{2g} H^{1.5} \qquad (8.3)$$

或 $$Q = \sigma m b \sqrt{2g} H_0^{1.5} \qquad (8.4)$$

8.3 薄 壁 堰

薄壁堰是一种常用的测量流量的设备,其堰口形状主要有矩形、三角形和梯形三种,分别称为矩形薄壁堰、三角形薄壁堰和梯形薄壁堰。下面分别介绍它们的流量公式。

8.3.1 矩形薄壁堰

堰口形状为矩形的薄壁堰,称为矩形堰,如图 8.4 所示。

图 8.5 是经无侧收缩、自由式、水舌下通风的矩形薄壁正堰(也称为完全堰)的溢流,系根据巴赞(Bazin)的实测数据用水头 H 作为参数绘制的。由图可见,当 $\delta/H \leqslant 0.67$ 时,堰顶厚度不影响堰流的性质,这正是薄壁堰的水力特点。

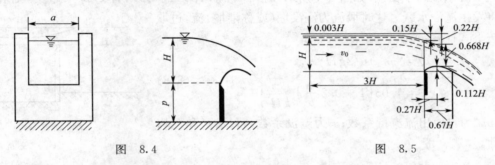

图 8.4   图 8.5

矩形薄壁堰自由出流时,其流量一般采用式(8.2)计算,即

$$Q = m_0 b \sqrt{2g} H^{1.5}$$

其流量系数,m_0 可由雷布克(Rehbock)经验公式确定

$$m_0 = 0.403 + 0.053 \frac{H}{p} + \frac{0.000\,7}{H} \qquad (8.5)$$

式中,H 和 p 均以米(m)计。式(8.5)中的第二项为计及行近流速的影响,当 H/p 较小时,该影响可以忽略;第三项为计及表面张力的影响,当水头 H 较大时,表面张力的影响可以忽略。实验表明,该式在 0.10 m$<p<1.0$ m,0.024 m$<H<0.6$ m,且 $H/p<1$ 的条件下,误差在 0.5% 以内。

式(8.2)中的 m_0 也可由巴赞(Bazin)经验公式确定

$$m_0 = \left(0.405 + \frac{0.002\,7}{H}\right)\left[1 + 0.55\left(\frac{H}{H+p}\right)^2\right] \qquad (8.6)$$

式中方括号内容表示行近流速的影响。应用范围为:0.2 m$<b<2.0$ m,0.1 m$<H<0.6$ m 及 $H/p \leqslant 2$ 的条件下,误差为 1% 左右。

当堰宽 b 小于上游渠道宽度 B 时,为有侧向收缩矩形薄壁堰,这时的流量系数 m_0 比无侧向收缩时要小,其值可按下式计算:

$$m_0 = \left(0.405 + \frac{0.002\,7}{H} - 0.03\frac{B-b}{H}\right) \times \left[1 + 0.55\left(\frac{b}{B}\right)^2\left(\frac{H}{H+p}\right)^2\right] \qquad (8.7)$$

式中,H、P、b 及 B 均以米(m)计。

为保证堰为自由出流,使过堰水流稳定,应注意以下几点要求:

(1)$H>3$ cm,否则因表面张力的作用将使过堰水流发生贴附溢流[图 8.6(a)]。

(2)水舌下缘的空间应与大气相通,否则水舌下面将因空气被带走而形成局部真空[图 8.6(b)],使出流的稳定性受到影响通常应在水舌下面的侧壁上设置通气孔(管)[图 8.6(c)]。

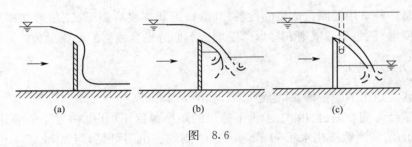

(a)　　　　　　　　(b)　　　　　　　　(c)

图　8.6

当下游水位高于壤顶(如图 8.7 所示)时,若下游水深 $H>p'$,且 $z/p'<0.7$,则堰下游渠道将发生淹没水跃。这时堰流为淹没堰(或称港堰)流,过堰流量按下式计算:

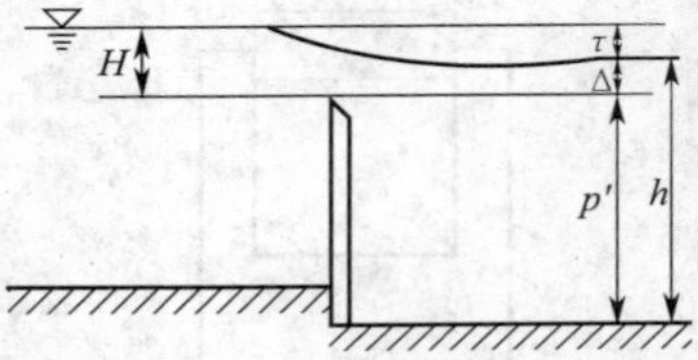

$$Q = \sigma m_0 b \sqrt{2g} H^{1.5} \\ \sigma = 1.05\left(1+0.2\frac{\Delta}{p'}\right)\sqrt[3]{\frac{z}{H}} \Bigg\} \tag{8.8}$$

式中,m_0 为自由出流流量系数;σ 为淹没系数;H、z、p' 和 $\triangle$ 均以米计。

图　8.7

8.3.2　三角形薄壁堰

堰口形状为三角形的薄壁堰,称为三角形堰,简称三角堰,如图 8.8 所示。

若量测的流量较小(如 $Q<0.1$ m³/s),采用矩形薄壁堰则因水头过小,测量水头的相对误差增大,一般改用三角形薄壁堰。三角堰的流量公式为

$$Q = MH^{2.5} \tag{8.9}$$

此式可由式(8.2)及 $b=2H\tan(\theta/2)$ 得到。当 $\theta=90°$,$H=0.05\sim0.25$ m 时,可用下式计算:

$$Q = 0.015\ 4H^{2.47}\ (\text{L/s}) \tag{8.10}$$

式中,H 为堰顶水头,以 cm 计。

8.3.3　梯形薄壁堰

当流量大于三角堰量程(约 50 L/s 以下)而又不能用无侧收缩矩形堰时,常采用梯形堰(如图 8.9 所示)。梯形堰实际上是矩形堰(中间部分)和三角堰(两侧部分合成)的组合堰。因此,经梯形堰的流量为两堰流量之和,即

$$Q = m_0 b \sqrt{2g} H^{1.5} + MH^{2.5} = \left[m_0 + \frac{MH}{\sqrt{2gb}}\right]b\sqrt{2g}H^{1.5}$$

令 $m_t = m_0 + \dfrac{MH}{\sqrt{2gb}}$,得

$$Q = m_t b \sqrt{2g} H^{1.5} \tag{8.11}$$

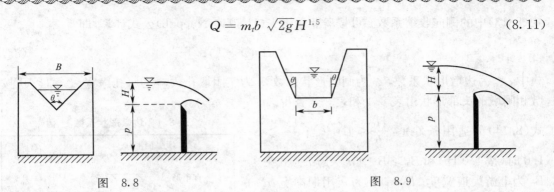

图 8.8 图 8.9

实验研究表明,当 $\theta = 14°$ 时,流量系数 m_t 不随 H 及 b 变化,且约为 0.42。

利用薄壁堰作为量水设备时,测量水头 H 的位置必须在堰板上游 $3H$ 或更远。为了减小水面波动,提高量测精度,在堰槽上一般应设置整流栅。

8.4 实 用 堰

实用堰主要用于蓄水挡水建筑物——坝,或净水建筑物的溢流设备。根据堰的用途、结构的稳定性及材料加工性能等,实用堰的剖面可设计成曲线形或多边形(图 8.10、图 8.11)。

曲线型实用堰又可分为非真空堰和真空堰两大类。如果堰的剖面曲线基本上与薄壁堰的水舌下缘外形相符台,这时水流作用在堰面上的压强近似为大气压,这种曲线型实用堰称为非真空堰[图 8.10 (a)]。

若堰的剖面曲线低于薄壁堰的水舌下缘,溢流水舌脱离堰面,脱离处的空气被水流带走而形成真空区,这种曲线型实用堰称为真空堰[图 8.10(b)]。真空的存在相当于增大了上、下游的有效作用水头,因而可以提高堰的过流能力。但若真空区的范围和真空值过大,会导致堰表面的气蚀破坏。为此,需对真空堰的最大允许真空值加以限制,目前提出的最大允许真空度在 3～5 m 水柱范围内。

当材料(如堆石、木材等)不便加工成曲线时,常采用折线多边形剖面,如图 8.11 所示。

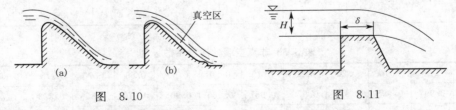

图 8.10 图 8.11

无侧收缩、自由式实用堰的过流量一般采用式(8.2)来计算,即

$$Q = mB \sqrt{2g} H_0^{1.5} \tag{8.12}$$

式中的流量系数 m 主要取决于堰顶的几何形状及上一游的作用水头。对曲线型剖面堰,$m = 0.43～0.50$;折线型剖面堰,$m = 0.35～0.43$。其精确数值应由模型实验确定,在初步估算中可取真空堰 $m \approx 0.50$,非真空堰 $m \approx 0.45$,折线型堰 $m \approx 0.39$。

对有侧收缩和淹没堰流,在式(8.12)的基础上分别乘以侧收缩系数 ε 和淹没系数 a,剥流量加以修正,即流量公式为

$$Q = \sigma m \varepsilon B \sqrt{2g} H_0^{1.5} \tag{8.13}$$

式(8.13)中的侧向收缩系数 ε 可按奥菲采洛夫(H. O. Φ Nuepob)公式计算,即

$$\varepsilon = 1 - 0.2[\zeta_k + (n-1)\zeta_0]\frac{H_0}{nb} \tag{8.14}$$

式中,ζ_k 为边墩形状系数,ζ_0 为闸墩形状系数,n 为实用堰孔数,b 为每孔净宽。ζ_k 和 ζ_0 可按边墩和闸墩的头部形状由表 8.1 和表 8.2 查得。

式(8.14)的适用条件是:$\dfrac{H_0}{b} \leqslant 1.0$(当 $\dfrac{H_0}{b} > 1.0$ 时,按 1.0 计)和 $B_0 \geqslant B + (n-1)d$。式中 B_0 为上游渠道宽度;$B = nb$ 为实用堰净宽;d 为闸墩宽度。

实用堰的淹没条件与薄壁堰相同,必须同时满足两个条件,即下游水面高出堰顶和在堰下游形成淹没式水跃。非真空堰的淹没系数 σ 与台(淹没度)有关,可由表 8.3 查得。

表 8.1　边墩形状系数 ζ_k 值

墩平面形状		ζ_k
直角形		1.00
斜角形	45°	0.70
圆弧形	r	0.70

表 8.2　闸墩形状系数 ζ_0 值

闸墩头部平面形状	Δ/H_0 $\leqslant 0.75$	Δ/H_0 $= 0.80$	Δ/H_0 $= 0.85$	Δ/H_0 $= 0.90$	Δ/H_0 $= 0.95$	附注
矩形	0.80	0.86	0.92	0.98	1.00	(a)Δ 为下游水面高出堰顶韵高度; (b)闸墩尾部形状与头部相同。
尖角形 $\theta=90°$	0.45	0.51	0.57	0.63	0.69	
半圆形 $r=\dfrac{d}{2}$	0.45	0.51	0.57	0.63	0.69	
尖圆形 $r=1.71d$	0.25	0.32	0.39	0.46	0.53	

表 8.3　非真空堰的淹没系数 σ 值

Δ/H	0.05	0.10	0.20	0.30	0.40	0.50	0.60	0.66	0.70	0.75	0.80	0.85
σ	0.997	0.995	0.985	0.972	0.957	0.935	0.906	0.879	0.856	0.823	0.776	0.710
Δ/H	0.90	0.91	0.92	0.93	0.94	0.95	0.96	0.97	0.98	0.99	0.995	1.00
σ	0.612	0.596	0.570	0.540	0.506	0.470	0.421	0.357	0.274	0.170	0.100	0

8.5　宽　顶　堰

许多水工建筑物的水流性质,从水力学的观点看来,一般都属于宽顶堰。例如小桥桥孔的过水,无压短涵管的过水以及水利工程中的节制闸、分洪闸、池水闸,灌溉工程中的进查翼:分水闸、排水闸等,当闸门全开时都具有宽顶堰的水力性质。因此,宽顶堰理论与水工建筑物的

设计有密切的关系。

宽顶堰上的水流现象是很复杂的。根据其主要特点,抽象出的计算图形如图 8.12(自由式)及图 8.13(淹没式)所示。

下面先讨论自由式无侧收缩宽顶堰,然后再就淹没及侧收缩等因素对堰流的影响进行讨论。在工程中,宽顶堰堰口形状一般为矩形。

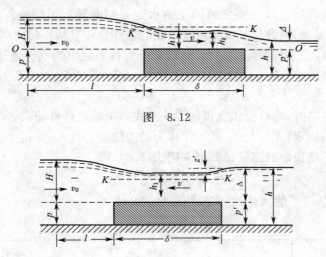

图 8.12

图 8.13

8.5.1 自由式无侧收缩宽顶堰

宽顶堰上的水流现象是很复杂的。根据其主要特点,可以认为:自由式宽顶堰流在进口不远处形成一收缩水深 h_1(即水面第一次降落),此收缩水深 h_1 小于堰顶断面的临界水深 h_k,然后形成流线近似平行于堰顶的渐变流,最后在出口(堰尾)水面再次下降(水面第二次降落),如图 8.12 所示。

自由式无侧收缩宽顶堰的流量计算可采用堰流基本公式(8.1):

$$Q = mb \sqrt{2g} H_0^{1.5}$$

式中,流量系数 m 与堰的进口形式以及堰的相对高度 p/H 等有关,可按经验公式计算;

对于直角边缘进口:

$$m = \begin{cases} 0.32 & [(p/H) > 3] \\ 0.32 + 0.01 \dfrac{3 - (p/H)}{0.46 + 0.75(p/H)} & [0 \leqslant (p/H) \leqslant 3] \end{cases} \tag{8.15}$$

对于圆角边缘进口(当 $r/H \geqslant 0.2$,r 为圆进口圆弧半径):

$$m = \begin{cases} 0.36 & [(p/H) > 3] \\ 0.36 + 0.01 \dfrac{3 - (p/H)}{1.2 + 1.5(p/H)} & [0 \leqslant (p/H) \leqslant 3] \end{cases} \tag{8.16}$$

根据理论推导宽顶堰的流量系数最大不超过 0.385,因此,宽顶堰的流量系数优的变化范围,应在 0.32~0.385 之间。

8.5.2 淹没式无侧收缩宽顶堰

自由式宽顶堰堰顶上的水深 h_1 小于临界水深 h_k，即堰顶上的水流为急流。从图8.12可见，当下游水位低于坎高，即 $\Delta < 0$ 时，下游水流绝对不会影响堰顶上水流的性质。因此，$\Delta > 0$ 是下游水位影响堰顶上水流的必要条件，即 $\Delta > 0$ 是形成淹没式堰的必要条件。至于形成淹没式堰的充分条件是堰顶上水流由急流因下游水位影响而转变为缓流。但是由于堰壁的影响，堰下游水流情况复杂，因此使其发生淹没水跃的条件也较复杂。目前用理论分析来确定淹没充分条件尚有困难，在工程实际中，一般采用实验资料来加以判别。通过实验，可以认为淹没式宽顶堰的充分条件是

$$\Delta = h - p' \geqslant 0.8 H_0 \tag{8.17}$$

当满足条件(8.17)时，为淹没式宽顶堰。淹没式宽顶堰的计算图式如图8.13所示。堰顶水深受下游水位影响决定，$h_1 = \Delta - z'$（z' 称为动能恢复），且 $h_1 > h_k$。

淹没式无侧收缩宽顶堰的流量计算可采用式(8.4)，即

$$Q = \sigma m b \sqrt{2g} H_0^{1.5}$$

式中，淹没系数 σ 是 Δ/H_0 的函数，其实验结果见表8.4。

表8.4 淹没系数

Δ/H_0	0.80	0.81	0.82	0.83	0.84	0.85	0.86	0.87	0.88	0.89
σ	1.00	0.995	0.99	0.98	0.97	0.96	0.95	0.93	0.90	0.87
Δ/H_0	0.90	0.91	0.92	0.93	0.94	0.95	0.96	0.97	0.98	
σ	0.84	0.82	0.78	0.74	0.70	0.65	0.59	0.50	0.40	

8.5.3 侧收缩宽顶堰

如堰前引水渠道宽度 B 大于堰宽 b，则水流流进堰后，在侧壁发生分离，使堰流的过水断面宽度实际上小于堰宽，同时也增加了局部水头损失。若用侧收缩系数 ε 考虑上述影响，则自由式侧收缩宽顶堰的流量公式为

$$Q = m \varepsilon b \sqrt{2g} H_0^{1.5} = m b_c \sqrt{2g} H_0^{1.5} \tag{8.18}$$

式中，$b_c = \varepsilon b$，称为收缩堰宽；收缩系数 ε 可用经验公式

$$\varepsilon = 1 - \frac{a}{\sqrt[3]{0.2 + (p/H)}} \sqrt[4]{\frac{b}{B}} \left(1 - \frac{b}{B}\right) \tag{8.19}$$

计算。其中 a 为墩形系数：直角边缘，$a = 0.19$；圆角边缘，$a = 0.1$。

若为淹没式侧收缩宽顶堰，其流量公式只需在式(8.18)右端乘以淹没系数 σ 即可，即

$$Q = \sigma m b_c \sqrt{2g} H_0^{1.5} \tag{8.20}$$

【例8.1】 求流经直角进口无侧收缩宽顶堰的流量 Q。已知堰顶水头 $H = 0.85$ m。坎高 $p = p' = 0.50$ m，堰下游水深 $h = 1.10$ m，堰宽 $b = 1.28$ m，取动能修正系数 $\alpha = 1.0$。

解：

(1)首先判明此堰是自由式还是淹没式

$$\Delta = h - p' = 1.10 - 0.50 = 0.60 \text{ m} > 0$$

故淹没式的必要条件满足，但
$$0.8H_0 \geqslant 0.8H = 0.8 \times 0.85 = 0.68 \text{ m} > \Delta$$
则淹没式的充分条件不满足，故此堰是自由式。

（2）计算流量系数 m

因 $p/H = 0.50/0.85 = 0.588 < 3$，则由式（8.15）得
$$m = 0.32 + 0.01 \frac{3 - 0.588}{0.46 + 0.75 \times 0.588} = 0.347$$

（3）计算流量 Q

由于 $H_0 = H + \dfrac{\alpha Q^2}{2g[b(H+p)]^2}$，代入式（8.1），
$$Q = mb\sqrt{2g}H_0^{1.5} = mb\sqrt{2g}\left[H + \frac{\alpha Q^2}{2g[b(H+p)]^2}\right]^{1.5}$$

在计算中常采用迭代法解此高次方程。将有关数据代入上式：
$$Q = 0.347 \times 1.28 \times \sqrt{2 \times 9.8} \times \left[0.85 + \frac{1.0 \times Q^2}{2 \times 9.8 \times 1.28^2 \times (0.85 + 0.50)^2}\right]^{1.5}$$

的迭代式
$$Q_{\langle n+1\rangle} = 1.966 \times \left[0.85 + \frac{Q^2_{\langle n\rangle}}{58.525}\right]^{1.5}$$

式中，下标 n 为迭代循环变量。

取初值 $(n=0)Q_{\langle 0\rangle} = 0$，得

第一次近似值：
$$Q_{\langle 1\rangle} = 1.966 \times 0.85^{1.5} = 1.54 \text{ m}^3/\text{s}$$

第二次近似值：
$$Q_{\langle 2\rangle} = 1.966 \times \left[0.85 + \frac{1.54^2}{58.525}\right]^{1.5} = 1.65 \text{ m}^3/\text{s}$$

第三次近似值：
$$Q_{\langle 3\rangle} = 1.966 \times \left[0.85 + \frac{1.65^2}{58.525}\right]^{1.5} = 1.67 \text{ m}^3/\text{s}$$

现
$$\left|\frac{Q_{\langle 3\rangle} - Q_{\langle 2\rangle}}{Q_{\langle 3\rangle}}\right| = \frac{1.67 - 1.65}{1.67} \approx 0.01$$

若此计算误差小于要求的误差限值，则 $Q \approx Q_{\langle 3\rangle} = 1.67 \text{ m}^3/\text{s}$。

当计算误差限值要求为 ε 值，要一直计算到
$$\left|\frac{Q_{\langle n+1\rangle} - Q_{\langle n\rangle}}{Q_{\langle n+1\rangle}}\right| \leqslant \varepsilon$$

为止，则 $Q \approx Q_{\langle n+1\rangle}$。

（4）校核堰上游是否为缓流

因
$$v_0 = \frac{Q}{b(H+p)} = \frac{1.67}{1.28 \times (0.85 + 0.50)} = 0.97$$
$$\text{Fr} = \frac{v_0}{\sqrt{g(H+p)}} = \frac{0.97}{\sqrt{9.8 \times (0.85 + 0.50)}} = 0.267 < 1$$

故上游水流确为缓流。缓流流经障壁形成堰流，因此上述计算有效。

从上述计算可知，用迭代法求解宽顶堰流量高次方程，是一种行之有效的方法，但计算繁琐，可编制程序，用电子计算机求解。

8.6　小桥孔径水力计算

小桥、无压短涵洞、灌溉系统中的节制闸等的孔径计算，基本上都是利用宽顶堰理论。

下面将以小桥孔径计算为讨论对象。从工程流体力学（水力学）观点来看，无压短涵洞、节制闸等的计算，原则上与小桥孔径的计算方法相同。

8.6.1　小桥孔径的水力计算公式

小桥过水情况与上节所述宽顶堰基本相同，这里堰流的发生是在缓流河沟中，是由于路基及墩台约束了河沟过水面积而引起侧向收缩的结果，一般坎高 $p = p' = 0$，故可称为无坎宽顶堰流。小桥过水也分为自由式和淹没式两种情况，如图 8.14 所示。

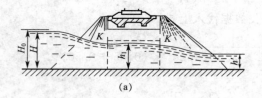
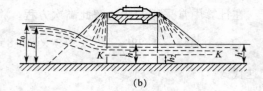

图　8.14

实验发现，当桥下游水深 $h < 1.3h_k$（h_k 为桥孔水流的临界水深）时，为自由式小桥过水，如图 8.14(a) 所示。当 $h \geqslant 1.3h_k$ 时，为淹没式小桥过水，如图 8.14(b) 所示，这就是小桥过水的淹没标准。

自由式小桥桥孔中水流的水深 $h_1 < h_k$，即桥孔水流为急流。计算时可令 $h_1 = \psi h_k$，这里 ψ 为垂向收缩系数，$\psi < 1$，视小桥进口形状决定其数值。

淹没式小桥桥孔中水流的水深 $h_1 > h_k$，即桥孔水流为缓流。计算时一般可忽略小桥出口的动能恢复 z'，因此有 $h_1 = h$，即淹没式小桥桥下水深等于桥下游水深。

小桥孔径的水力计算公式可由恒定总流的伯努利方程和连续性方程导得。

自由式

$$\begin{cases} v = \varphi \sqrt{2g(H_0 - \psi h_k)} & (8.21) \\ Q = \varepsilon b \psi h_k \varphi \sqrt{2g(H_0 - \psi h_k)} & (8.22) \end{cases}$$

淹没式

$$\begin{cases} v = \varphi \sqrt{2g(H_0 - h)} & (8.23) \\ Q = \varepsilon b h \varphi \sqrt{2g(H_0 - h)} & (8.24) \end{cases}$$

式中，ε、φ 分别为小桥的侧向收缩系数和流速系数。一般与小桥进口形式有关，其实验值列于表 8.5 中。

表 8.5　小桥的侧向收缩系数和流速系数

桥台形状	侧向收缩系数 ε	流速系数 φ
单孔、有椎体填土（锥体护坡）	0.90	0.90
单孔、有八字翼墙	0.85	0.90
多孔或无锥体填土，多孔或桥台伸出锥体之外	0.80	0.85
拱脚浸水的拱桥	0.75	0.80

8.6.2 小桥孔径的水力计算原则

在小桥孔径水力计算中,设计流量 Q 系由水文计算决定。当此流量 Q 流经小桥时,应保证桥下不发生冲刷,即要求桥孔流速 v 不超过桥下铺砌材料或天然土壤的不冲刷允许流速 v';同时,桥前壅水水位 H 不大于规定的允许壅水水位 H',该值一般由路肩标高及桥梁梁底标高决定。

在设计中,其程序一般是从允许流速 v' 出发设计小桥孔径 b,同时考虑标准孔径 B,使 $B \geqslant b$,然后再校核桥前壅水水位 H。总之,在设计中,应考虑 v'、B 及 H' 三个因素。

由于小桥过水的淹没标准是 $h \geqslant 1.3h_k$,因此,必须建立 v'、B 及 H' 与 h_k 的关系。下面以矩形过水断面的小桥孔为例,讨论 v、H 及 b 等水力要素与 h_k 的关系。

设桥下过水断面宽度为 b,当水流发生侧向收缩时,有效水流宽度为 εb,则临界水深 h_k 与流量 Q 的关系为

$$h_k = \sqrt[3]{\frac{\alpha Q^2}{g(\varepsilon b)^2}} \tag{8.25}$$

在临界水深 h_k 的过水断面上的流速为临界流速 v_k,存在 $Q = v_k A_k = v_k \varepsilon b h_k$ 的关系,将其代入上式可得

$$h_k = \frac{\alpha v_k^2}{g}$$

当以允许流速 v' 进行设计时,考虑到自由式小桥的桥下水深为 $h = \psi h_k$,则根据恒定总流的连续性方程,有

$$Q = v_k \varepsilon b h_k = v' \varepsilon b \psi h_k$$

即

$$v_k = \psi v'$$

因此可得桥下临界水深 h_k 与允许流速 v' 的关系为

$$h_k = \frac{\alpha v_k^2}{g} = \frac{\alpha \psi^2 v'^2}{g} \tag{8.26}$$

将 $Q = m \varepsilon b \sqrt{2g} H_0^{1.5}$ 代入式(8.25)可得桥下临界水深与壅水水深的关系:

$$h_k = \sqrt[3]{2\alpha m^2} H_0 \tag{8.27}$$

当取 $m = 0.34$,$\alpha = 1.0$ 时,则 $h_k = 0.614 H_0 \approx (0.8/1.3)H_0$。由此可见,宽顶堰的淹没标准 $\Delta \geqslant 0.8H_0$ 与小桥(涵)过水的淹没标准 $h \geqslant 1.3h_k$ 基本是一致的。

将 $Q = m \varepsilon b \sqrt{2g} H_0^{1.5}$ 与式(8.22)比较,可得流量系数 $m = \varphi \cdot \psi \dfrac{h_k}{H_0} \sqrt{1 - \psi \dfrac{h_k}{H_0}}$,故式(8.27)又呈另一形式:

$$h_k = \frac{2\alpha \varphi^2 \psi^2}{1 + 2\alpha \varphi^2 \psi^3} H_0 \tag{8.28}$$

式(8.25)至式(8.28)即为桥下临界水深 h_k 与 b、v' 及 H 的关系式。

进行设计时,需要根据小桥进口形式选用有关系数。ε 和 φ 的实验值见表8.5。至于动能修正系数 α 可取为 1.0。垂向收缩系数 $\psi = h_1/h_k$ 依进口形式而异:对非平滑进口,$\psi = 0.75 \sim 0.80$;对平滑进口,$\psi = 0.80 \sim 0.85$;有的设计方法认为 $\psi = 1.0$。

铁路、公路桥梁的标准孔径一般有 4、5、6、8、12、16、20 m 等多种。

【例 8.2】试设计一矩形断面小桥孔径 B。已知河道设计流量(据水文计算得)$Q = 30$ m³/s,桥前允许壅水水深 $H' = 1.5$ m,桥下铺砌允许流速 $v' = 3.5$ m/s,桥下游水深(据桥

下游河段流量—水位关系曲线求得) $h = 1.10$ m,选定小桥进口形式后知 $\varepsilon = 0.85$,$\varphi = 0.90$, $\psi = 0.85$ 。取动能修正系数 $\alpha = 1.0$ 。

解:

(1)从 $v = v'$ 出发进行设计。由式(8.26)得

$$h_k = \frac{\alpha \psi^2 v'^2}{g} = \frac{1.0 \times 0.85^2 \times 3.5^2}{9.8} = 0.903 \text{ m}$$

因 $1.3 h_k = 1.3 \times 0.903 = 1.17$ m $> h = 1.10$ m,故此小桥过水为自由式。

由 $Q = v' \varepsilon b \psi h_k$ 得

$$b = \frac{Q}{\varepsilon \psi h_k v'} = \frac{30}{0.85 \times 0.85 \times 0.903 \times 3.5} = 13.14 \text{ m}$$

取标准孔径 $B = 16$ m $> b = 13.14$ m。

(2)由于 $B > b$,原自由式可能转变成淹没式,需要再利用式(8.25)计算孔径为 B 时的桥下临界水深 h'_k 。

$$h'_k = \sqrt[3]{\frac{\alpha Q^2}{g(\varepsilon B)^2}} = \sqrt[3]{\frac{1.0 \times 30^2}{9.8 \times (0.85 \times 16)^2}} = 0.792 \text{ m}$$

因 $1.3 h'_k = 1.3 \times 0.792 = 1.03$ m $< h = 1.10$ m,可见此小桥过水已转变为淹没式。

(3)核算桥前壅水水深 H:

桥下流速

$$v = \frac{Q}{\varepsilon B h} = \frac{30}{0.85 \times 16 \times 1.10} = 2.01 \text{ m/s}$$

桥前壅水,由式(8.23)得

$$H < H_0 = \frac{v^2}{2g\varphi^2} + h = \frac{2.01^2}{2 \times 9.8 \times 0.90^2} + 1.10 = 1.35 \text{ m} < H' = 1.5 \text{ m}$$

计算结果表明,采用标准孔径 $B = 16$ m 时,对桥下允许流速和桥前允许壅水水深均可满足要求。

至于从 $H = H'$ 出发的设计方法,请读者自行分析。

下面再举一梯形断面小桥孔径的水力计算例题,可注意其中某些计算技巧。

【例8.3】试决定一钢筋混凝土小桥的孔径(暂不考虑标准孔径)。该桥设有一直径 $d = 1.0$ m 的圆形中墩,桥下断面为边坡系数 $m = 1.5$ 的梯形。设计流量 $Q = 35$ m³/s,桥下允许流速 $v' = 3.0$ m/s,侧向收缩系数 $\varepsilon = 0.90$,流速系数 $\varphi = 0.90$,垂向收缩系数 $\psi = 1.0$ 。

解:

(1)从 $v = v'$ 出发决定桥下水面宽度 B:

由

$$\frac{A_k^3}{B_k} = \frac{\alpha Q^2}{g}$$

得

$$B_k = \frac{A_k^3 g}{\alpha Q^2} = \frac{Qg}{\alpha Q^3 / A_k^3} = \frac{Qg}{\alpha v_k^3}$$

$$= \frac{Qg}{\alpha v'^3} = \frac{35 \times 9.8}{1.0 \times 3.0^3} = 12.70 \text{ m}$$

考虑到中墩和侧向收缩的影响,则桥下水面宽度为

$$B = \frac{B_k}{\varepsilon} + d = \frac{12.70}{0.9} + 1.0 = 15.11 \text{ m}$$

(2)引入桥下平均临界水深 $\overline{h_k}$:

$$\overline{h_k} = \frac{A_k}{B_k} = \frac{\alpha Q^2}{g A_k^2} = \frac{\alpha v_k^2}{g}$$

$$= \frac{\alpha v'^2}{g} = \frac{1.0 \times 3.0^2}{9.8} = 0.918 \text{ m}$$

则由 $A_k = B_k h_k - m h_k^2 = B_k \overline{h_k}$ 可得桥下临界水深

$$h_k = \frac{B_k - \sqrt{B_k^2 - 4mB_k \overline{h_k}}}{2m}$$

$$= \frac{12.70 - \sqrt{12.70^2 - 4 \times 1.5 \times 12.70 \times 0.918}}{2 \times 1.5} = 1.05 \text{ m}$$

由此可知,当桥下游水深 $h \geqslant 1.3 \times 1.05 = 1.37$ m 时才能形成淹没式小桥过水。

(3)当为自由式时,桥下断面底宽 b 为:

$$b = B - 2m h_k = 15.11 - 2 \times 1.5 \times 1.05 = 11.96 \text{ m}$$

如果忽略桥上游行近流速,则桥前壅水水深 H 为:

$$H = \frac{\overline{h_k}}{2\varphi^2} + h_k = \frac{0.918}{2 \times 0.90^2} + 1.05 = 1.62 \text{ m}$$

(4)当为淹没式时(设桥下游水深 $h = 1.5$ m),则桥下平均宽度 $\overline{B}$ 为:

$$\overline{B} = \frac{Q}{\varepsilon h v'} + d = \frac{35}{0.90 \times 1.5 \times 3.0} + 1.0 = 9.64 \text{ m}$$

故

$$b = \overline{B} - mh = 9.64 - 1.5 \times 1.5 = 7.39 \text{ m}$$

如果忽略行近流速,则有

$$H = \frac{v'^2}{2g\varphi^2} + h = \frac{3.0^2}{2 \times 9.8 \times 0.90^2} + 1.5 = 2.07 \text{ m}$$

应当指出,梯形断面的桥下流速采用允许流速 v' 是有条件的,而矩形断面则可以说是无条件的。

由 $h_k = \dfrac{B_k - \sqrt{B_k^2 - 4mB_k \overline{h_k}}}{2m}$ 可知,其中 $B_k^2 - 4mB_k \overline{h_k}$ 应大于等于零,即

$$B_k \geqslant 4m \overline{h_k} = 4m \frac{\alpha v'^2}{g}$$

因 $B_k = \dfrac{Qg}{\alpha v'^3}$,将其代入上式,得

$$\frac{Qg}{\alpha v'^3} \geqslant 4m \frac{\alpha v'^2}{g}$$

整理得

$$v' \leqslant \sqrt[5]{\frac{Qg^2}{4m\alpha^2}}$$

这就是梯形断面的桥下流速采用允许流速的条件。

思 考 题

1. 一无侧向收缩矩形薄壁堰,已知堰宽 $b = 0.50$ m,堰高 $p = p' = 0.35$ m,堰上水头 $H = 0.40$ m,当下游水深分别为 0.15 m、0.40 m 和 0.55 m 时,求通过的流量各为多少?

2. 为了量测 $Q=0.30$ m³/s 的流量，水头 H 限制在 0.2 m 以下，堰高 $p=0.50$ m，试设计完全堰的堰宽 b。

3. 已知完全堰的堰宽 $b=1.50$ m，堰高 $p=0.70$ m，流量 $Q=0.50$ m³/s，求堰上水头 H（提示，先设 $m_0=0.42$）。

4. 用三角堰（$Q=1.4H^{2.5}$）量测 $Q=0.015$ m³/s 的流量，如果在读取堰上水头时有 1 mm 的误差，求计算流量的相对误差。

5. 有一堰顶厚度 $\delta=16$ m 的堰，堰前水头 $H=2$ m，下游水位高出堰顶高为 $\Delta=1$ m。如果堰上、下游水位及堰高、堰宽均不变，问当堰顶厚度 δ 分别减小至 8 m 及 4 m 时，堰的过流能力有无变化？为什么？

6. 对于堰前水头 H、堰高 p 一定的无侧收缩自由式宽顶堰流，当堰宽 b 增大 20% 时，其流量将增大多少？

7. 一直角进口无侧向收缩宽顶堰，堰宽 $b=4.0$ m，堰高 $p=p'=0.6$ m，水头 $H=1.2$ m，堰下游水深 $h=0.8$ m，求通过的流量 Q。

8. 设上题的下游水深 $h=1.70$ m，求流量 Q。

9. 一直角进口宽顶堰，堰宽 $b=2$ m，堰高 $p=p'=1$ m，堰上水头 $H=2$ m，上游渠宽 $B=3$ m，边墩为矩形。下游水深 $h=2.8$ m，求通过的流量 Q。假定行近流速可忽略不计。

10. 一圆进门无侧向收缩宽顶堰，堰高 $p=p'=3.40$ m，堰顶水头限制为 0.86 m，通过流量 $Q=22$ m³/s，求堰宽 b 及非淹没式堰的下游水深 h。

11. 试设计一矩形断面小桥孔径 B。已知设计流量 $Q=15$ m³/s，取碎石单层铺砌加固河床，其允许流速 $v'=3.5$ m/s，桥前允许壅水高度 $H'=2.0$ m，桥下游水深 $h=1.3$ m，取 $\varepsilon=0.90$，$\varphi=0.90$，$\psi=1.0$。

12. 在上题中，若下游水深，$h=1.6$ m，再设计孔径 B。

13. 试编写小桥孔径水力计算程序，并上机计算题 11 和题 12。

14. 现有一已建成的喇叭形进口小桥，其孔径 $B=8$ m，已知 $\varepsilon=0.90$，$\varphi=0.90$，$\psi=0.80$，试核算在可能最大流量 $Q=40$ m³/s（该桥下游水深 $h=1.5$ m）时的桥下流速 v 及桥前壅水水深 H。

15. 试从 $H=H'$ 出发设计一小桥孔径 B，已知设计流量 $Q=30$ m³/s，桥前允许壅水水深 $H'=1.2$ m，桥下铺砌允许流速 $v'=3.5$ m/s，桥下游水深 $h=1.0$ m，选定小桥进口形式后知 $\varepsilon=0.90$，$\varphi=0.90$，$\psi=0.80$。

16. 一钟形进口箱涵（矩形断面涵洞），已知 $\varepsilon=0.90$，$\varphi=0.95$，$\psi=0.80$，设计流量 $Q=9$ m³/s，下游水深 $h=1.60$ m，涵前允许壅水深度 $H'=1.80$ m，试计算孔径 b（暂不考虑标准孔径）。

9　渗　　流

液体在孔障介质中的流动称为器流。这里讨论一种最常见的渗流——地下水运动。即水在土壤、岩石孔隙中的流动。地下水运动的研究在水利、地质、采矿、石油等很多部门都有着很重要的作用。在土建方俩的应用也很广泛,如水工建筑物的渗透损失和稳定性问题;井和集水廊道等取水建筑物的设计计算同题;建筑物地基处理等等。

9.1　基 本 概 念

渗流现象是水和岩土的相互作用下形成的。下面对这两个方面作一简介。

9.1.1　地下水的状态

水在岩土孔隙中的状态视含水量和受力情况不同,可分为气态水。附着水、薄膜水、毛细水和重力水。气态水以蒸气的状态混合在空气中而存在于岩土孔隙内,其数量极少。一般不考虑。当含水量略增,由于分子力的作用,聚集于岩土颗粒周围的水的厚度为最小分子层和分子作用半径,分别称为附着水和薄膜水。若含水量再增加,主要由于表面张力的作用而充满于岩土孔隙中的水称毛细水。当含水量很大时,除少量水份吸附于土粒四周和存在于毛细区外,绝大部分水处于重力作用下在孔隙中流动,称重力水。从应用出发,本章只讨论重力水的渗流规律。

9.1.2　岩土的渗透特性

从岩土方面来看,渗流的规律性与岩土空隙的形状大小有密切关系,从而涉及到岩土颗粒的形状大小、粒径的均匀性、排列方式及孔隙率。

岩土按透水性能分为四类:各处透水性都相同的岩土称均质岩土,否则称非均质岩土;将各方向透水性都相同的岩土称各向同性岩土,否则称为各向异性岩土。本章仅限于讨论均质各向同性岩土中重力水的恒定流。

岩土的渗流特性与岩土的孔隙率有密切关系。设在总体积为 V 的岩土中,如孔隙所占体积为 $V_孔$,则孔隙率定义为

$$m=\frac{V_孔}{V} \tag{9.1}$$

孔隙率 m 反映了岩土的密实程度。对于均质岩土,m 也等于孔隙面积与该断面总面积之比,即

$$m=\frac{A_孔}{A} \tag{9.2}$$

9.1.3　流分类

类似于管渠中流动,渗流也分为恒定渗流或非恒定渗流;均匀渗流或非均匀渗流。非均匀渗流又可分为渐变渗流、急变渗流。

　　根据透水层的上下边界限制情况及有无自由水面,渗流又可分为无压渗流和有压渗流。无压渗流的自由水面称为浸润曲面,在平面问题中称浸润曲线。

　　渗流流动的状态也有层流与紊流之分。层流渗流通常发生在细小颗粒土壤中(如黏土、亚黏土、砂土),在大颗粒的砂和其他材料(砾石、卵石等)中则往往形成紊流营流。

9.2　渗流模型及达西定律

9.2.1　渗流模型

　　由于土壤颗粒的形状大小、空隙通道的形状尺寸都极不规则,使水在其间的流动路径和流速呈极不规则变化[图 9.1(a)]。而在工程问题中往往需要知道在某一范围内渗流的平均效果,因此提出了渗流模型这个概念。

　　如图 9.1(b)所示,设想颗粒规则排列。在与主流方向正交的总面积 A 中,水流通过的孔隙面积为 $A_孔$,则 $A_孔 = mA$。可定义渗流在足够多空隙中的统计平均速度为

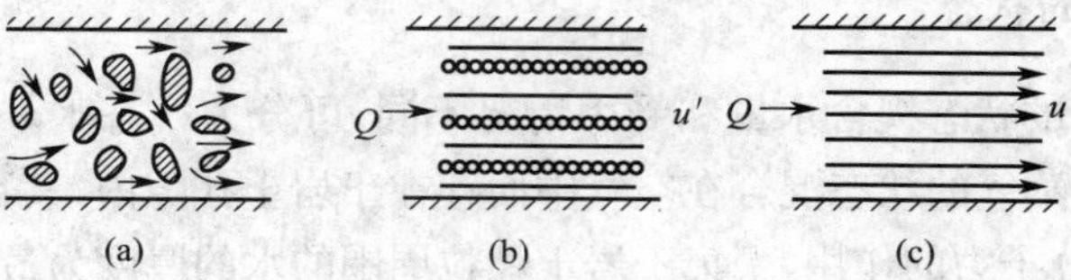

图　9.1

$$u' = \frac{Q}{A_孔} = \frac{Q}{mA} \tag{9.3}$$

　　进一步设想渗流区的岩土颗粒不存在,总面积 A 就是水流通过的面积[图 9.1(c)],可定义渗流速度为

$$u = \frac{Q}{A} = mu' \tag{9.4}$$

这样,在保持渗流区原有的边界条件和渗透流量不变的条件下,把渗流看成是由液体质点充满全部渗流区的连续总流流动,这就是渗流模型。所提出的渗流流速 u 是一个假想的"表观流速",它比渗流的实际流速要小。

9.2.2　渗流基本定律——达西定律

　　法国工程师 HenriDarcy 在 1852~1855 年间,对沙质土壤试样做了大量的试验,总结出了渗流基本定律。其试验装置如图 9.2所示。

　　一横断面积为 A 的直立圆筒中装有均匀颗粒的砂粒,厚度为 l,溢流使筒内液面保持恒定的水头。因渗流流速极小,总水头 H 可用测压管水头表示,则测压管水头差 ΔH 即为渗流在两断面间的水头损失 h_L。在筒底部可量测渗流流量 Q。实验指出

$$Q \propto A \frac{h_L}{l}$$

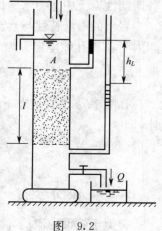

图　9.2

引入比例系数 k，并注意到 h_L/l 即是 l 长度上的平均水力坡度 J，则

$$Q=kAJ \tag{9.5}$$

断面平均渗流流速

$$v=kJ \tag{9.6}$$

将式（9.6）推广到任意元流中去，得元流渗流流速为

$$u=kJ \tag{9.7}$$

J 为元流的水力坡度，$J=-\dfrac{\mathrm{d}H}{\mathrm{d}S}$。

式（9.6）及式（9.7）称达西定律，表明在某一均质介质的孔隙中，渗流的水力坡度与渗流流速的一次方成比例，故又称渗流线性定律。

9.2.3 达西定律的适用范围

达西定律表明渗流的水头损失与流速成线性关系，这是液体作层流运动所遵循的规律。研究证明，达西定律只能适用于层流渗流（线性渗流）。当

$$Re=\frac{vd}{\nu}<1\sim7 \tag{9.8}$$

时，出现层流渗流，而当 $Re>1\sim7$ 时则出现紊流渗流。公式中 v 为断面平均渗流流速，d 为岩土颗粒的平均粒径，ν 是水的运动黏性系数。

根据巴甫洛夫斯基的研究，判定层流渗流的准则是

$$Re=\frac{vd}{\nu(0.75\,m+0.23)}<7\sim9 \tag{9.9}$$

式中，m 为岩土的孔隙率。而当 $Re>7\sim9$ 时，则为紊流渗流（或非线性渗流），其渗流流速为

$$v=k_t\sqrt{J} \tag{9.10}$$

式中，k_t 为紊流渗透系数。

9.2.4 渗透系数 k 及其确定方法

达西定律中引入的比例系数 k 称为渗流系数或渗透系数，它表示单位水力坡度下的渗流流速，具有速度的量纲。k 综合反映了液体和岩土两方面对渗透性的影响。对于地下水的运动，k 主要取决于岩土的结构和性质。

确定渗透系数有三种方法。

1. 野外法

又称现场测定法。在地质和水文地质的勘探工作中常采用此方法，通过对专门的井进行抽水试验，运用相应的计算公式和试验数据，即可求得大面积的平均渗透系数值。由于这时土壤处于天然状态，从而所确定的渗透系数是足够精确的。但试验规模较大，需要较多的设备和人力。

2. 实验室测定法

在现场取土样，放在如图 9.2 所示的达西仪上做试验。据式（9.5）计算渗透系数 k 值。此方法设备简单，易得结果。但由于所取土样有限，且试验样土受到了一定的扰动，不可能完全反映真实情况。

3. 经验法

进行初步估算时，可参照有关规范或经验公式及数表取值进行计算。表 9.1 给出了几种

土壤的渗透系数值。

表 9.1　水在土壤中的渗透系数 k

土壤种类	空隙率 m	渗透系数 k(cm/s)
黏土		6×10^{-6}
亚黏土	$0.45 \sim 0.55$	$6 \times 10^{-6} \sim 1 \times 10^{-4}$
黄土	$0.35 \sim 0.50$	$3 \times 10^{-4} \sim 6 \times 10^{-4}$
细砂	$0.35 \sim 0.45$	$1 \times 10^{-3} \sim 6 \times 10^{-3}$
粗砂	$0.30 \sim 0.40$	$2 \times 10^{-2} \sim 6 \times 10^{-2}$
卵石、砾石		$0.1 \sim 0.6$

【例 9.1】 在两水箱之间,连接一条水平放置的正方形管道(图 9.3),管道边长为 20 cm,长 L 为 100 cm。管道的前半部分装满细砂,后半部分装满粗砂,渗透系数分别是 $k_1 = 0.002$ cm/s, $k_2 = 0.05$ cm/s。水深 $H_1 = 80$ cm,$H_2 = 40$ cm。试计算管中的渗透流量。

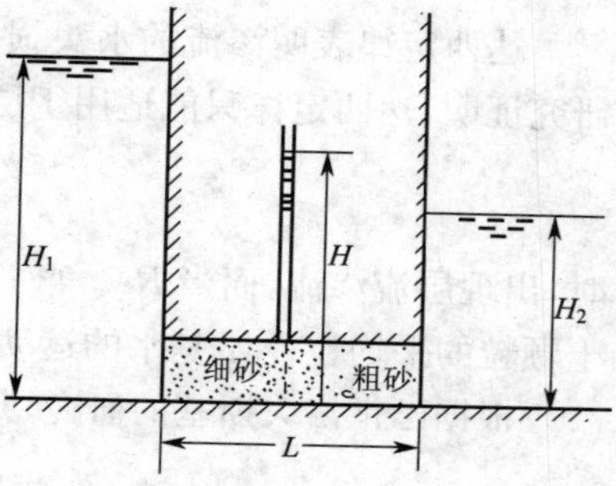

解: 设管道中点断面的测压管水头为 H,据式(9.5),通过细砂和粗砂的渗透流量分别为

$$Q_1 = k_1 A \frac{H_1 - H}{0.5L}, \quad Q_2 = k_2 A \frac{H - H_2}{0.5L}$$

根据连续性原理,$Q_1 = Q_2$,即

$$k_1 A \frac{H_1 - H}{0.5L} = k_2 A \frac{H - H_2}{0.5L}$$

解得

$$H = \frac{k_1 H_1 + k_2 H_2}{k_1 + k_2} = \frac{0.002 \times 80 + 0.05 \times 40}{0.002 + 0.05} = 41.54 \text{ cm}$$

故渗透流量为

$$Q = Q_1 = k_1 A \frac{H_1 - H}{0.5L} = 0.002 \times 20 \times 20 \times \frac{80 - 41.54}{0.5 \times 100} = 0.615 \text{ cm}^3/\text{s}$$

图　9.3

9.3　地下水的渐变渗流分析

地下水流动常表现为有浸润曲线的无压渗流。同时由于含水层范围广阔,渗流的过水断面可看作是宽阔的矩形,使得这种渗流类似于明渠流动,且在大多数情况下可看作是一元渐变流动。

9.3.1　地下水均匀流

在地下水均匀流中,水力坡度和测压管坡度等于不透水层的坡度 i(图 9.4),即

$$J = J_p = i$$

而在同一断面上压强分布规律为 $z + p/\gamma = c$,断面上各点的测压管坡度均相同,从而在整个渗流流场中各点的测压管坡度都相等。根据达西定律,$u = kJ = kJ_p = ki = $ 常数,即均匀渗流流场中各点流速处处相等,断面平均流速

$$v = u = ki \tag{9.11}$$

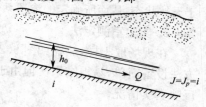

图　9.4

流量 $$Q=vA=Aki \qquad (9.12)$$

当渗流宽度为 b 时,则均匀渗流正常水深

$$h_0=\frac{Q}{bki}=\frac{q}{ki} \qquad (9.13)$$

式中,$q=Q/b$,为单宽流量。

9.3.2 地下水渐变渗流

1. 裘皮衣公式

渐变渗流是自然界中渗流存在的普遍形式,如图 9.5 所示。渐变渗流线是互相近似平行的直线,过水断面上的压强按水静力学规律分布,因而同一过水断面上各点的测压管水头相等。由于渗流流速很小,在忽略了渗流的速度水头之后,测压管水头即总水头,因此同一断面上各点的总水头也相等。设相距 $\mathrm{d}s$ 的两断面测压管水头分别为 H 和 $H+\mathrm{d}H$,则断面上各点的水力坡度为

$$J=-\frac{\mathrm{d}H}{\mathrm{d}s}=\text{常数}$$

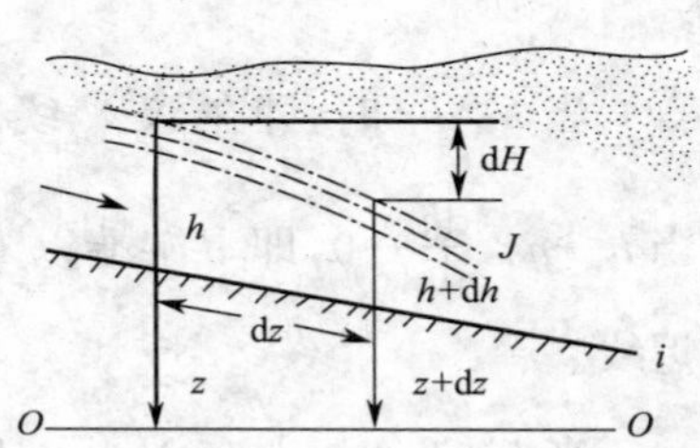

图 9.5

由达西定律,断面上各点流速

$$u=kJ=-k\frac{\mathrm{d}H}{\mathrm{d}s}=\text{常数}$$

则断面平均流速

$$v=u=-k\frac{\mathrm{d}H}{\mathrm{d}s} \qquad (9.14)$$

式(9.14)称为裘皮衣公式,反映了渐变渗流过水断面上各点渗流流速相等,并等于断面平均流速。但由于水力坡度 J 沿程变化,不同的过水断面上的流速则是不相等的。

2. 渐变渗流基本微分方程

如图 9.5 所示,任一断面的水力坡度

$$J=\frac{\mathrm{d}H}{\mathrm{d}s}=-\frac{\mathrm{d}(z+h)}{\mathrm{d}s}=-\frac{\mathrm{d}z}{\mathrm{d}s}-\frac{\mathrm{d}h}{\mathrm{d}s}$$

设不透水层的坡度为 i,则 $i=-\dfrac{\mathrm{d}z}{\mathrm{d}s}$,从而

$$J=i-\frac{\mathrm{d}h}{\mathrm{d}s}$$

由裘皮衣公式得

$$v=kJ=k\left(i-\frac{\mathrm{d}h}{\mathrm{d}s}\right) \qquad (9.15)$$

$$Q=Av=bhk\left(i-\frac{\mathrm{d}h}{\mathrm{d}s}\right) \qquad (9.16)$$

单宽流量 $$q=kh\left(i-\frac{\mathrm{d}h}{\mathrm{d}s}\right) \qquad (9.17)$$

式(9.17)是渐变渗流的基本微分方程,据此可分析其浸润曲线的变化。

3. 渐变渗流的浸润曲线

在研究明渠流水面曲线时我们知道,对不同类型底坡的明渠,其水面曲线的形式是不同的,即使在同一底坡的明渠中,把实际水深和正常水深、临界水深相比,根据它们所处的相对位

置不同,得出的水面曲线的形式也是不同的。在渐变渗流中,也同样因不同类型的底坡面具有不同的浸润曲线形式。但在渗流中因流速很小,动能可以忽略,使得断面单位能量 $e=h+\alpha v^2/2g \approx h$,故不存在临界水深 h_k 这样,使得渐变渗流的浸润曲线比较简单,共有以下三种形式。

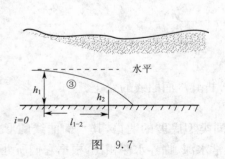

图 9.6

(a)顺坡 $i>0$ 的情况,如图 9.6 所示

据式(9.13)和(9.17)可得

$$kih_0=kh\left(i-\frac{\mathrm{d}h}{\mathrm{d}s}\right)$$

h_0 为均匀流正常水深。令 $\eta=h/h_0$,则上式为

$$\frac{\mathrm{d}h}{\mathrm{d}s}=i\left(1-\frac{1}{\eta}\right) \tag{9.18}$$

当 $h>h_0$ 时,即在 N-N 线以上,$\eta>1$,所以 $\frac{\mathrm{d}h}{\mathrm{d}s}>0$,水深沿程增大,形成壅水曲线①。而且当 $h \to h_0$,$\frac{\mathrm{d}h}{\mathrm{d}s} \to 0$,即上游端以 N-N 线为渐近线;当 $h \to \infty$ 时,$\frac{\mathrm{d}h}{\mathrm{d}s} \to i$,即下游端以水平线为渐近线。

当 $h<h_0$ 时,即在 N-N 线以下,$\eta<1$,所以 $\frac{\mathrm{d}h}{\mathrm{d}s}<0$,水深沿程减少,形成降水曲线②。而且当 $h \to h_0$,$\frac{\mathrm{d}h}{\mathrm{d}s} \to 0$,即上游端仍以 N-N 线为渐近线;当 $h \to 0$ 时,$\frac{\mathrm{d}h}{\mathrm{d}s} \to -\infty$,即下游端与底坡有成正交的趋势,实际上在该范围内已是急变渗流,曲线与实际情况不符合。

壅水曲线①和降水曲线②的长度,可以通过对式(9.18)积分而求得。在式(9.18)中代入 $\mathrm{d}h=h_0\mathrm{d}\eta$,则

$$\frac{i\mathrm{d}s}{h_0}=\mathrm{d}\eta+\frac{\mathrm{d}\eta}{\eta-1}$$

对上式从水深为 $h_1=\eta_1 h_0$ 的断面积分到水深为 $h_2=\eta_2 h_0$ 的断面,求得两断面的距离

$$l_{1-2}=\frac{h_0}{i}\left(\eta_2-\eta_1+\ln\frac{\eta_2-1}{\eta_1-1}\right) \tag{9.19}$$

(b)平坡 $i=0$ 的情况下,浸润曲线为降水曲线③,如图 9.7 所示。

曲线长度为

$$l_{1-2}=\frac{k}{2q}(h_1^2-h_2^2) \tag{9.20}$$

(c)逆坡 $i<0$ 的情况下,浸润曲线为降水曲线④,如图 9.8 所示。

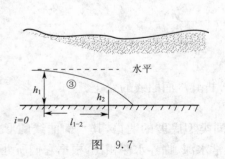

图 9.7

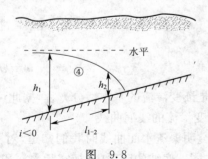

图 9.8

曲线长度为

$$l_{1-2}=\frac{h'_0}{|i|}\left(\eta'_1-\eta'_2+\ln\frac{1+\eta'_2}{1+\eta'_1}\right) \tag{9.21}$$

式中，h'_0 为假想的均匀流正常水深，$h'_0=\dfrac{q}{k|i|}$，$\eta'_1=\dfrac{h_1}{h'_0}$，$\eta'_2=\dfrac{h_2}{h'_0}$。

【例 9.2】如图 9.9 所示，两个勘测地下水的钻眼沿渗流方向布置。商钻眼间距 800 m，地下水位和不透水层高程如图。已知含水层的渗透系数 $k=8$ m/24 h，求单宽渗流量，并确定浸润曲线。

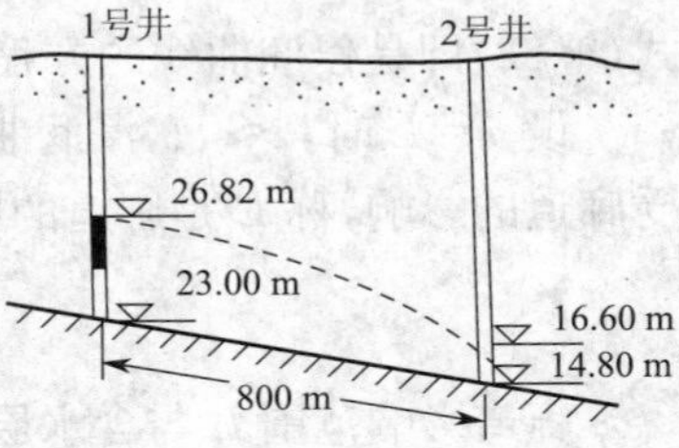

解：由题意，应为顺坡情况下的降水曲线。

图 9.9

不透水层坡度

$$i=\frac{\Delta z}{l_{1-2}}=\frac{23.00-14.80}{800}=0.010\ 26$$

水深
$$h_1=26.82-23.00=3.82\ \text{m}$$
$$h_2=16.60-14.80=1.80\ \text{m}$$

据式（9.19）有

$$il_{1-2}=h_2-h_1+h_0\ln\frac{h_2-h_0}{h_1-h_0}$$

所以
$$h_0\ln\frac{1.80-h_0}{3.82-h_0}=il_{1-2}+h_1-h_2$$
$$=0.010\ 62\times800+3.82-1.80=10.228$$

用试算法求得 $h_0=3.99$ m。

据式（9.13），求得单宽流量
$$q=kih_0=8\times0.010\ 26\times3.99=0.327\ \text{m}^3/24\ \text{h}\cdot\text{m}$$

设水深为 h 的断面距 1 号井的距离为 l，根据式（9.19）有

$$l=\frac{1}{i}\left(h-h_1+h_0\ln\frac{h_0-h}{h_0-h_1}\right)$$
$$=\frac{1}{0.010\ 26}\left(h-3.82+3.99\ln\frac{3.99-h}{3.99-3.82}\right)$$
$$=97.5h+388.9\ln\frac{3.99-h}{0.17}-372$$

取介于 h_1 与 h_2 之间的若干水深，求出相应的 l 值，即可按一定比例绘制浸润曲线。

h(m)	3.60	3.40	3.00	2.60	2.20	2.00
l(m)	301	442	604	698	754	778

9.4　渐变渗流的实例

9.4.1　集水廊道

集水廊道是建造在无压含水层（潜水层）中的集水建筑物，可用来汲取地下水和降低地下水位。

如图 9.10 所示，是一底部位于水平不透水层（$i=0$）上的矩形断面集水廊道。若从廊道中向外抽水量等于廊道两侧的渗流流量时，则在廊道两侧形成对称的恒定渐变渗流。设含水层

厚度为 H，廊道内水深为 h，现讨论廊道产水量和浸
润曲线的方程。

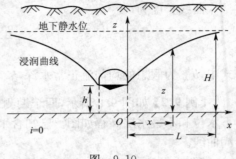

设廊道单侧的单宽流量为 q，水深为 z 的断面距
离廊道为 x，据式(9.20)有

$$x = \frac{k}{2q}(z^2 - h^2)$$

或　　　　　　　$$z^2 - h^2 = \frac{2q}{k}x \qquad (9.22)$$

式(9.22)即是侵润曲线的方程。

设 $x = L$ 时，$z \approx H$，浸润曲线与地下水静水位相比几乎投有降落，即 $x \geqslant L$ 的区域水位不
受廊道的影响，称 L 是廊道的影响范围。将这一条件代人式(9.22)，求得

$$q = \frac{k(H^2 - h^2)}{2L} \qquad (9.23)$$

廊道影响范围 L 与含水层性质有关，由实验确定。或引入浸润曲线的平均坡度

$$\overline{J} = \frac{H - h}{L}$$

从而　　　　　$$q = \frac{1}{2}k\overline{J}(H + h) \qquad (9.24)$$

全长为 l 且两侧取水的廊道总产水量为

$$Q = 2ql = kl\overline{J}(H + h) \qquad (9.25)$$

式中，$\overline{J}$ 值根据含水层性质选取，见表9.2。

表 9.2　浸润曲线的平均坡度

土壤类别	$\overline{J}$
粗砂、砾石	0.003～0.005
砂土	0.005～0.015
弱黏性砂土	0.03
亚黏土	0.05～0.10
黏土	0.15

9.4.2　完全潜水井

井也是一种汲取地下水或降低地下水位的集水建筑物，可分为潜水井(无压井)和自流井(承
压井)。在潜水层中修建的井称潜水井，若井底直达不透水层称为完全潜水井；井底未达到不透
水层则称为不完全潜水井。白流井是穿过一层或多层不透水层，汲取位于两不透水层之间的有
压地下水的井。自流井也有完全井和不完全井之分。

图 9.11 所示为一水平不透水层上的完全潜水井，
含水层厚度为 H，井的半径为 r_0。当从井内抽水时，井
中水深下降，周围的水便向井中渗透，形成一个漏斗形
的浸润面，称为浸润漏斗。如抽水量不变，含水层范围
又很大，则形成恒定渐变渗流，井中水深为 h。

设距离井轴为 r 处含水层厚度为 z，则此断面平
均流速为

$$v = k\frac{\mathrm{d}z}{\mathrm{d}r}$$

图　9.11

因过水断面为圆柱面，面积 $A = 2\pi rz$，通过该断面的渗流量为

$$Q = Av = 2\pi rz \cdot k\frac{\mathrm{d}z}{\mathrm{d}r}$$

即　　　　　　　$$2z\mathrm{d}z = \frac{Q}{\pi k}\frac{\mathrm{d}r}{r}$$

将上式从(r,z)积分到(r_0,h),得

$$\int_k^z 2z\mathrm{d}z = \int_{r_0}^r \frac{Q}{\pi k}\frac{\mathrm{d}r}{r}$$

即

$$z^2 - h^2 = \frac{Q}{\pi k}\ln\frac{r}{r_0} = \frac{0.733Q}{k}\lg\frac{r}{r_0} \tag{9.26}$$

上式即浸润漏斗的方程。

设在$r=R$时,$z\approx H$即$r\geqslant R$的区域地下水位不受影响,称R为井的影响半径。则由式(9.26)得井的产水量

$$Q = 1.364\frac{k(H^2-h^2)}{\lg\dfrac{R}{r_0}} \tag{9.27}$$

井的影响半径R主要与含水层的渗透性能有关,可由如下经验公式计算:

$$R = 3\,000S\sqrt{k} \tag{9.28}$$

式中　k——渗透系数,m/s;

　　　R——影响半径,m;

　　　S——井内水位降深,$S=H-h$,m。

9.4.3　完全自流井

如图9.12所示,是一半径为r_0的完全自流井,水平有压含水层厚度为t。

不抽水时,井中水位为自流层中有压地下水的水头H,H总大于t。当从井中抽水流量不变时,形成恒定有压渐变渗流,其中水位为h,比原有水位下降S,$S=H-h$。

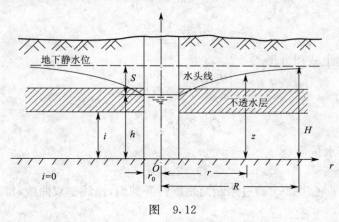

图　9.12

在半径为r处取一圆柱面过水断面,测压管水头为z,其断面平均流速

$$v = k\frac{\mathrm{d}z}{\mathrm{d}r}$$

过水断面面积$A=2\pi r\cdot t$,因此渗透流量为

$$Q = vA = 2\pi rt\cdot k\frac{\mathrm{d}z}{\mathrm{d}r}$$

即

$$\mathrm{d}z = \frac{Q}{2\pi kt}\frac{\mathrm{d}r}{r}$$

将上式从(r,z)到(r,h)积分,得

$$\int_h^z dz = \frac{Q}{2\pi kt}\int_{r_0}^r \frac{dr}{r}$$

故完全自流井的测压管水头线方程

$$z-h=\frac{Q}{2\pi kt}\ln\frac{r}{r_0}=0.366\frac{Q}{kt}\lg\frac{r}{r_0} \tag{9.29}$$

当 $r=R$ 时，$z\approx H$，代入上式得完全自流井的产水量公式

$$Q=2.732\frac{kt(H-h)}{\lg\dfrac{R}{r_0}}=2.732\frac{ktS}{\lg\dfrac{R}{r_0}} \tag{9.30}$$

式中，影响半径 R 仍由式（9.28）确定。

上式是在井内水深 $h>t$ 的情况下导出的，当 $h<t$ 时。可以证明

$$Q=1.366\frac{k(2Ht-t^2-h^2)}{lg\dfrac{R}{r_0}} \tag{9.31}$$

9.4.4　圆柱基坑排水

水工建筑物的基础常常埋设于地下水水面以下，在进行基础施工时，必须排除地下水的干扰。如图 9.13 所示是一半径为 r_0 的圆柱基坑，四周为不避水层，半球形的底部与很深的台水层（厚度为 H）相接，地下水通过底部渗入基坑。

渗流流线是直线（沿半径方向），过水断面是与底部同心的半球面，在半径为 r 处的过水断面面积 $A=2\pi r^2$，则渗透流量为

$$Q=2\pi r^2 \cdot k\frac{dz}{dr}$$

即

$$dz=\frac{Q}{2\pi k}\frac{dr}{r^2}$$

设影响半径为 R，对上式积分得

$$\int_{H-S}^H dz = \frac{Q}{2\pi k}\int_{r_0}^R \frac{dr}{r^2}$$

即

$$Q=2\pi kS\frac{r_0 R}{R-r_0}$$

因 $R\gg r_0$，故基坑排水量为

$$Q=2\pi kSr_0 \tag{9.32}$$

若基坑底部是平底（图 9.14）过水断面是旋转椭圆面，流线是双曲线，排水量公式为

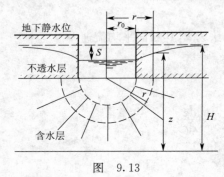

图　9.13

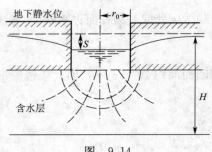

图　9.14

$$Q=4kSr_0 \tag{9.33}$$

通常在大口井的产水量计算问题中,认为和圆柱基坑具有相同的公式。

9.5 井 群

在基坑排水和灌溉工程中,常在一个不大的范围内修建井群,若干个井同时抽水,并与井之间的地下水流互相发生影响。图 9.15 是由几个井所组成的井群平面图。

根据井的类型,井群相应有潜水井群、自流井群和混合井群之分。

9.5.1 完全潜水井群

完全潜水井群中,各个完全潜水井之间相互影响。通过对渗流的分析可知。满足达西定律的渗流是有势流动,而势流是可以叠加的,所以只要找出各单井的流速势,则井群的问题即可容易解决。

在一完全潜水井的渗流流场中建立坐标系,xOy 面取在水平不透水层上,z 轴铅垂向上,如图 9.16 所示。浸润曲面方程为 $z=f(x,y)$。取图示高度为 z、底面尺寸为 $\mathrm{d}x$ 及 $\mathrm{d}y$ 的微小柱体,在恒定渗流条件下,通过侧向各柱面流入柱体的液体质量应等于流出质量,或净流入质量为零。

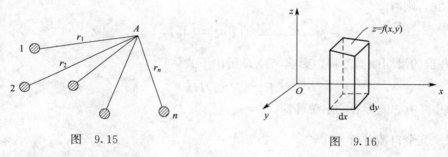

图 9.15   图 9.16

经 $\mathrm{d}t$ 时间,左侧面流入质量为

$$\rho z \mathrm{d}y \cdot k \frac{\partial z}{\partial x} \cdot \mathrm{d}t = \frac{\rho k}{2}\frac{\partial (z^2)}{\partial x}\mathrm{d}y\mathrm{d}t$$

右侧面流出质量为

$$\frac{\rho k}{2}\mathrm{d}y\mathrm{d}t\left[\frac{\partial (z^2)}{\partial x}+\frac{\partial^2 (z)^2}{\partial x^2}\right]$$

所以,沿 x 向净流入质量

$$\mathrm{d}M_x = -\frac{\rho k}{2}\frac{\partial^2 (z)^2}{\partial x^2}\mathrm{d}x\mathrm{d}y\mathrm{d}t$$

同理,沿 y 向净流入质量

$$\mathrm{d}M_y = -\frac{\rho k}{2}\frac{\partial^2 (z)^2}{\partial y^2}\mathrm{d}x\mathrm{d}y\mathrm{d}t$$

由质量守恒 $\mathrm{d}M_x + \mathrm{d}M_y = 0$,得

$$\frac{\partial^2 (z)^2}{\partial x^2}+\frac{\partial^2 (z)^2}{\partial y^2}=0 \tag{9.34}$$

上式说明,水平不透水层上的恒定无压渐变渗流中,z^2 满足拉普拉斯方程,可作为流速势进行叠加。

对图 9.15 中的完全潜水井群,设单个井在 A 点产生的渗流水深为 z_i,则根据式(9.26)有

$$z_i^2 = \frac{0.733Qi}{k}\lg\frac{r_i}{r_{0i}} + h_i^2$$

在各井共同作用下,形成一公共浸润面,设 A 点水深为 z_i,则

$$z^2 = \sum_{i=1}^{n} z_i^2 = \sum_{i=1}^{n}\left(\frac{0.733Qi}{k}\lg\frac{r_i}{r_{0i}}\right) + c \tag{9.35}$$

式中,c 为常数。

若井群总产水量为 Q_0,且各单井的产水量相同时,即

$$Q_1 = Q_2 = \cdots = Q_n = \frac{Q_0}{n}$$

则

$$z^2 = \frac{0.733Q_0}{nk}\left[\lg(r_1 r_2 \cdots r_n) - \lg(r_{01} r_{02} \cdots r_{0n})\right] + c \tag{9.36}$$

设井群的影响半径为 R,即 $r_1 \approx r_2 \approx \cdots r_n = R$ 时,$z = H$,代入上式得

$$z^2 = H^2 - \frac{0.733Q_0}{nk}\left[n\lg R - \lg(r_{01} r_{02} \cdots r_{0n})\right]$$

代入式(9.36),则有

$$z^2 = H^2 - \frac{0.733Q_0}{k}\left[\lg R - \frac{1}{n}\lg(r_1 r_2 \cdots r_n)\right] \tag{9.37}$$

此式即是井群的浸润曲面方程。影响半径 R 可由下式估算:

$$R = 575S\sqrt{Hk} \tag{9.38}$$

式中,S 为井群中心或形心的水位降深。

9.5.2　完全自流井群

测压管水头线方程为

$$z = H^2 - \frac{0.733Q_0}{kt}\left[\lg R - \frac{1}{n}\lg(r_1 r_2 \cdots r_n)\right] \tag{9.39}$$

式中,t 为自流层厚度。

【例 9.3】如图 9.17 所示围绕基坑设置一潜水井群,由 6 个产水量相同的井均匀布置在半径为 30 m 的圆周上。各井的半径为 0.1 m,含水层位于水平不透水层上。厚度为 8 m,渗透系散 0.1 cm/s。设井群总产水量为 20 L/s,影响半径取 500 m。求中心点 A 的水位降深。

解:设 A 点的水深为 z,式(9.37)有

$$z^2 = H^2 - \frac{0.733Q_0}{k}\left[\lg R - \frac{1}{n}\lg(r_1 r_2 \cdots r_n)\right]$$

代入 $H = 8$ m,$Q_0 = 0.02$ m³/s,$k = 0.001$ m/s,$R = 500$ m,$n = 6$,$r_1 = r_2 = \cdots r_6 = 30$ m,得

$$z^2 = 8^2 - \frac{0.733 \times 0.02}{0.001}\left[\lg 500 - \lg 30\right] = 46.088$$

解得 $z = 6.79$ m

故 A 点水位降深 $S = H - z = 8 - 6.79 = 1.21$ m。

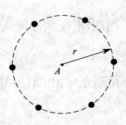

图　9.17

9.6　恒定渗流的微分方程及其解法

本节讨论服从达西定律的恒定线性渗流所具有的普遍性规律,即研究含水层中的三元渗流所遵守的微分方程。

当引用渗流的简化模型后,流场被看作是由连续水流所充满,其连续性方程与一般水流的连续性方程相同。

在不可压缩流体中,有

$$\frac{\partial u_x}{\partial x}+\frac{\partial u_y}{\partial y}+\frac{\partial u_z}{\partial z}=0 \tag{9.40}$$

恒定连续渗流中各点的测压管水头是空间坐标的连续函数,即 $H=H(x,y,z)$。根据达西定律,点的流速

$$u=kJ=-k\frac{\mathrm{d}H}{\mathrm{d}s}$$

其在坐标轴方向的投影为

$$\left.\begin{array}{l}u_x=-k\dfrac{\partial H}{\partial x}\\[2mm]u_y=-k\dfrac{\partial H}{\partial y}\\[2mm]u_z=-k\dfrac{\partial H}{\partial z}\end{array}\right\} \tag{9.41}$$

此式即恒定渗流的运动方程。

在均质各向同性岩土中,渗透系数 k 是常数。从式(9.41)可见,存在一函数

$$\varphi=-kH \tag{9.42}$$

满足

$$\left.\begin{array}{l}u_x=\dfrac{\partial \varphi}{\partial x}\\[2mm]u_y=\dfrac{\partial \varphi}{\partial y}\\[2mm]u_z=\dfrac{\partial \varphi}{\partial z}\end{array}\right\} \tag{9.43}$$

将式(9.43)代入式(9.40),则有

$$\frac{\partial^2 \varphi}{\partial x^2}+\frac{\partial^2 \varphi}{\partial y^2}+\frac{\partial^2 \varphi}{\partial z^2}=0 \tag{9.44}$$

或

$$\frac{\partial^2 H}{\partial x^2}+\frac{\partial^2 H}{\partial y^2}+\frac{\partial^2 H}{\partial z^2}=0 \tag{9.45}$$

此即渗流的拉普拉斯方程。可见,恒定渗流问题归结为求拉普拉斯方程的解而找出水头 H 的问题。如果能在一定边界条件下求得 H,则由 $H=z+p/\gamma$ 可得压强 p,由式(9.41)可求得渗流流速 u。

求解拉普拉斯方程有三种方法。

1. 解析法

当边界条件比较简单时．可用数学方法求得解析解。如是平面恒定渗流问题,可根据复

变函数及保角变换的方法求解。对前述一元恒定渐变渗流,利用解析法也非常方便。

2. 近似解法

当边界条件较复杂时,一般只能求得近似解。一种方法是根据差分法、有限元法等数值方法利用电子计算机求得一定边界条件下拉普拉斯方程的数值解;另外一种方法是在平面渗流流场中绘制流网,即由若干条流线和等水头线(等势线)正交形成的一系列网格,这种图解方法称为流网法。

3. 实验方法

应用最广的是水电比拟法。这种方法以在介质中形成的电流与地下水渗流相类比为基础,即水的渗流和电流具有异类相似性,服从同一数理方程——拉普拉斯方程。利用这种类比关系可以通过对电流场中的电学量的测量来绘制渗流的流网图,比徒手绘制流网要精确。

思 考 题

1. 达西渗透仪(图 9.18)中圆筒直径 $d=42$ cm,土样厚度 $l=85$ cm,测管水头差 $\Delta H=1.03$ m,渗透流量 $Q=0.114$ L/s,求土样的渗透系数。

2. 如图 9.18 所示两水库 A、B 之间有一透水层,上层细砂的渗透系数 $k_1=0.001$ cm/s,下层粗砂的渗透系数 $k_2=0.01$ cm/s,层厚 $a=2$ m,宽度 $b=500$ m,长度 $l=2\,000$ m,求在图示水位下的渗透流量。

3. 如图 9.19 所示渠道与河道相互平行。长 $l=300$ m,不透水层坡度 $i=0.025$,透水层的渗透系数 $k=0.002$ cm/s,当水深 $h_1=2$ m,$h_2=4$ m 时,求渠道向河道的单宽渗流量,并计算其浸润线。

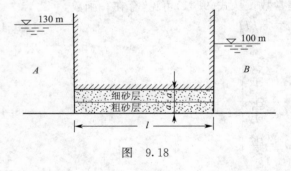

图　9.18

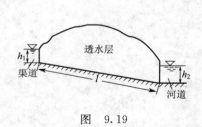

图　9.19

4. 在水平不透水层上修建一条集水廊道,长 100 m。距廊道边缘 80 m 处地下水位开始下降,该处水深 7.6 m,廊道内水深 3.6 m,由廊道排出总流量为 2.23 m³/s,求土层的渗透系数。

5. 有一完全井如图 9.20 所示。井半径 $r_0=10$ cm,含水层原厚度 $H=8$ m,渗透系数 $k=0.003$ cm/s。抽水时井中水深 $h=2$ m,影响半径 $R\approx200$ m。求出水量 Q 及 $r=100$ m 处的地下水深度 z。

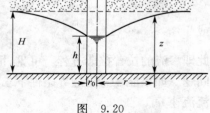

图　9.20

6. 一水平不透水层上的渗流层宽 800 m,渗透系数为 0.03 cm/s,在沿渗流方向相距 1 000 m 的两个观测井中,测得水深分别是 8 m 及 6 m,求渗流流量 Q。

7. 一圆柱基坑底面积为 $2\,400\ \mathrm{m}^2$（半球形），潜水层厚度 $H=10\ \mathrm{m}$，渗透系数 $k=0.1\ \mathrm{cm/s}$，抽水量 $Q=100\ \mathrm{L/s}$，求基坑中的水位降深。

8. 如图 9.21 所示，在基坑四周设置井群，由 6 个抽水量相等的井在 $r=50\ \mathrm{m}$ 的圆周上呈正六角形分布，原地下水深 $H=20\ \mathrm{m}$，井的半径为 $r_0=0.30\ \mathrm{m}$，总抽水量 $Q_0=0.03\ \mathrm{m}^3/\mathrm{s}$，井群影响半径 $R\approx600\ \mathrm{m}$，含水层的渗透系数 $k=0.04\times10^{-3}\ \mathrm{cm/s}$。试绘制图示 MN 线的地下水位线。

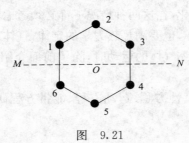

图 9.21

10 可压缩气体的一元流动

在气体流动中,如果流速比较大,气体的密度将会发生显著变化;此外,如果流动伴随发生传热过程,气体密度也会发生变化,在这两种情况下都必须考虑流体压缩性对流动的影响。气体运动既要满足流体力学的定律,也要满足热力学的定律,气体动力学就是研究可压缩流体运动规律的学科。因此,研究可压缩气体的运动时,除了前面介绍的流体力学知识外,还要用到热力学的一般知识。

本章将利用液体力学的连续性方程、运动方程、能量方程研究可压缩气体一元流动的速度、压强、密度、温度的变化规律。

10.1 可压缩气体的物理性质

10.1.1 气体的状态方程

气体的压强、密度、温度称为状态参数。压强、密度、温度的函数关系式称为状态方程,即

$$p=\rho RT \quad 或 \quad pv=RT \tag{10.1}$$

式中 p——(绝对)压强,Pa;

T——(绝对)温度,K;

ρ——密度,kg/m³;

v——比体积,其值为 $1/\rho$ 即单位质量的流体所占有的体积;

R——气体常数,对于空气,$R=287$ J/(kg·K)。

满足式(10.1)的气体称为完全气体或理想气体。

10.1.2 比热容

气体的状态参数发生变化时,流体每升高单位温度从外界吸收的热量称为热容,单位质量流体的热容称为比热容。比热容的单位为 J/(kg·K),比热容的值与加热过程有关。

流体容积保持不变的加热过程的比热容称为质量定压比热容,c_V 表示,即

$$c_V=\left(\frac{\mathrm{d}q}{\mathrm{d}T}\right)_V \tag{10.2}$$

式中,q 为单位质量流体所具有的热量(即热容),下标 V 表示容积不变。

流体的压强保持不变的加热过程的比热容称为质量定压热容。用 c_p 表示,即

$$c_p=\left(\frac{\mathrm{d}q}{\mathrm{d}T}\right)_p \tag{10.3}$$

下标 p 表示压强不变。

质量定压比热容与质量定容比热容的比值 γ 称为比热比,即

$$\gamma=c_p/c_v \tag{10.4}$$

质量定压比热容,质量定容比热容与气体常数的关系为

$$c_p = \frac{\gamma}{\gamma - 1} R \qquad (10.5)$$

$$c_v = \frac{1}{\gamma - 1} R \qquad (10.6)$$

$$c_p = c_v + R \qquad (10.7)$$

常见气体的物理性质参见表 10.1。

表 10.1 常见气体的物理性质（标准大气压，20℃）

气体名称	密度 ρ(kg/m³)	动力黏度 μ(N·s/m²)	气体常数 R(J·kg·K⁻¹)	比容热(J·kg·K⁻¹)		比热比 γ
				c_V	c_p	
空气	1.205	18×10^6	287	718	1 005	1.40
氧	1.330	20×10^6	260	649	909	1.40
氮	1.160	17.6×10^6	297	743	1 040	1.40
氢	0.084	9×10^6	4 120	10 300	14 420	1.40
一氧化碳	1.160	18.2×10^6	297	743	1 040	1.40
二氧化碳	1.840	14.8×10^6	188	670	858	1.28
甲烷	1.668	13.4×10^6	520	1 733	2 253	1.30
水蒸气	0.747	10.1×10^6	462	1 400	1 862	1.33

10.1.3 等熵流动

气体的状态方程描述了状态参数的函数关系。在热力学中，熵函数也描述状态参数的关系，记为 $S = (p, \rho)$。熵的定义用微分表示为

$$dS = \frac{dQ}{T} \qquad (10.8)$$

式中，dQ 是流体获得的热量，T 是流体的温度。熵 $S = S(p, \rho)$ 是状态参数 p、ρ、T 的函数，此处需要说明的是，由于有状态方程，熵函数只是两个状态参数 p、ρ 的函数。单位质量流体的熵称为比熵，用 q 表示，其定义为

$$ds = \frac{dq}{T} \qquad (10.9)$$

式中，dq 是单位质量流体所获得的热量，包括外界传入的热量以及流体内部摩擦发热。对于绝热、无摩擦流动，$dq = 0$，因而 $ds = 0$，即绝热、无摩擦流动为等熵流动。对于绝热、有摩擦流动，$dq > 0$，因而 $ds > 0$，即绝热、有摩擦流动为增熵流动。传热（加热、冷却）流动，熵函数可能增加，也可能减小。

比熵的表达式为

$$s = c_V \ln \frac{p}{\rho^\gamma} + 常数 \qquad (10.10)$$

绝热、无摩擦的流动为等熵流动，由上式得到等熵方程式

$$\frac{p}{\rho^\gamma} = 常数 \qquad (10.11)$$

利用状态方程，不难得到下面的等熵关系式

$$\frac{p_2}{p_1} = \left(\frac{\rho_2}{\rho_1}\right)^\gamma, \quad \frac{\rho_2}{\rho_1} = \left(\frac{T_2}{T_1}\right)^{\frac{1}{\gamma - 1}}, \quad \frac{p_2}{p_1} = \left(\frac{T_2}{T_1}\right)^{\frac{\gamma}{\gamma - 1}} \qquad (10.12)$$

10.2 可压缩气体一元流动的基本方程

描述可压缩气体一元流动的基本方程是连续性方程、运动方程和能量方程。

(1)连续性方程

设气体在管道中作一元恒定流动,则任一断面上的质量流量为常数,即

$$q_m = \rho u A = 常数 \tag{10.13}$$

将上式两边取对数并求微分,可得微分形式的连续性方程:

$$\frac{\mathrm{d}\rho}{\rho} + \frac{\mathrm{d}u}{u} + \frac{\mathrm{d}A}{A} = 0 \tag{10.14}$$

(2)运动方程

如图 10.1 所示,在一元流动中,取一流向长度为 $\mathrm{d}x$ 的微元柱体,其截面积为 A,截面周长为 χ。应用牛顿第二定律 $ma = F$ 推导流体运动方程:

$$\rho A a_x \mathrm{d}x = \rho A f_x \mathrm{d}x - A \mathrm{d}p - \tau \chi \mathrm{d}x$$

化简得

$$a_x = f_x - \frac{1}{\rho}\frac{\mathrm{d}p}{\mathrm{d}x} - \frac{\tau \chi}{\rho A} \tag{10.15}$$

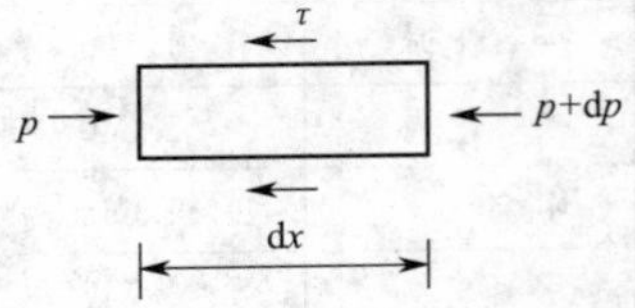

气体动力学通常忽略重力影响。对于圆管恒定气流

$$a_x = u\frac{\mathrm{d}u}{\mathrm{d}x}, \tau = \frac{\lambda}{8}\rho u^2, A = \frac{\pi D^2}{4}, \chi = \pi D$$

因此,运动方程可表示为

$$\frac{\mathrm{d}u}{u} + \frac{\mathrm{d}p}{\rho u^2} + \frac{\lambda}{2D}\mathrm{d}x = 0 \tag{10.16}$$

图 10.1

(3)能量方程

根据能量守恒定律,流体所获得的热量等于流体自身能量的增加与流体对外作功的和,即

$$\mathrm{d}Q + \mathrm{d}Q_f = \mathrm{d}E + \mathrm{d}W + \mathrm{d}W_f \tag{10.17}$$

式中,$\mathrm{d}Q$ 为外界传入的热量;$\mathrm{d}Q_f$ 为流体的摩擦热;$\mathrm{d}E$ 为能量的增量;$\mathrm{d}W$ 为系统克服压力所作的功;$\mathrm{d}W_f$ 是流体克服摩擦力所作的功。流体克服摩擦力所作的功全部变为摩擦热,因此,$\mathrm{d}Q_f = \mathrm{d}W_f$,它们在能量方程中互相抵消。将式(10.17)写成导数的形式

$$\frac{\mathrm{d}Q}{\mathrm{d}t} = \frac{\mathrm{d}E}{\mathrm{d}t} + \frac{\mathrm{d}W}{\mathrm{d}t} \tag{10.18}$$

先分析管流的某一流体系统的能量变化。如图 10.2 所示,设 t 时刻系统的两个断面位置为 1-1 和 2-2,其热量记为 Q_{12}。$t + \mathrm{d}t$ 时刻,系统的两个断面运动到了新的位置 1′-1′ 和 2′-2′,其热量比为 $Q_{1'2'}$,因此:

$$\frac{\mathrm{d}Q}{\mathrm{d}t} = \lim_{\Delta t \to 0}\frac{Q_{1'2'} - Q_{12}}{\Delta t} \tag{10.19}$$

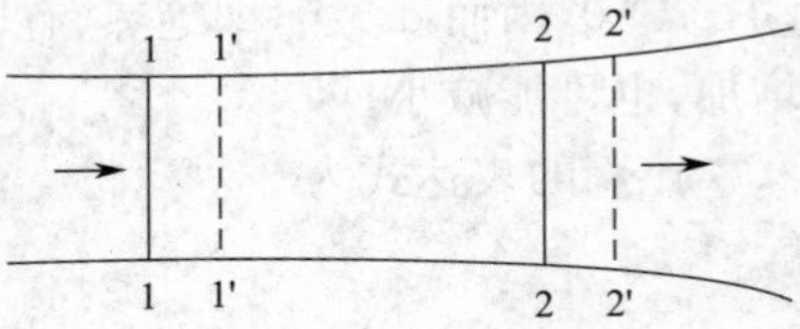

图 10.2

由图看出

$$Q_{12}(t) = Q_{11'} + Q_{1'2'}(t)$$

$$Q_{1'2'}(t + \Delta t) = Q_{1'2}(t + \Delta t) + Q_{1'2}(t + \Delta t)$$

在恒定流中,$Q_{1'2}(t + \Delta t) = Q_{1'2}(t)$,而

$$Q_{11'}=\rho pAu\Delta t \qquad Q_{22'}=\rho qAu\Delta t+\frac{\mathrm{d}(\rho qAu\Delta t)}{\mathrm{d}x}\mathrm{d}x$$

故
$$\frac{\mathrm{d}Q}{\mathrm{d}t}=\frac{\mathrm{d}(\rho qAu)}{\mathrm{d}x}\mathrm{d}x \qquad (10.20)$$

流体自身的能量包括内能(分子运动所具有的动能)和动能(流体宏观运动所具有的动能)。单位质量流体的内能记为 e,它等于质量定容比热容与温度的乘积,$e=c_V T$ 单位质量流体的动能为 $u^2/2$。

按以上分析,系统内流体的能量的变化量为
$$\frac{\mathrm{d}E}{\mathrm{d}t}=\frac{\mathrm{d}}{\mathrm{d}x}\Big[\rho Au\Big(e+\frac{u^2}{2}\Big)\Big]\mathrm{d}x \qquad (10.21)$$

单位时间内,在系统左侧面,外界对流体作功为 puA,流体对外界作功为 $-puA$,在系统右侧面,流体对外界作功为 $puA+\frac{\mathrm{d}}{\mathrm{d}x}(puA)\mathrm{d}x$,因此流体对外界作功为
$$\frac{\mathrm{d}W}{\mathrm{d}t}=\frac{\mathrm{d}(puA)}{\mathrm{d}x}\mathrm{d}x \qquad (10.22)$$

将式(10.20)~(10.22)代入式(10.18),得
$$\frac{\mathrm{d}}{\mathrm{d}t}(\rho uAq)=\frac{\mathrm{d}}{\mathrm{d}x}\Big[\rho Au\Big(e+\frac{p}{\rho}+\frac{u^2}{2}\Big)\Big]$$

在恒定流动中,$\rho uA=$常数,此外 $e+p/\rho=c_V T+RT=c_p T$,因此有
$$\mathrm{d}q=\mathrm{d}\Big(c_p T+\frac{u^2}{2}\Big) \qquad (10.23)$$

$\mathrm{d}q$ 是外界给系统的热量,式(10.23)为传热方程。对于绝热流动 $\mathrm{d}q=0$,于是
$$c_p T+\frac{u^2}{2}=常数 \qquad (10.24)$$

式(10.24)为绝热流动的能量方程。

10.3 微弱压力扰动的传播

10.3.1 声速与马赫数

如果在流场中某处出现一个压力扰动,使该处的流体压强高于周围流体的压强,则这个扰动就以波面的形式在可压缩流体中传播开来。微弱压力扰动波在可压缩流体中的传播速度称为声速,记作 c。

下面用活塞—管道系统来说明微弱压力扰动波的传播。如图 10.3(a)所示,一条等截面长圆管内充满静止气体,气体的压强、密度、温度分别为 p、ρ、T。如果使右侧的活塞以一个微小速 u 向左方运动,则紧靠活塞的气体也以速度 u 向左运动。由于受到压缩,这部分气体的压强,密度,温度分别增加为 $p+\mathrm{d}p,\rho+\mathrm{d}\rho,T+\mathrm{d}T$。而远处的气体尚未受到压缩,压

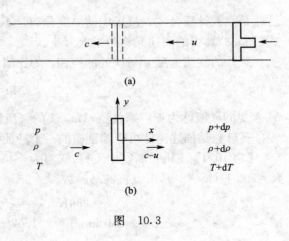

图 10.3

缩区与未压缩区的分界面称为波面。随着时间的推移,压缩区不断扩大,波面以速度 c 向左运动。c 称为微弱压力扰动波的传播速度,即声速。

对于静止坐标系来说,微弱扰动波的传播属于非恒定流动。但对于一个固定在波面上,且与波面一起运动的动坐标来说,流动是恒定的,因为如果我们站在此动坐标上观察,则所看到的流动将不随时间而变化。

在运动坐标上取一个控制体,如图 10.3(b) 所示,其左右两个控制面分别在未压缩区和被压缩区。对于这个运动控制体,左侧的气体以速度 c 流向波面,其压强、密度、温度分别为 p、ρ、T,右侧的气体则以速度 $c-u$ 远离而去,其压强、密度、温度分别为 $p+\mathrm{d}p$,$\rho+\mathrm{d}\rho$,$T+\mathrm{d}T$。

控制体的连续性方程为

$$\rho c A=(\rho+\mathrm{d}\rho)(c-u)A \quad 或 \quad \frac{u}{c}=\frac{\mathrm{d}\rho}{\rho+\mathrm{d}\rho} \tag{10.25}$$

动量方程为

$$pA-(p+\mathrm{d}p)A=(\rho+\mathrm{d}\rho)(c-u)^2A-\rho c^2A$$

利用式(10.25),上式可化简为

$$\mathrm{d}p=\rho c u \tag{10.26}$$

由式(10.25)和(10.26)消去参数 u,则有

$$c^2=\left(1+\frac{\mathrm{d}\rho}{\rho}\right)\frac{\mathrm{d}p}{p} \tag{10.27}$$

对于微弱扰动 $\mathrm{d}\rho/\mathrm{d}p\ll1$,因此

$$c=\sqrt{\frac{\mathrm{d}p}{\mathrm{d}\rho}} \tag{10.28}$$

决定声速 c 大小值的压强对密度的导数与声波传播的热力学过程有关。微弱扰动波在传播过程中引起的压强、密度、温度的增量很小,流体与周围介质没有热交换,黏性摩擦力的影响很小而可以略去,即微弱压力扰动的传播过程可视为等熵过程,式(10.11)满足。将式(10.11)两边取对数再求微分,得

$$\frac{\mathrm{d}p}{\mathrm{d}\rho}=\gamma\frac{p}{\rho}=\lambda RT \tag{10.29}$$

因此式(10.28)变为

$$c=\sqrt{\gamma\frac{p}{\rho}}=\sqrt{\gamma RT} \tag{10.30}$$

这就是声波计算公式。流场中的温度分布是不均匀的,某处的声速与该处的温度有关,因此由式(10.28)算得的声速又称为当地声速。

某处的气流速度 u 与该处的声速 c 的比值 u/c 称为马赫数。记作 Ma,即

$$Ma=\frac{u}{c} \tag{10.31}$$

$Ma<1$ 的气流称为亚声速气流,$Ma>1$ 的气流称为超声速气流。

马赫数是描述流体可压缩性质的一个特征参数。

【例 10.1】飞机在高空中飞行,气温为 $-4℃$ 的时速为 1 050 km/h,空气的参数为 $\gamma=1.4$,$R=290$ J/(kg·K),求飞机的马赫数。

解:
$$T=269K, \quad c=\sqrt{\gamma RT}=330.48 \text{ m/s}$$
$$u=1\ 050 \text{ km/h}=291.67 \text{ m/s}, \quad Ma=u/c=0.882\ 6$$

10.3.2　马赫角

先分析气体静止,扰动源运动时,扰动波的情况。设静止气体中有一个扰动源以速度 u 自右向左运动。在初始时刻 $t=0$,扰动源位于点 0,并在该处发出一个声波。而 $t=1$ s,2 s,3 s 时,扰动源分别位于点 1、点 2、点 3(它们的相间距离为 n),每到达一个点,扰动源就在该处发出一个微小压力扰动,这个扰动以球形波面的形式在静止流体中传播,波速为 c。在各点发出声波球面分别记为 S_0、S_1、S_2、S_3,球心为扰动源的当时位置。现在考虑时刻 $t=3$ s 的情况。此时,S_0 已经传播了 3 s,球面半径为 $3c$。同理,S_1、S_2 的半径分别为 $2c$、c。而球面 S_3 刚发出,半径为 0,球面在空间的分布情况则与扰动源的运动速度有关,下面分 4 种情况进行分析。

(1)扰动源静止,$u=0$

当扰动源静止时,波面 S_0、S_1、S_2、S_3 是一组同心球面,如图 10.4(a)所示。

(2)扰动源的运动速度小于声速,$u<c$

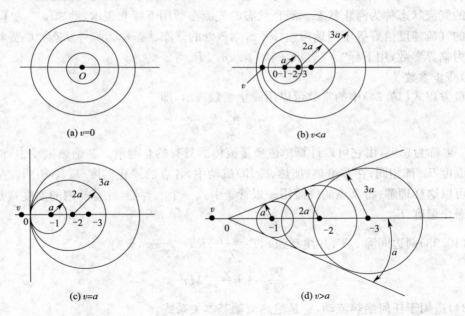

(a) $v=0$　　　　　(b) $v<a$

(c) $v=a$　　　　　(d) $v>a$

图　10.4

此时,声波与扰动源的相对速度,在扰动源的上游为 $c-u$ 下游为 $c+u$,压力扰动既可以传播到扰动源的下游,也可以传播到上游。每一个波面都被上一时刻发出的波面所覆盖。如图 10.4(b)所示。

(3)扰动源的运动速度等于声速,$u=c$

此时,各时刻发出的声波球面都相切于一个经过扰动源当前位置,且与扰动源运动方向垂直的平面。扰动压力只能传播到这个平面的下游半空间,如图 10.4(c)所示。

(4)扰动源的运动速度大于声速,$u>c$

这时,各个时刻发出的声波球面都相切于一个圆锥曲面,如图 10.4(d)所示,此圆锥称为马赫锥,它的半顶角 β 称为马赫角,不难看出

$$\sin\beta=\frac{c}{u}=\frac{1}{Ma} \tag{10.32}$$

　　静止扰动源发出的微弱压力扰动波在运动气流中的传播情况,可以利用上面的结论进行分析。当扰动源静止,气流以速度 u 运动时,微弱压力扰动的波面仍为球面。球面上的各个质点整体地以速度 u 沿流向运动,因而球心也以速度 u 向下游运动。扰动波的传播情况可用图 10.4 表示,当 $u<c$ 时,微弱压力扰动以速度 $c-u$ 向上游传播,以速度 $c+u$ 向下游传播。当 $u>c$ 时,微弱压力扰动只能传播到马赫锥面的内侧,此扰动不能传播到扰动源的上游,也不能传播到马赫锥的外部。

　　可以利用扰动波传播的特点判定飞机的速度。譬如,当飞机未到达我们的上空时,我们就已经听到飞机发出的声音,则这架飞机一定是亚声速飞机。而如果飞机掠过我们的头顶之后一段时间我们才能听到飞机发出的声音,则这架飞机是超声速飞机。

10.3.3　滞止状态和临界状态

　　流场中每一点的气流速度 u 和当地声速 c 是不同的。如果某点的气流速度为 0,即 $u=0$,则该处的气流状态称为滞止状态。滞止状态的气流参数用下标 0 表示,例如 p_0、ρ_0、T_0 等。如果某点的气流速度恰好等于当地声速,$u=c$,则该处的气流状态称为临界状态。临界状态气流参数称为临界参数,用下标 " $*$ " 表示,例如 p_*、ρ_*、T_* 等。

　　(1)滞止参数

　　能量方程式(10.24)中的常数可以用滞止参数表示,即

$$c_p T+\frac{u^2}{2}=c_p T_0 \tag{10.33}$$

式中,T_0 也称为总温,由它可以计算单位质量流体所具有的总能量。在绝热流动中,流场各点的滞止温度 T_0 都相同;在非绝热(加热、冷却)流动中,各点的滞止温度 T_0 不相同。某点的滞止温度可以这样理解:将某点的气流用一根管子引入一个大容器,此容器内的温度就是气流中该点的滞止温度 T_0。

　　式(10.33)两边同除 $c_p T$,并注意到 $c_p T=\dfrac{\gamma}{\gamma-1}RT=\dfrac{c^2}{\gamma-1}$,则有

$$\frac{T_0}{T}=1+\frac{\gamma-1}{2}Ma^2 \tag{10.34}$$

式(10.34)适用于任何绝热流动,它是绝热流动基本关系式。

　　如果流动等熵(绝热、可逆),由式(10.12)可得

$$\frac{\rho_0}{\rho}=\left(1+\frac{\gamma-1}{2}Ma^2\right)^{\frac{1}{\gamma-1}},\quad \frac{p_0}{p}=\left(1+\frac{\gamma-1}{2}Ma^2\right)^{\frac{\gamma}{\gamma-1}} \tag{10.35}$$

现在利用式(10.35)说明流体的压缩性。利用二项式定理,则有

$$\frac{\rho_0}{\rho}=1+\frac{1}{2}Ma^2+\frac{2-\gamma}{8}Ma^4+\frac{(2-\gamma)(3-2\gamma)}{48}Ma^6+\cdots$$

对于空气,$\gamma=1.4$,于是

$$\frac{\rho_0}{\rho}=1+0.5Ma^2+0.075Ma^4+0.0025Ma^6+\cdots$$

　　当 $Ma=0.3$ 时,如果只取前 4 项,则 $\rho_0/\rho=1.045\,609$,此时的密度变化不足 5%,因此,当 $Ma<0.3$ 时,通常不考虑气体的压缩性。

　　(2)临界参数

　　能量方程式(10.24)中的常数也可以用临界参数表示,注意到 $c_*=u_*$,则有

$$c_p T + \frac{u^2}{2} = \frac{c^2}{\gamma-1} + \frac{u^2}{2} = c_p T_0 = \frac{\gamma+1}{2(\gamma-1)} c^2$$

在气体动力学中，$\Lambda = u/c$，称为气流的速度因数。在许多问题中，使用速度因数比较方便。上式两边同除 $c_p T_0$ 或 $\frac{\gamma+1}{2(\gamma-1)} c^2$，则有

$$\frac{T}{T_0} = 1 - \frac{\gamma-1}{\gamma+1} \Lambda^2 \tag{10.36}$$

与式(10.34)一样，式(10.36)也是绝热流动基本关系式。比较这两个式子，不难看出

$$\left(1 + \frac{\gamma-1}{2} Ma^2\right)\left(1 - \frac{\gamma-1}{\gamma+1} \Lambda^2\right) = 1$$

由此式解得

$$\Lambda^2 = \frac{\frac{\gamma+1}{2} Ma^2}{1 + \frac{\gamma-1}{2} Ma^2}, \quad Ma^2 = \frac{\frac{2}{\gamma+1} \Lambda^2}{1 - \frac{\gamma-1}{\gamma+1} \Lambda^2} \tag{10.37}$$

由式(10.37)看出，当 $Ma<1$，必有 $\Lambda<1$；当 $Ma<1$ 必有 $\Lambda>1$。因此，用 Λ 可以判定气流为亚声速气流还是超声速气流。

当 $Ma=1$ 时，得到临界温度与滞止温度

$$\frac{T_*}{T_0} = \frac{2}{\gamma+1} \tag{10.38}$$

10.4　可压缩气体在管道中的流动

可压缩气体在管道中的流动是工程中最常见的一元流动。引起流动参数发生变化的因素有三个：截面发生变化，壁有摩擦阻力，与外界发生传热。下面分三种情况对一元气流进行研究。

10.4.1　气体在变截面管道中的等熵流动

现在仅考虑截面变化对可压缩流动的影响，即认为流动绝热，无摩擦力存在，根据定义，这种流动是等熵流动。

变截面一元流动的连续性方程为式(10.14)。绝热的能量方程为式(10.33)，对于等熵流动，T_0 为常数。由于绝热，无摩擦力，因此等熵关系式(10.11)成立。运动方程为式(10.16)，该式的 $\lambda=0$，现在处理式(10.16)中左边的第二项，利用声速公式(10.30)，并对状态方程取对数再求微分，以求出 $\mathrm{d}p/p$，有

$$\frac{\mathrm{d}p}{\rho u^2} = \frac{p}{\rho u^2} \times \frac{\mathrm{d}p}{p} = \frac{1}{\gamma Ma^2}\left(\frac{\mathrm{d}\rho}{\rho} + \frac{\mathrm{d}T}{T}\right)$$

由式(10.33)得

$$\frac{\mathrm{d}T}{T} = -\frac{u\mathrm{d}u}{c_p T} = \frac{(\gamma-1)u^2}{\gamma RT}\frac{\mathrm{d}u}{u} = (1-\gamma)Ma^2\frac{\mathrm{d}u}{u}$$

因此

$$\frac{\mathrm{d}p}{\rho u^2} = \frac{1}{\gamma Ma^2}\left[\frac{\mathrm{d}\rho}{\rho} + (1-\gamma)Ma^2\frac{\mathrm{d}u}{u}\right] \tag{10.39}$$

将此式代入运动方程式(10.16)，得

$$\frac{\mathrm{d}u}{u}+\frac{1}{\gamma Ma^2}\left[\frac{\mathrm{d}\rho}{\rho}+(1-\gamma)Ma^2\frac{\mathrm{d}u}{u}\right]=0$$

解得

$$\frac{\mathrm{d}\rho}{\rho}=-Ma^2\frac{\mathrm{d}u}{u} \tag{10.40}$$

将式(10.40)代入式(10.14),化简得

$$(Ma^2-1)\frac{\mathrm{d}u}{u}=\frac{\mathrm{d}A}{A} \tag{10.41}$$

　　式(10.41)建立了变截面管道等熵气流的速度与截面积的变化关系。由此式可以看出亚声速气流与超声速气流的本质区别。对于亚声速气流,$Ma<1$,$\mathrm{d}u$ 与 $\mathrm{d}A$ 反号,在收缩管道($\mathrm{d}A<0$)中亚声速气流沿流程加速,在扩散管道($\mathrm{d}A>0$)中亚声速气流沿程减速。对于超声速气流,$Ma>1$,$\mathrm{d}u$ 与 $\mathrm{d}A$ 同号,在收缩管道($\mathrm{d}A<0$)中超声速气流沿流程减速,在扩散管道($\mathrm{d}A>0$)中超声速气流沿流程加速。由式(10.41)还可以看出,当 $Ma=1$ 时,必有 $\mathrm{d}A=0$,即气流的临界状态只能发生在最小截面($\mathrm{d}A=0$)上。

　　收缩喷管是一种使气流加速的装置。如图 10.5 所示,一个大容器内的气体由收缩喷管流出,容器内气体静止,压强和温度分别为 p_0 和 T,设喷嘴出口截面的压强为 p,温度为 T。出口外部的环境压强 p_e 称为背压。如果背压小于容器内压强时,$p_e<p_0$,则气体经喷管流出。当背压不是很低时,管内气体作亚声速流动,出口截面的压强等于背压,$p=p_e$。当背压降至临界压强时,$p_e=p_*$,出口气流达临界状态,此处的马赫数 $Ma=1$,出口截面的压强等于背压,$p=p_e=p_*$。如果进一步降低背压,使 $p_e<p_*$,由于此时喷管出口的气流已达临界状态,其下游的压力扰动不能传播到上游的管内气流,因此喷管内的气流不会再发生变化,出口气流仍为临界状态,出口压强为临界历强,$p=p_*$,此时,出口压强不等于背压。气流在出口外部发生膨胀,使压强从出口的 p_* 降至背压 p_e。

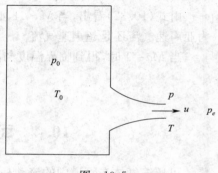

图　10.5

　　再计算喷嘴的质量流量。收缩喷管出口截面的速度可由能量方程求出,即

$$u=\sqrt{2c_p(T_0-T)}$$

设喷管的截面积为 A,则质量流量为

$$q_m=\rho u A$$

利用等熵关系式(10.13)将 ρ 用 ρ_0 表示,即

$$\rho=\rho_0\left(\frac{T}{T_0}\right)^{\frac{1}{\gamma-1}}$$

故

$$q_m=\rho_0 A\left(\frac{T}{T_0}\right)^{\frac{1}{\gamma-1}}\sqrt{2c_p(T_0-T)} \tag{10.42}$$

式中,T 为出口温度。由式(10.42)看出,质量流量与出口温度(或压强)有关。今求 q_m 的极大值。将 q_m 对 T 求导,并令此导数为零,得到

$$\frac{T}{T_0}=\frac{2}{\gamma+1}=\frac{T_*}{T_0} \tag{10.43}$$

这说明,当出口气流达到临界状态时,质量流量达到极大值。

综上:当背压大于临界压强,$p_e > p_*$ 时,收缩喷管出口压强等于背压,$p = p_e$,气流在收缩喷管内作加速运动,出口气流速度为亚声速。当背压等于临界压强,$p_e = p_*$ 时,出口压强也等于背压,$p = p_e = p_*$,出口气流达临界状态。当背压小于临界压强,$p_e < p_*$ 时,出口压强只能降至临界压强,$p = p_*$,出口气流维持在临界状态。

要想得到超声速气流,就必须采用缩放管,如图 10.6 所示。气流在收缩段作亚声速流动,并逐渐加速,在最小截面处(喉部)达到临界状态,然后在扩散管继续加速成为超声速气流。缩放管又称拉伐尔管,以纪念它的发明人瑞典工程师拉伐尔(Laval)。

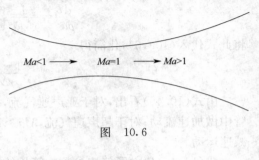

$Ma<1 \longrightarrow \quad Ma=1 \quad \longrightarrow Ma>1$

图 10.6

【例 10.2】 如图 10.5 所示,容器内空气的滞止压强 $p_0 = 3 \times 10^5$ Pa,滞止温度 $T_0 = 360$ K。空气经收缩喷管等熵地流出,出口截面面积 $A = 3 \times 10^{-4}$ cm^2,空气参数:$\gamma = 1.4$,$R = 287$ J/(kg·K)。试求背压分别为 $p_e = 2 \times 10^5$ Pa 和 $p_e = 1 \times 10^5$ Pa 两种情况下喷管的质量流量。

解: 先求临界参数

$$\frac{T_*}{T_0} = \frac{2}{\gamma+1} = \frac{1}{1.2}, \quad T_* = \frac{T_0}{1.2} = 300 \text{ K}$$

$$\frac{p_*}{p_0} = \left(\frac{T_*}{T_0}\right)^{3.5} = 0.528\ 3, \quad p_* = 0.528\ 3 p_0 = 1.584\ 8 \times 10^5 \text{ Pa}$$

当 $p_e = 2 \times 10^5$ Pa 时,$p_e > p_*$,因此,出口压强等于背压,$p = p_e = 2 \times 10^5$ Pa,气流在喷管中作亚声速流动。

$$\frac{p}{p_0} = \left(\frac{T}{T_0}\right)^{\frac{\gamma}{\gamma-1}}, \quad \frac{T}{T_0} = \left(\frac{P}{P_0}\right)^{1/3..5} = 0.890\ 6, \quad T = 320.62 \text{ K}$$

$$u = \sqrt{2\frac{\gamma}{\gamma-1}R(T_0 - T)} = 281.27 \text{ m/s}$$

$$\rho = \frac{p}{RT} = 2.173\ 9 \text{ kg/m}^3$$

$$q_m = \rho u A = 0.183\ 4 \text{ kg/s}$$

当 $p_e = 1 \times 10^5$ Pa 时,$p_e < p_*$,因此,出口压强等于临界压强,$p = p_*$。气体在出口截面达到临界状态。

$$u_* = c_* = \sqrt{\gamma R T_*} = 347.19 \text{ m/s}$$

$$\rho_* = \frac{p_*}{RT_*} = 1.840\ 7 \text{ kg/m}^3$$

$$q_m = \rho_* u_* A = 0.191\ 7 \text{ kg/s}$$

10.4.2 气体在绝热有摩擦等截面管道的流动

在等截面管道中,截面积 $A =$ 常数,因此连续性方程(10.14)变为

$$\frac{d\rho}{\rho} + \frac{du}{u} = 0 \tag{10.44}$$

绝热流动的能量方程式为(10.33),其中 $T_0 =$ 常数,由于存在摩擦力,因此,等熵关系式

(10.11)不成立。

有摩擦的可压缩气流运动方程式(10.16),该式左边的第二项可用式(10.39)表示。考虑到式(10.44),则有

$$\frac{\mathrm{d}p}{\rho u^2} = \frac{1}{\gamma Ma^2}\left[-\frac{\mathrm{d}u}{u} + (1-\gamma)Ma^2\,\frac{\mathrm{d}u}{u}\right]$$

将此式代入(10.16),化简得

$$\frac{1-Ma^2}{\gamma Ma^2}\frac{\mathrm{d}u}{u} = \frac{\lambda}{2D}\mathrm{d}x \tag{10.45}$$

由式(10.45)看出,对于亚声速气流,$Ma<1$,$\mathrm{d}u$ 与 $\mathrm{d}x$ 同号,即亚声速气流在等截面摩擦管中做加速流动;对于超声速气流,$Ma>1$,$\mathrm{d}u$ 与 $\mathrm{d}x$ 反号,即超声速气流在等截面摩擦管中做减速运动。

式(10.45)建立了气流参数与管长的微分关系,为了求得积分,将式(10.45)左边的参数都用速度因数 $\Lambda = u/c_*$ 表示,对于绝热流动,总温 $T_0 =$ 常数,c_* 也是常数,故有

$$\frac{\mathrm{d}u}{u} = \frac{\mathrm{d}(u/c_*)}{u/c_*} = \frac{\mathrm{d}\Lambda}{\Lambda}$$

利用关系式(10.37),式(10.45)可变为

$$\frac{\lambda}{2D}\mathrm{d}x = \frac{\gamma+1}{2\gamma}\left(\frac{1}{\Lambda^2}-1\right)\frac{\mathrm{d}\Lambda}{\Lambda} \tag{10.46}$$

式中,沿程损失因数 λ 与马赫数 Ma 有关。实验表明,当 $Ma<0.5$ 时,可压缩流动的沿程损失因数 λ 受马赫数的影响不大,当 $Ma>0.5$ 时,可压缩流动的沿程损失因数 λ 与马赫数有关。为简单起见,在后面的分析中,视 λ 为常数。

设管道长度为 l,管道进口和出口的速度因数分别为 Λ_1 和 Λ_2,将式(10.46)积分得

$$\lambda\frac{l}{D} = \frac{\gamma+1}{2\gamma}\left(\frac{1}{\Lambda_1^2}-\frac{1}{\Lambda_2^2}+\ln\frac{\Lambda_1^2}{\Lambda_2^2}\right) \tag{10.47}$$

由式(10.47)看出,亚声速气流沿程加速,在极限情况下,管道出口的气流可以达临界状态,出口的速度因数增加至 $\Lambda_2=1$,也就是说,亚声速气流在绝热有摩擦的等截面管道中必然加速,但气流速度最多能增至当地声速;另一方面,超声速气流则沿程减速,在极限情况下,管道出口的速度因数可以减至 $\Lambda_2=1$,也就是说,超声速气流在绝热有摩擦的等截面管道中必然减速,但气流速度最多能减至当地声速。

无论是亚声速气流还是超声速气流,极限情况 $\Lambda_2=1$ 所对应的管长称为绝热有摩擦等截面管道的最大管长,记作 l_{max}。即

$$\lambda\frac{l_{max}}{D} = \frac{\gamma+1}{2\gamma}\left(\frac{1}{\Lambda_1^2}-1+\ln\Lambda_1^2\right) \tag{10.48}$$

实队管长 l 可能超过最大管长 l_{max},在这种情况下将发生可压缩气流的壅塞现象。以亚声速气流为例加以说明。

如图 10.7 所示亚声速气流 $\Lambda'_1<1$ 流向管道的进口。如果管长 l 大于由 Λ'_1 算出的最大管长 l_{max},则气体在管道进口前方将发生分流,过流断面扩大,气流速度减小,流入管道进口的气流的速度因数 $\Lambda_1<\Lambda'_1$,在管道出口气流的速度因数增加至 $\Lambda_2=1$。这种现象称为绝热有摩擦等截面管道可压缩气流的壅塞现象。

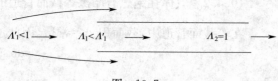

图　10.7

此时，进口的速度因数 Λ_1 由式(10.48)计算。

绝热有摩擦等截面管道可压缩气流进出口参数关系式如下。

速度关系：绝热流动的总温 $T_0 =$ 常数，由式(10.34)得

$$\frac{T_2}{T_1} = \frac{T_0/T_1}{T_0/T_2} = \frac{1 + \dfrac{\gamma-1}{2}Ma_1^2}{1 + \dfrac{\gamma-1}{2}Ma_2^2} \tag{10.49}$$

速度关系式：

$$\frac{u_2}{u_1} = \frac{\rho_1}{\rho_2} = \frac{c_2 Ma_2}{c_1 Ma_1} = \frac{Ma_2}{Ma_1}\sqrt{\frac{T_2}{T_1}} = \frac{Ma_2}{Ma_1}\sqrt{\frac{1 + \dfrac{\gamma-1}{2}Ma_1^2}{1 + \dfrac{\gamma-1}{2}Ma_2^2}} \tag{10.50}$$

压强关系式：

$$\frac{p_2}{p_1} = \frac{\rho_2}{\rho_1}\frac{T_2}{T_1} = \frac{Ma_1}{Ma_2}\sqrt{\frac{1 + \dfrac{\gamma-1}{2}Ma_1^2}{1 + \dfrac{\gamma-1}{2}Ma_2^2}} \tag{10.51}$$

【例 10.3】 一条绝热的蒸汽输送管道，长 $l = 1\,800$ m，管径 $D = 0.12$ m，沿程损失因数 $\lambda = 0.015$，蒸汽的参数为 $\gamma = 1.33$，$R = 462$ J/(kg · K)，管道进口的压强 $p_1 = 3 \times 10^5$ Pa，温度 $T_1 = 400$ K，出口压强 $p_2 = 10^5$ Pa，温度 $T_2 = 330$ K，求此管道的蒸汽的质量流量。

解：

$$\frac{\Lambda_2}{\Lambda_1} = \frac{u_2}{u_1} = \frac{\rho_1}{\rho_2} = \frac{p_1 T_2}{p_2 T_1} = 2.475$$

将式带入(10.48)，得

$$\frac{1}{\Lambda_1^2} - \frac{1}{\Lambda_2^2} = 258.68$$

$$\Lambda_2 = 0.140\,8, \Lambda_1 = \Lambda_2/2.475 = 0.056\,87$$

$$Ma_2 = \sqrt{\frac{\dfrac{2}{\gamma+1}\Lambda_2^2}{1 - \dfrac{\gamma-1}{\gamma+1}\Lambda_2^2}} = 0.130\,6$$

$$u_2 = Ma_2\sqrt{\gamma R T_2} = 58.824 \text{ m/s}$$

$$\rho_2 = \frac{p}{R T_2} = 0.655\,9 \text{ kg/m}^3$$

$$q_m = \rho_2 u_2 A = 0.436\,4 \text{ kg/s}$$

【例 10.4】 用一条绝热摩擦管道向住宅小区输送暖气。管长 $l = 800$ m，直径 $D = 0.2$ m，沿程损失因数 $\lambda = 0.012$，气体参数为 $\gamma = 1.33$，$R = 462$ J/(kg · K)，要求管道出口压强 $p_2 = 1.2 \times 10^5$ Pa，温度 $T_2 = 360$ K，气流的质量流量 $q_m = 1.35$ kg/s。求进口的气流压强 p_1。

解：
$$\rho_2 = \frac{p_2}{R T_2} = 0.721\,5 \text{ kg/s} \qquad u_2 = \frac{q_m}{\rho_2 A} = 59.56 \text{ m/s}$$

$$Ma_2 = \frac{u_2}{\sqrt{\gamma R T_2}} = 0.126\,6$$

由
$$\left(1 - \frac{\gamma-1}{\gamma+1}\Lambda^2\right)\left(1 + \frac{\gamma-1}{2}Ma^2\right) = 1$$

得
$$\Lambda_2 = 0.136\,5$$

将数据代入式(10.48),化简后得

$$\frac{1}{\Lambda_1^2} + \ln\Lambda_1^2 - 104.48 = 0$$

设 $x = 1/\Lambda_1^2$,则上式可表示为

$$f(x) = x - \ln x - 104.48 = 0$$

方程 $f(x) = 0$ 可用牛顿迭代法求解,迭代式为 $x = x_0 - f(x_0)/f'(x_0)$。式中,

$$f'(x) = 1 - 1/x$$

由于 $f(110) = 0.8$,$f(109) = -0.2$,选 $x = 109$ 为初值,经一次迭代,得到 $x = 109.172\ 9$,因此,$x = 109.2$,$\Lambda_1 = 0.095\ 7$。

$$\frac{T_1}{T_2} = \frac{T_1/T_0}{T_2/T_0} = \frac{1 - \dfrac{\gamma-1}{\gamma+1}\Lambda_1^2}{1 - \dfrac{\gamma-1}{\gamma+1}\Lambda_2^2} = 1.001\ 3$$

$$\frac{\rho_1}{\rho_2} = \frac{u_2}{u_1} = \frac{\Lambda_2}{\Lambda_1} = 1.426\ 3$$

$$\frac{p_1}{p_2} = \frac{\rho_1}{\rho_2}\frac{T_1}{T_2} = 1.428\ 2 \quad P_1 = 1.713\ 8 \times 10^5\ Pa$$

10.4.3　气体在等截面有摩擦管道中的等温流动

可压缩气体在等截面有摩擦管道中做等温流动时,必定存在热交换。这种流动既不等熵,也不绝热。

有摩擦管流的运动方程为式(10.16),此时左边第二项可改写为

$$\frac{\mathrm{d}p}{\rho u^2} = \frac{p}{\rho u^2}\frac{\mathrm{d}p}{p} = \frac{1}{\gamma Ma^2}\frac{\mathrm{d}p}{p}$$

等截面管流的连续方程为

$$\frac{\mathrm{d}\rho}{\rho} + \frac{\mathrm{d}u}{u} = 0$$

当温度为常数时,由状态方程得

$$\frac{\mathrm{d}p}{p} = \frac{\mathrm{d}\rho}{\rho}$$

因此有

$$\frac{\mathrm{d}p}{\rho u^2} = \frac{1}{\gamma Ma^2}\frac{\mathrm{d}p}{p} = -\frac{1}{\gamma Ma^2}\frac{\mathrm{d}u}{u}$$

将此式代入式(10.16),化简得

$$\frac{1 - \gamma Ma^2}{\gamma Ma^2}\frac{\mathrm{d}u}{u} = \frac{\lambda}{2D}\mathrm{d}x \tag{10.52}$$

由式(10.52)看出,当 $Ma < 1/\sqrt{\gamma}$ 时,$\mathrm{d}u$ 与 $\mathrm{d}x$ 同号,气流沿程加速,但只能加速至 $Ma = 1/\sqrt{\gamma}$;当 $Ma > 1/\sqrt{\gamma}$ 时,$\mathrm{d}u$ 与 $\mathrm{d}x$ 反号,气流沿程减速,但只能减速至 $Ma = 1/\sqrt{\gamma}$。

等温运动中,温度为常数,因此声速也为常数,故有

$$\frac{\mathrm{d}u}{u} = \frac{\mathrm{d}Ma}{Ma}$$

式(10.52)可改写为

$$\frac{\lambda}{2D}\mathrm{d}x = \frac{\mathrm{d}Ma}{\gamma Ma^3} - \frac{\mathrm{d}Ma}{Ma}$$

设管长为 l，进口和出口处的马赫数分别为 Ma_1 和 Ma_2，积分上式，得

$$\lambda\frac{l}{D} = \frac{1}{\gamma}\left(\frac{1}{Ma_1^2} - \frac{1}{Ma_2^2}\right) + \ln\frac{Ma_1^2}{Ma_2^2} \tag{10.53}$$

无论是 $Ma < 1/\sqrt{\gamma}$ 还是 $Ma > 1/\sqrt{\gamma}$，当 $Ma_2 = 1/\sqrt{\gamma}$ 时的管长称为等截面有摩擦等温管道的最大管长，记作 l_{max}，即

$$\lambda\frac{l_{max}}{D} = \frac{1}{\gamma Ma_1^2} - 1 + \ln(\gamma Ma_1^2) \tag{10.54}$$

如果实际管长 l 大于 l_{max}，则管道进口将发生壅塞。因此式(10.53)仅适用于 $l < l_{max}$ 的情况。

由式(10.53)还可以导出质量流量的表达式。由连续性方程得

$$q_m = \rho u\Lambda = \frac{P}{RT}Ma\sqrt{\gamma RT}\Lambda = \sqrt{\frac{\gamma}{RT}}pMa\Lambda$$

$$Ma = \sqrt{\frac{RT}{\gamma}}\frac{q_m}{\Lambda}\frac{1}{p}$$

代入式(10.53)，得

$$q_m = \Lambda\sqrt{\frac{p_1^2 - p_2^2}{RT\left(\lambda\dfrac{l}{D} + 2\ln\dfrac{p_1}{p_2}\right)}} \tag{10.55}$$

用式(10.55)计算 q_m 很方便，但是，要注意它的适用条件：$l < l_{max}$。

等温管流有热交换，单位质量气体所获得的热量为

$$\Delta q = c_p(T_{02} - T_{01}) \tag{10.56}$$

式中，T_{01} 为进口收气流的总温，T_{02} 为出口处气流的总温。$\Delta q > 0$ 表示加热，$\Delta q < 0$ 表示散热。

【例 10.5】 天然气输送管道长 $l = 20$ km，直径 $D = 0.20$ m。沿程损失因数 $\lambda = 0.015$，进口压强 $p_1 = 5\times10^5$ Pa，出口压强 $p_2 = 1\times10^5$ Pa，管内气体温度为常数，$T = 290$ K，天然气的比热比 $\gamma = 1.35$，气体常数 $R = 400$ J/(kg·K)，质量定压热容 $c_p = 1\,543$ J/(kg·K)，试求此等截面有摩擦等混管道的质量流量以及每单位质量气体的散热量。

解：
$$\frac{Ma_2}{Ma_1} = \frac{u_2}{u_1} = \frac{\rho_2}{\rho_1} = \frac{p_2}{p_1} = 5$$

将数据代入式(10.53)，得

$$\frac{1}{Ma_1^2} - \frac{1}{Ma_2^2} = 2\,029.3$$

$$Ma_1 = 0.108\,85,\quad Ma_2 = Ma_1/5 = 0.021\,85$$

Ma_1 和 Ma_2 皆小于 $1/\sqrt{\gamma}$。

$$u_2 = Ma_2\sqrt{\lambda RT} = 43.04 \text{ m/s}$$

$$\rho_2 = \frac{p_2}{RT} = 0.862\,1 \text{ kg/m}^3$$

$$q_m = \rho_2 u_2 A = 1.165\,7 \text{ kg/s}$$

$$\frac{T_{01}}{T_1} = 1 + \frac{\gamma - 1}{2}Ma_1^2 = 1.002\,1$$

$$\frac{T_{02}}{T_2}=1+\frac{\gamma-1}{2}Ma_2^2=1.000\ 1$$

$$q-c_p(T_{02}-T_{01})=c_pT(T_{02}/T-T_{01}/T)=-890.3\ \text{J/kg}$$

负号表示流体散热。

思 考 题

1. 空气从某大容器经一条管道等熵地流出,容器内的气体压强为 $p_0=2.0\times10^5$ Pa,管道出口的压强为 $p=0.998\times10^5$ Pa,试求出口的气流马赫数。

2. 空气在管道中作一元恒定流动。截面 1 的压强 $p_1=1.6\times10^5$ Pa,温度 $T_1=280$ K,截面 2 的压强 $p_2=1.2\times10^5$ Pa,温度 $T_2=310$ K,试求两截面上气流的熵增。

3. 空气作一元等熵流动,测得气流某处的参数为:$p=1.5\times10^5$ Pa,$T=260$ K,$u=130$ m/s,求气流的临界声速 c_* 及临界压强 p_*。

4. 空气气流从收缩喷管等熵地流出,气流的滞止参数为:$p_0=5\times10^5$ Pa,温度为 $T_0=300$ K。出口处的温度为 $T=285$ K,面积为 $A=1.0\times10^{-3}$ m^2,求气流的质量流量。

5. 过热水蒸汽[$\gamma=1.33$,$R=462$ J/(kg·K)]的滞止参数为 $T_0=450$ K,$p_0=2.8\times10^5$ Pa,测得等熵气流某处的马赫数为 $Ma=0.3$。求该处的压强、温度及气流速度。

6. 氮气[$\gamma=1.33$,气体常数 $R=462$ J/(kg·K)]在收缩喷管中作等熵流动,测得入口的气流参数为 $p_1=1.9\times10^5$ Pa,$T_1=295$ K,$u_1=48$ m/s,喷管出口的面积为 $A=1.2\times10^{-3}$ m^2。试计算出口外部的背压分别为 $p_e=1.6\times10^5$ Pa 和 $p_e=0.98\times10^5$ Pa 两种情况下喷管的质量流量。

7. 空气在绝热摩擦管道中作恒定流动,管道直径 $D=0.1$ m,沿程损失因数 $\lambda=0.015$。已知管道进口的气流参数为 $p_1=2\times10^5$ Pa,$T_1=320$ K,$u_1=55$ m/s。求最大管长 l_{max},以及当管长 $l=100$ m 时,出口的气流速度。

8. 某天然气[$\gamma=1.37$,气体常数 $R=360$ J/(kg·K)]输送管道,长管长 $l=20$ km,直径 $D=0.4$ m,沿程损失因数 $\lambda=0.014$,气流的温度恒定,$T=288$ K。出口压强 $p_2=1.0\times10^5$ Pa,欲使质量流量 $q_m=5.8$ kg/s,试求管道入口的气流压强。

9. 过热水蒸气[$\gamma=1.33$,$R=462$ J/(kg·K)]在绝热摩擦管道中作恒定流动,管长 $l=15$ m,直径 $D=0.06$ m,沿程损失因数 $\lambda=0.02$。管道进口的压强 $p_1=3.5\times10^5$ Pa,温度 $T_1=373$ K。要求管道出口的气流达到临界状态,试求管流的质量流量 q_m 以及出口压强 p_2。

10. 输送煤气[$\gamma=1.35$,气体常数 $R=490$ J/(kg·K)]的等温有摩擦等截面管道,长度 $l=7\ 500$ m,沿程损失因数 $\lambda=0.012$。管道的进口压强 $p_1=2.5\times10^5$ Pa,出口压强 $p_2=1.5\times10^5$ Pa,气体的温度为 $T=320$ K。质量流量的设计值为 $q_m=4$ kg/s,试求管道的直径 D。

参 考 文 献

[1] 西南交通大学水力学教研室. 水力学[M]. 3 版. 北京：高等教育出版社，1983.

[2] 黄懦钦. 水力学教程[M]. 2 版. 成都：西南交通大学出版社. 1998.

[3] 董曾南，余常昭. 水力学[M]. 4 版. 北京：高等教育出版社，1995.

[4] 吴持恭. 水力学[M]. 2 版. 北京：高等教育出版社，1982.

[5] 徐正凡. 水力学[M]. 北京：高等教育出版社，1987.

[6] 西南交通大学，哈尔滨建筑工程学院. 水力学[M]. 北京：人民教育出版社，1980.

[7] 郝中堂，周均长. 应用流体力学[M]. 杭州：浙江大学出版社，1991.

[8] 刘鹤年. 水力学[M]. 北京：中国建筑工业出版社，1998.

[9] 徐正凡. 水力学(上、下册)[M]. 北京：高等教育出版社，1996.

[10] 吴帧祥，李国庆，孙东坡，等. 水力学[M]. 北京：气象出版社，1994.

[11] 于布. 水力学[M]. 广州：华南理工大学出版社，2003.

[12] 刘鹤年. 流体力学[M]. 北京：中国建筑工业出版社，2004.

[13] 禹华谦. 工程流体力学[M]. 成都：西南交通大学出版社，2004.

[14] 张耀先，游玉萍，张春娟，等. 水力学[M]. 北京：化学工业出版社，2005.

[15] 李国庆，孙东坡，王二平，等. 水力学[M]. 北京：中央广播电视大学出版社，2006.

[16] 肖明葵. 水力学[M]. 重庆：重庆大学出版社，2001.

[17] 吴持恭. 水力学[M]. 北京：高等教育出版社，2003.